新手父母

輕鬆玩遊戲 讓專心變容易

阿鎧老師 5分鐘玩出專注力遊戲書❷

兒童專注力發展專家／職能治療師
張旭鎧

暢銷修訂版

打開親子共學的鑰匙

我的夥伴——阿鎧老師，又出書了！

曾經，我問阿鎧：「你為什麼做這麼多事呢？真的好辛苦。」阿鎧說：「我希望自己還活著的時候，盡力幫助更多孩子；有一天，這些被幫助過的孩子，也會去幫助其他的孩子。」

這就是我認識中的阿鎧，可以為了幫助孩子們而投入所有的心力，用他天生源源不絕的靈感，創造許多開啓孩子大腦的教材與遊戲。讓我最感動的是，書裡頭的每一個圖片，不只來自阿鎧老師在專業與靈感上的組合，包括整個圖形的繪製，都是他主筆完成的。因此，當我在閱讀內容的時候，我不但感受到一個「專家」所要傳遞的專業訊息、也感受到一個「孩子王」所要帶給孩子的快樂。這樣的書籍完全不同於一般市面上的教材，你可以從裡頭發現許多細膩的驚喜，以及與孩子互動的生命力！

「專注力」對孩子未來人生的重要性，已經經過許多研究證實。一個能夠專注的孩子，不僅僅能提升課業學習的能力；從心理的角度來看，更覺得能夠專注的孩子，容易產生自我的內省力。相信透過在遊戲中學習專注力，我們能幫孩子打開那個「清晰、冷靜」的大腦，在未來的人生中，以反省的態度來面對不可避免的挫折。

正如同孩子在學習專注力的過程，可能也會在這些遊戲中感受到成就感與挫折感一樣——父母的從旁引導，將會是孩子在這本親子共學的好書中，獲得的最好禮物。

這樣的好書，期待家長能帶著孩子一起打開。享受阿鎧老師送給父母與孩子的遊戲時光——也許你會發現，在這樣輕鬆的遊戲、對話、交流中 ..... 孩子不知不覺地改變了。

諮商心理師　**許皓宜**

正確、輕鬆且持續的改善專注力問題

從師大畢業後，踏入社會的第一份工作便是數學教育，時至今日依舊沒有離開這份衷愛的志業。回想這近四十年來的點滴，內心滿懷感恩。這段歲月裡，看著一個個天真可愛的幼苗成長的過程，除了這些孩子們的成就而感到滿足外，不免仍有些遺憾！仍有許多孩子的學習效果不彰，也並非天資問題，而可能是「專注力」不足的結果。

「學習」是一種身心與環境的互動、整合過程，而專注力更是其重要基礎之一。一個具有良好專注力的孩子，能在外界繁雜的訊息裡揀選注意到重要的訊息，並自主地投入該專注的事物摒除外界的干擾，如此才能衍生如「理解力」、「內化」、「計畫」等更高階的能力，形成更好的學習效應。

然而〈親子天下〉曾針對孩子的專注力做過調查，發現卻有 95%的中小學老師認爲，現在中小學生有專注力不足的現象，超過四分之一的中小學生也覺得自己無法專心上課。既然這是現代的父母與教育者共同面臨的重大課題，我們能爲孩子們做些什麼呢？

張旭鎧職能治療師在多年的臨床治療中，處理過許多孩子與家長所遇到的問題，爲了協助家長與孩子解決困境，遂將其所學及多年臨床經驗整理成書，陸續出版了《5 分鐘玩出專注力暢銷修訂版》、《5 分鐘玩出專注力遊戲書暢銷修訂版》系列書籍，深獲家長好評。在本書中張旭鎧職能治療師也提供五個訓練領域，共 125 個學習活動，不但簡單有趣而且方便執行，每天也只需 5 分鐘；且依不同年齡層而有不同難易度的考量，以及給父母的遊戲指導提示，都能讓父母更輕鬆、順手地陪孩子完成遊戲練習。

感謝張旭鎧職能治療師，提供這樣沒有壓力又有趣的練習方法，協助父母以及從事教育工作的我們，能用正確的方法，輕鬆且持續的改善孩子的專注力問題。

思達數學創辦人　**魏士傳**

遊戲，提升專注的動機

2009年開始陸續出版了幾本專注力遊戲書，承蒙各位家長的支持，得到許多正面的回饋，當然也有許多人針對書中內容提出討論。首先，有教育學者提出，遊戲本身就很吸引孩子的注意力，因此孩子在操作書中內容自然能專心，但是這樣的專注力如何轉移到學習如上課、閱讀書本呢？

在父母的帶領下養成專心的習慣

專注力遊戲書設計的目的是要養成孩子專心的習慣，進而讓孩子可以習慣於閱讀、書寫時都能專心，遊戲是最好的媒介。然而不可否認的是，孩子在遊戲中一定可以專心，就像是每次評估時媽媽總是告訴我，孩子看書、寫功課、上課、吃飯不專心，但從來沒有媽媽反映孩子玩遊戲、看電視、玩電腦時不專心而讓她感到困擾。

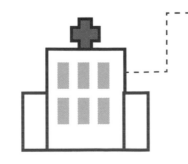

因此遊戲書本身不會讓孩子變專心，重要的父母的帶領及鼓勵，這也就是「親子共遊、親子共學」的概念，藉由遊戲書吸引孩子願意坐下來，在父母的引導下，孩子細心體會「專心」的感覺，以及專心之後帶來的成就感與稱讚，大腦會把這樣的行爲與態度「記錄」下來，等到孩子需要專心學習或書寫時，自然會延續這樣的態度與精神，因此這樣的表現就是「專心」。

將遊戲書作爲孩子專心的獎賞

又有媽媽提到，書買了之後給孩子寫，孩子一下就寫完了，但是也不見專注力有所改善！除了前面所提到家長的引導外，我們可以發現孩子對於遊戲書本身是有興趣，而且可以專注的，所以我常建議媽媽，將遊戲書作爲孩子表現優良的「獎賞」，像是寫作

業前提示孩子，將一頁的數字抄寫完後就可以玩遊戲書，因此孩子會積極且專心地進行作業，而作爲「獎賞」的遊戲書，同時又對孩子的專注力有幫助，不像是拿電玩作爲獎賞，一旦投入其中就無法再專心於書本，臨床上有媽媽反應，將遊戲書作爲孩子寫完功課的獎賞，有助於孩子進行下一項作業時專注力的延續。

善用遊戲書提升孩子的專注力

十多年前因爲對於過動兒的熱愛，投入對專注力的探討，十多年後，家長們普遍了解「專注力」對於孩子的重要性，但也容易因爲孩子的表現不佳而歸罪於「專注力」的不足，其實，每個孩子都能「專心」，差別在於能不能專心在正確的目標而已。

而遊戲書的出現，出發點在於提供父母有個訓練孩子專注力的工具，因此遊戲設計皆是以專注力爲主要目標，當然也會與孩子發展上各項能力，例如邏輯、計算、精細動作、記憶等有關，因此當孩子在遊戲書中遇到困難時，除了專注力須要加強外，同時也觀察孩子是否在其他能力與技巧需要提升，這樣我們才能完全的幫助到孩子。

同一個遊戲要讓所有年齡層的孩子都可以玩、都可以提升專注力並不容易，因此書中特別放置了小提示，除了幫助父母調整遊戲玩法以符合孩子的發展年齡外，也提示了在書中遊戲玩完了以後，還可以利用家中那些物品來幫助孩子提升專注力，所以就能達到隨時幫助孩子專心的目的！

張旭鎧

目錄

怎麼陪孩子玩？

請孩子根據題目找出要經過的物品以及最終的目的地，以手指畫畫看，走哪些路線可以完成任務？再用鉛筆於下方遊戲圖中畫出三種不同的路線。

玩出什麼能力？

☑ 集中性專注力　☑ 選擇性專注力　☑ 判斷能力　☑ 空間移動專注力

怎麼玩單元 1

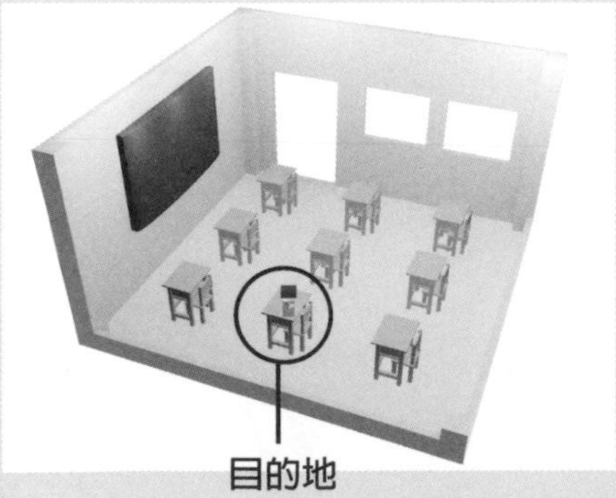

目的地

遊戲圖

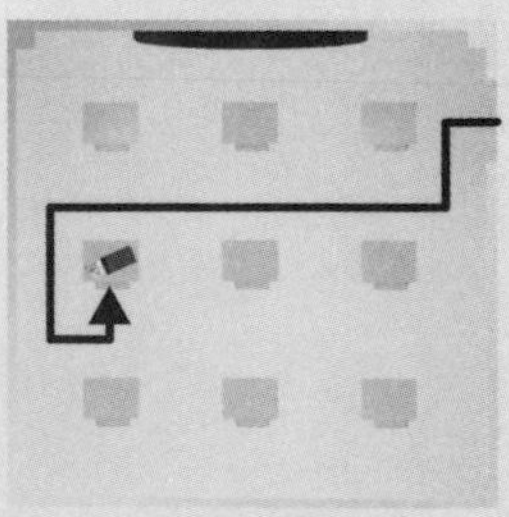

還可以這樣玩

利用積木或是玩具模型擺放出題目中教室桌椅的排列方式，讓孩子實際走走看；找到符合題目要求的路線後，由家長協助以鉛筆將答案畫出來。

[PART 2] 小熊蜂蜜罐 ……P.037～062

怎麼陪孩子玩？

先用食指畫出路線給孩子看，然後帶著孩子的食指走走看，之後就可以讓孩子自己用手指或彩色筆畫出路線，在孩子畫完路線後別忘了給予稱讚喔！

玩出什麼能力？

☑ 持續性專注力 ☑ 書寫能力

怎麼玩單元 2

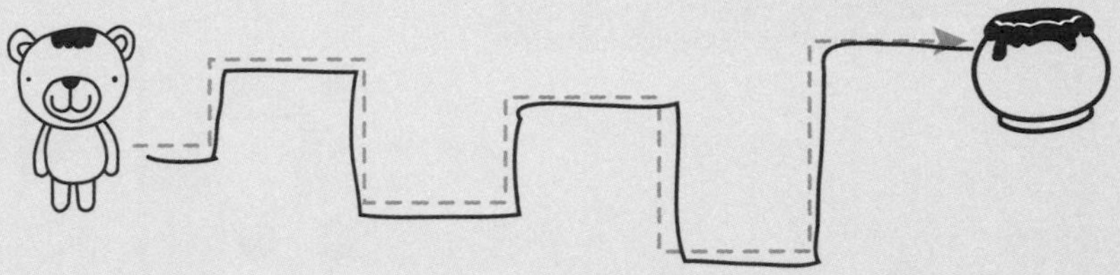

還可以這樣玩

當孩子的握筆能力越來越好，就能給孩子更細的筆，像是蠟筆，同時要求描繪線條的時候要能夠畫在虛線上或是要求孩子只描繪虛線。

[PART 3] 雪花座標 ……P.063～088

怎麼陪孩子玩？

請孩子利用彩色筆將題目要求的相同圖案塗上同一種顏色，再將每一片雪花的座標記錄下來，並數一數有幾片雪花？答案欄中有幾個答案？藉此作為「驗算」。

玩出什麼能力？

☑ 選擇性專注力 ☑ 視覺空間能力 ☑ 問題解決能力

怎麼玩單元 3

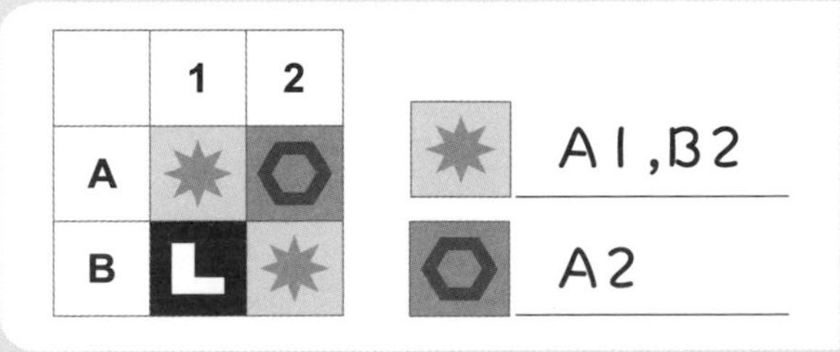

還可以這樣玩

可以鼓勵孩子數一數總共有幾種花樣的雪花？並把每一種的雪花座標都找出來，接著比較一下，哪一種雪花最多？哪一總雪花最少？

[PART 4] 踩地雷 ……P.089～114

怎麼陪孩子玩？

先請孩子選擇一個白色空格，請孩子以此空格為中心，數一數圍著這個空格的八個格子中有幾個炸彈，將答案寫入空格中。

玩出什麼能力？

☑ 選擇性專注力 ☑ 交替性專注力 ☑ 認知能力

怎麼玩單元4

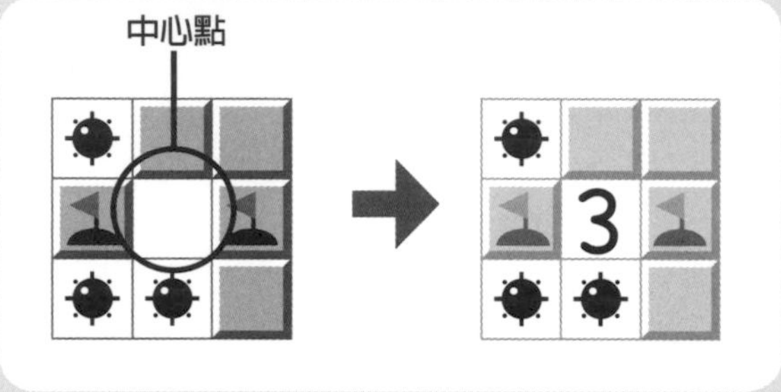

還可以這樣玩

孩子如果無法懂得題目的意思時，父母不妨先讓孩子數一數整面題目有幾個炸彈？幾面灰旗？甚至數一數有幾個空格？

[PART 5] 雲中小鳥 ……P.115～140

怎麼陪孩子玩？

先確認孩子是否了解要尋找的目標，不論有沒有被遮住，數一數總共有幾個？或者父母可以先帶著孩子用手指頭點數，確認孩子能夠每點一個圖案數一個數字再開始。

玩出什麼能力？

☑ 集中性專注力 ☑ 選擇性專注力 ☑ 背景搜尋能力 ☑ 問題解決能力

怎麼玩單元5

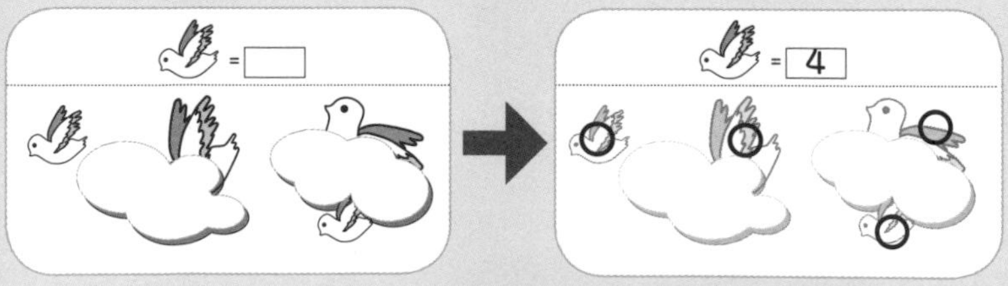

還可以這樣玩

當孩子因為尋找而感到疲累、缺乏興趣時，可以讓孩子把上方的遮蔽物塗上顏色，讓眼睛獲得暫時的休息，也讓眼睛接受其他色彩的刺激！

如何使用這本遊戲書

孩子的學習 父母不能缺席

家長陪同，發揮大功效

這本遊戲書的基本玩法就是依照每個題目進行遊戲，最好是由父母帶著孩子一起玩遊戲，父母的作用不是幫孩子遊戲過關，而是須先解說題目讓孩子了解玩法，並在遊戲進行中鼓勵孩子多看、多想；當孩子成功完成時給予讚賞，遇到挫折時給予安慰，如此才能建立孩子的自信心，讓孩子更願意參與遊戲，提升專注力。

此外，遊戲書中的「專注力遊戲小提示」才是遊戲設計的重點，爸媽如果可以根據秘訣來觀察與幫助孩子，將不僅有助於孩子的專注力，更可以幫助孩子學習到許多知識與能力。

可依孩子的程度，選擇遊戲難度

本書裡的遊戲依照難易程度編排，您可以依書中標示的「★」顆數作為標準，建議從簡單的遊戲開始，若孩子玩完整本書中一顆★的遊戲，再來挑戰兩顆★的遊戲，以此類推，不要勉強。此外，即使孩子對於遊戲輕易上手，但也是個培養孩子耐心的機會，讓孩子先從簡單的遊戲熟悉玩法，等到後面需要更專心的遊戲時，孩子才會有更好的表現。

不同年齡的孩子，有不同玩法

* **學齡前的幼童：**需要家長的陪同與指導，才可讓孩子了解題目的玩法，並在父母的鼓勵之下願意參與學習與練習。而當孩子尚未發展出握筆能力時，爸媽也不一定得要求他用鉛筆來作答，手指頭就是很好的工具。
* **學齡兒童：**需要家長變化題目，讓孩子提升學習動機與興趣，才能幫助孩子將這樣的能力轉化到課堂學習與家庭作業中！當孩子的認知能力開始發展時，則可以在遊戲中教導孩子認字，藉以提升他的認知能力。

每天建議玩5至8分鐘

將遊戲玩完不是重點，所以請不要讓孩子短時間內進行大量的遊戲。建議剛開始時能夠以每天 5 分鐘的方式進行，而且只進行一個遊戲，等到孩子專心度提升了，就可以把時間拉長。一般而言，每個遊戲最佳的進行時間為 5 至 8 分鐘，隨著遊戲時間增加，孩子的專心持續度也跟著提升。

放大縮小都好玩

每個遊戲可以利用影印放大（學齡前至 A3，學齡至 A4 即可）或縮小。放大時，孩子視覺專注的範圍必須增加，可以強化眼球控制肌肉，並且提升觀察力；而縮小時，孩子就必須更集中注意力，對於那些年齡較大、智力表現比較好的孩子可以這樣使用。

重複玩遊戲，效果更佳

每個遊戲不是玩一次就好，可以利用小秘訣中的遊戲修改方式，讓同一個遊戲有其他玩法。同一面遊戲的重複練習，可以培養孩子的耐心與穩定性，對於將來面臨靜態的學習或閱讀時，才能有良好的專注力表現。

黑和白，讓孩子更習慣專注

本書採用單色印刷，對比鮮明的圖案其實對於孩子具有較強的視覺刺激的效果，讓孩子更投入在遊戲中。此外，黑白的遊戲也與課業學習時的書本印刷型式較為接近，可以讓小朋友在遊戲中培養熟悉「書籍的閱讀模式」，讓小朋友在閱讀白底黑字的課本或書籍時，更願意接受並且可以更專心，讓學習成效更佳。

讓孩子全方位的專注

每種遊戲都會利用到孩子除了「專注力」以外的各種能力，例如，眼睛看時就會需要「視知覺」、拿筆畫時就會需要「精細動作」、用手走迷宮時需要「手眼協調」、「編碼遊戲」需要「記憶力」等，如果孩子在遊戲中表現不佳，需要爸爸媽媽仔細觀察並找出原因，其實孩子表現不好，不見得是單純因為「專注力」問題，因此需要「對症下藥」，才能讓孩子更專心。

依孩子的程度選擇遊戲難度

本系列套書依難度及年齡不同，設計有不同難度冊數，並依小朋友的發展指標給予爸媽建議適玩的年齡層。不過，建議的年紀並非絕對，若孩子的能力許可，且樂在遊戲，爸媽可鼓勵孩子繼續挑戰更高難度的遊戲。

PART 1

教室迷宮

WHAT 可以玩出什麼能力

想要專心做好一件事，除了目不轉睛地看著目標外，更要能與目標有所互動，才能將專心化為實際優秀表現，否則孩子的注視，可能變成了眼神渙散的恍神了。這個遊戲利用孩子熟悉的環境（教室），不僅訓練孩子專心看（集中性專注力），更要能夠根據題目找出目標（選擇性專注力），並且找出適當的路徑完成任務（判斷能力）。

此外，對於孩子的視覺空間能力也有相當的助益，因為孩子必須能夠將紙本（二度空間）上的圖案想像成實際的教室（三度空間），才能正確判斷可以行走的路線，因此這個遊戲不僅幫助孩子在紙筆操作時的專注力，同時也協助孩子空間移動專注力的提升。

HOW 小朋友應該怎麼玩

一般迷宮「道路」的寬度都是一定，而遊戲中是以「繞過障礙」來走到目標，也因為空間的關係，可以行走的路線可能被桌椅遮住，因此孩子必須要做好判斷，才能找出可以行走的路線。遊戲進行時，請孩子根據題目找出要經過的物品以及最後的目的地，以手指畫畫看，走哪些路線可以完成任務？之後再用鉛筆於下方遊戲圖中畫出三種不同的路線。

如果孩子無法從題目中找到行走路線，家長可以利用積木或是玩具模型擺放出題目中教室桌椅的排列方式（老師甚至可以直接將教室桌椅擺成如同題目一般，讓孩子實地走走看）；當孩子可以找到符合題目要求的路線時，家長可以協助把答案畫出來。這個遊戲的重點在於孩子是否可以專心思索答案，並不是可不可以在紙上畫出優美的線條，因此家長協助孩子畫出答案也是不錯的方法！有些孩子缺少二度空間轉三度空間的練習，因此一開始可能無法馬上了解題目的意思，除了以實際情境帶領孩子練習外，更要給孩子多次的練習機會，大腦才能夠進行空間的轉換，孩子的思考技巧才會越來越好，專注力自然更為集中。

教室迷宮 01

小朋友請從教室門口進入，用手指或鉛筆找出三條不同可以回到座位上吃便當的路線，（找到後請用鉛筆在下方的遊戲圖中畫出來）注意！走過的路不能再走喔！

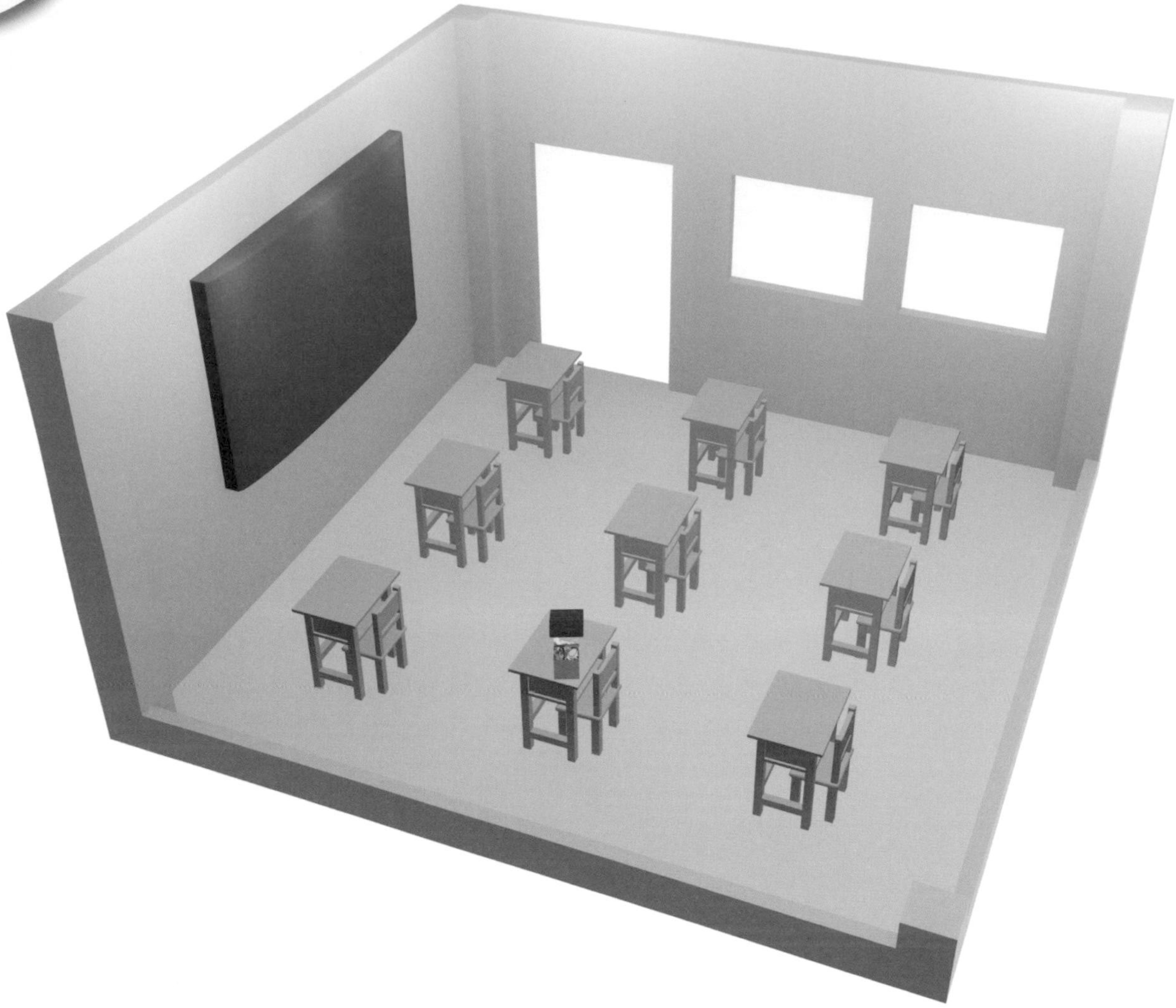

遊戲圖

1

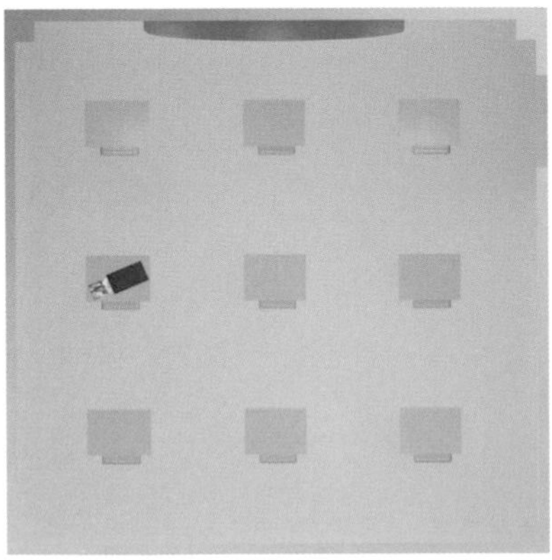

2

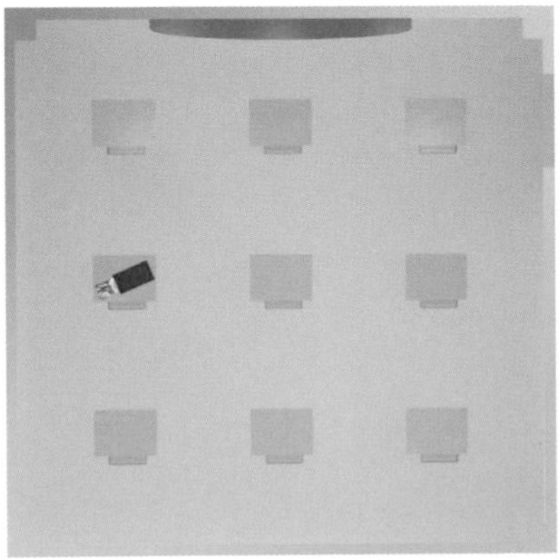

3

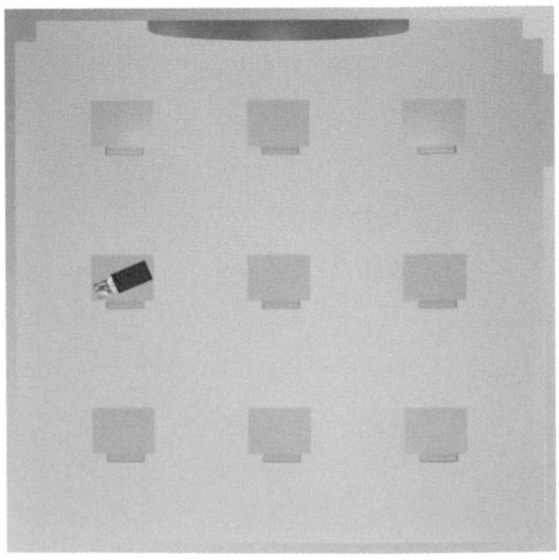

遊戲難度：★

POINT 專注力遊戲小提示

當孩子從椅子與椅子之間「走」過去時，別急著糾正孩子「不對」，這是因為我們沒有把規則說明清楚！應先讚賞孩子的創意，再告訴他正確的規則，孩子才會願意配合遊戲的進行！

小朋友請從教室門口進入，用手指或鉛筆找出三條不同可以回到座位上吃便當的路線，（找到後請用鉛筆在下方的遊戲圖中畫出來）注意！走過的路不能再走喔！

遊戲圖

1

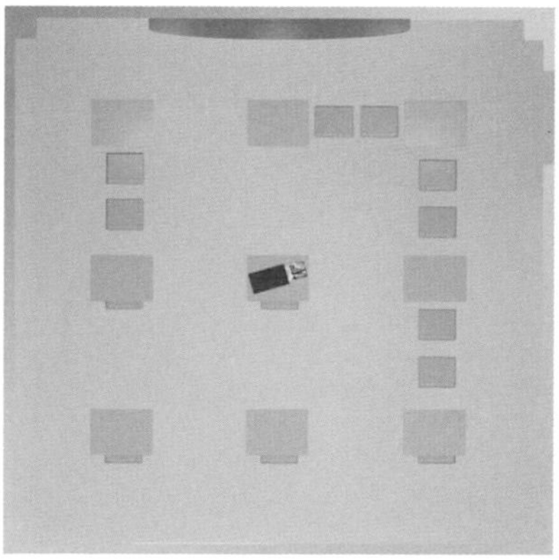

2

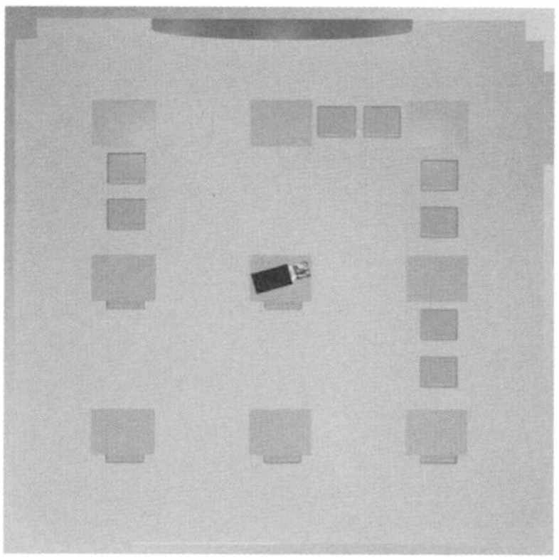

3

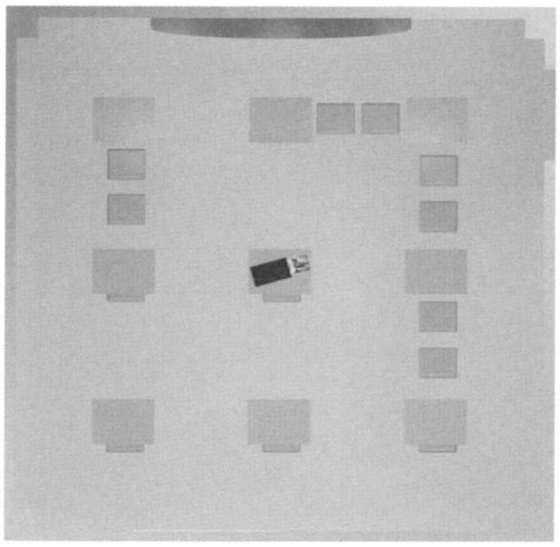

遊戲難度：★

小朋友請從教室門口進入，用手指或鉛筆找出三條不同可以回到座位上吃便當的路線，（找到後請用鉛筆在下方的遊戲圖中畫出來）注意！走過的路不能再走喔！

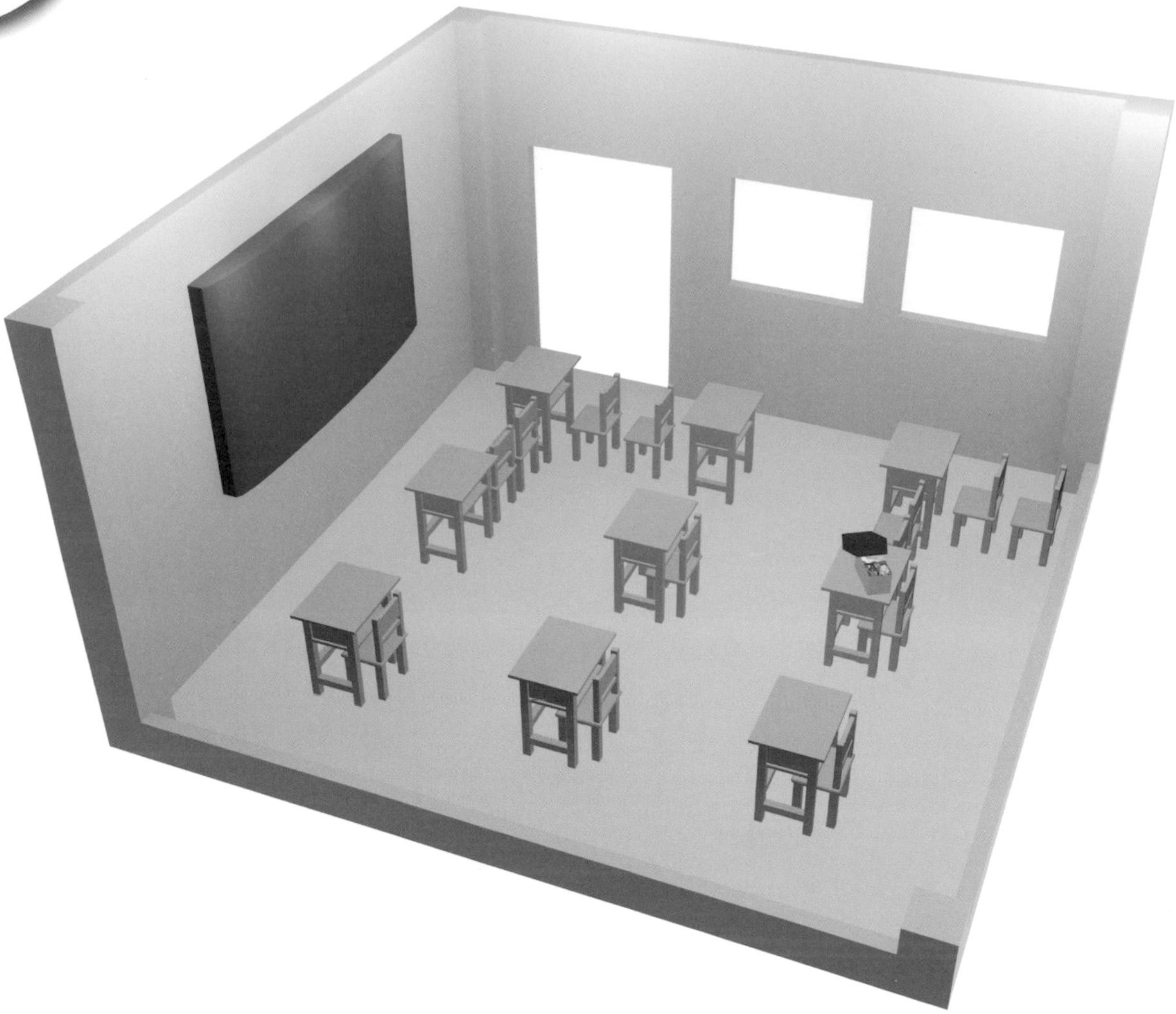

遊戲圖

1

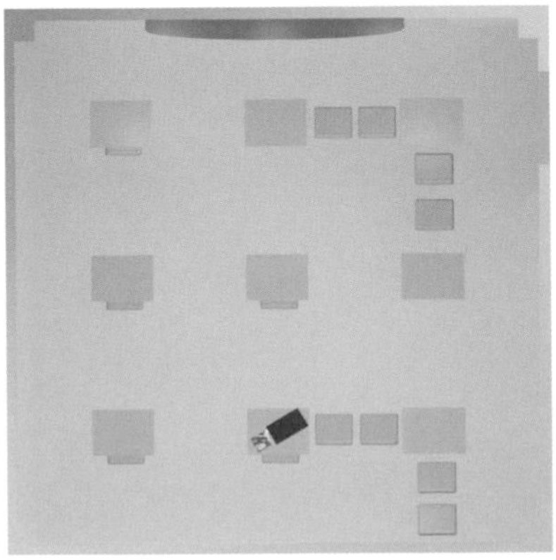

2

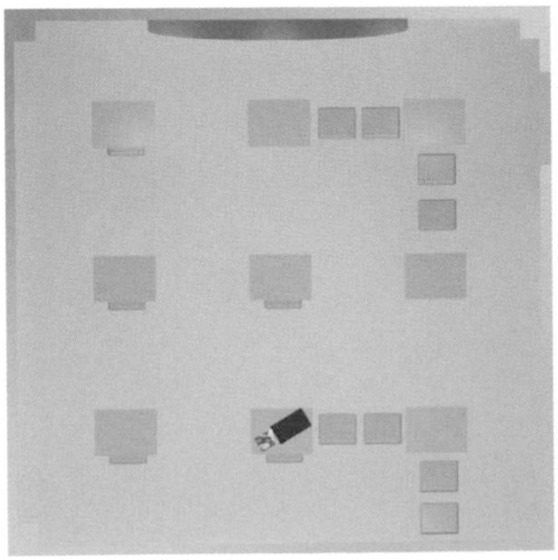

3

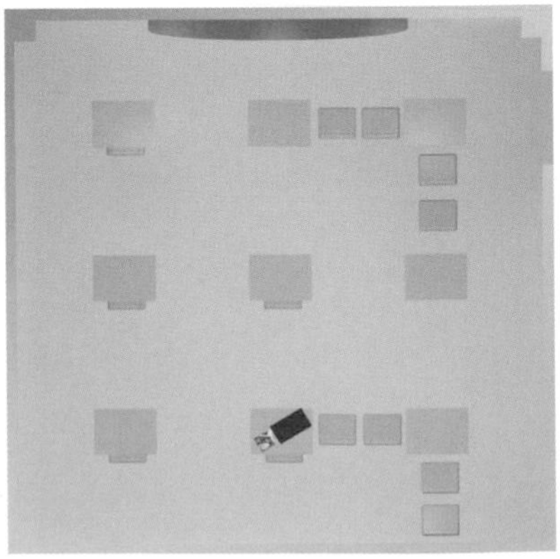

遊戲難度：★

POINT
專注力遊戲小提示

上下兩張圖的對照，可以幫助孩子建立平面與空間的視覺概念，如果孩子無法分辨，可以先看下方的遊戲圖，讓孩子從作答過程中獲得成就，自然會有動機觀察立體圖！

小朋友請從教室門口進入，用手指或鉛筆找出三條不同可以回到座位上吃便當的路線，（找到後請用鉛筆在下方的遊戲圖中畫出來）注意！走過的路不能再走喔！

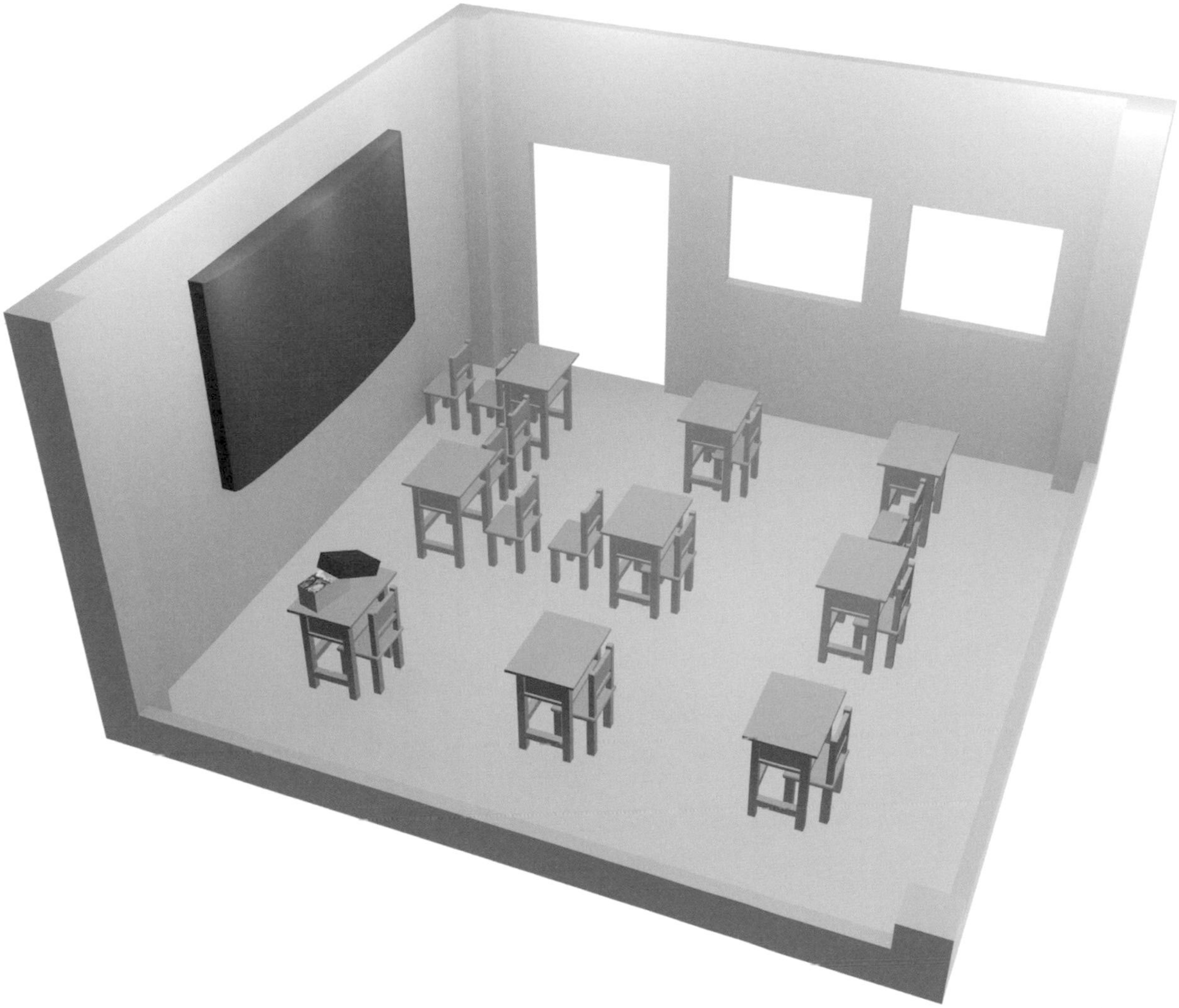

遊戲圖

1

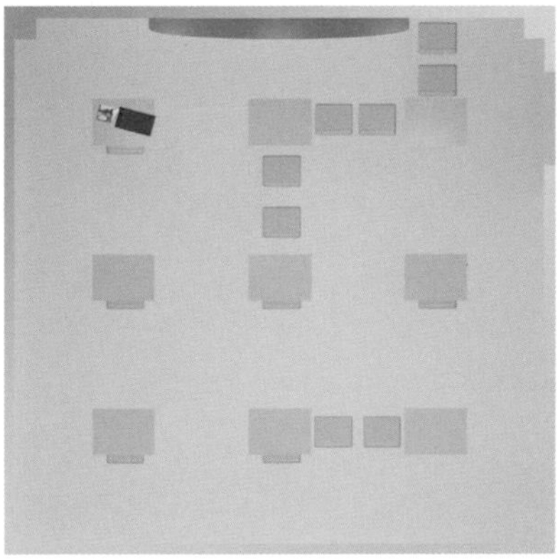

2

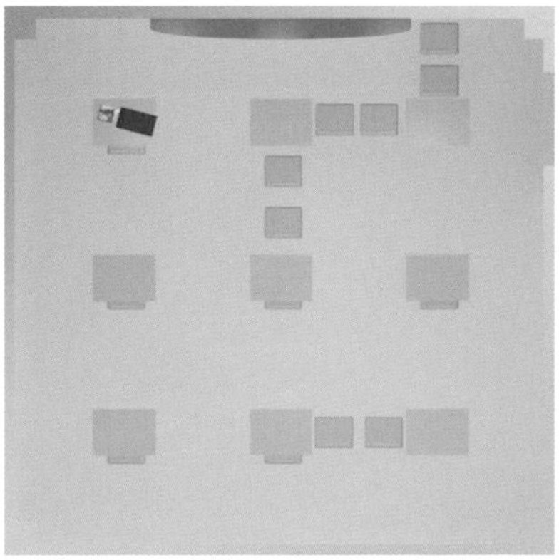

3

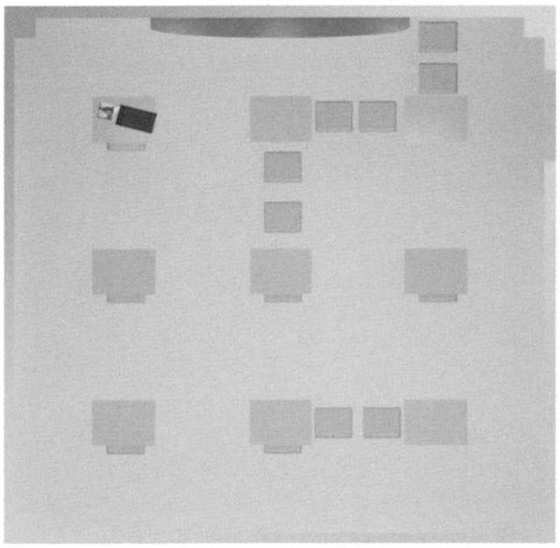

遊戲難度：★

小朋友請從教室門口進入，用手指或鉛筆找出三條不同可以回到座位上吃便當的路線，（找到後請用鉛筆在下方的遊戲圖中畫出來）注意！走過的路不能再走喔！

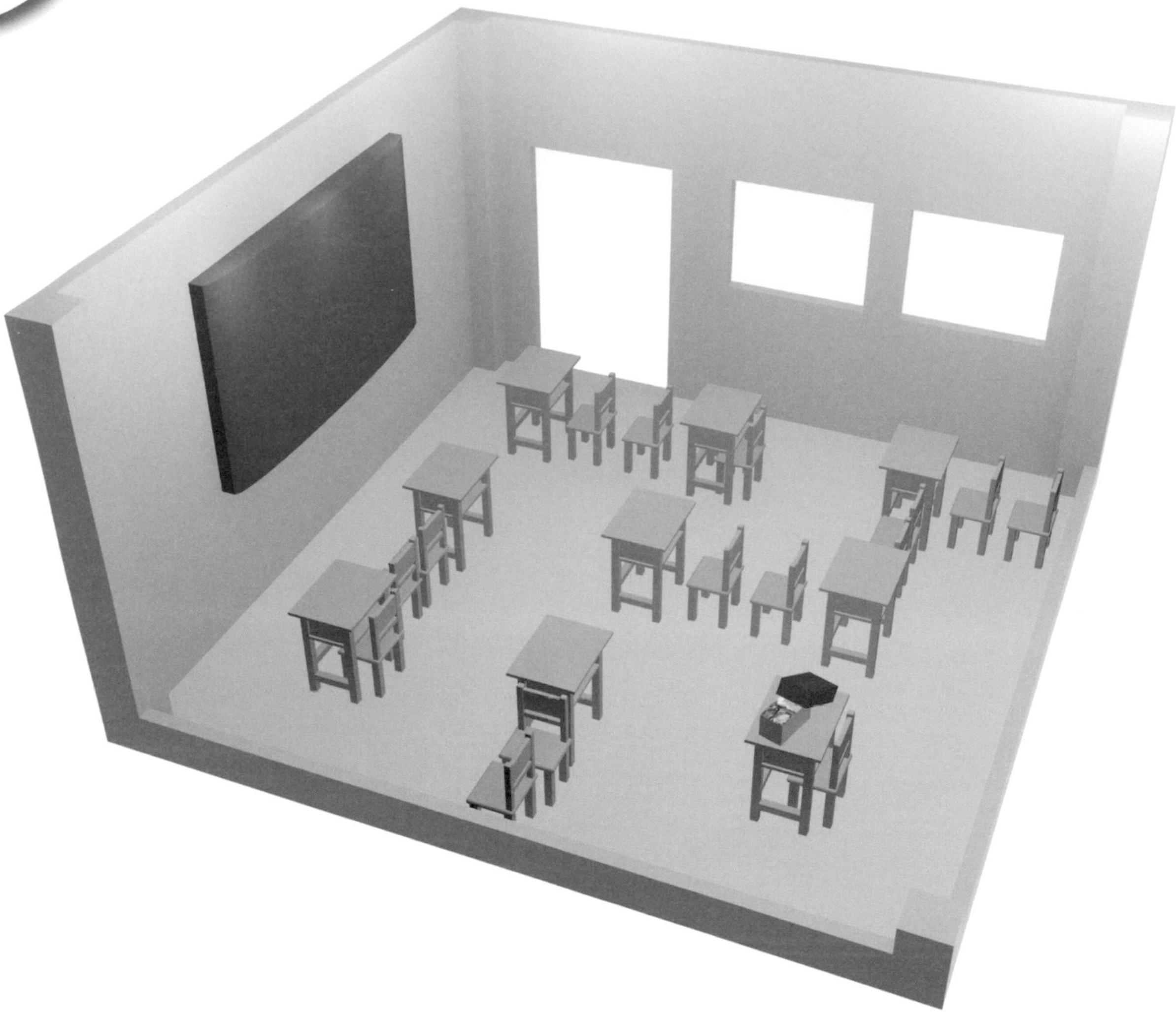

遊戲圖

1

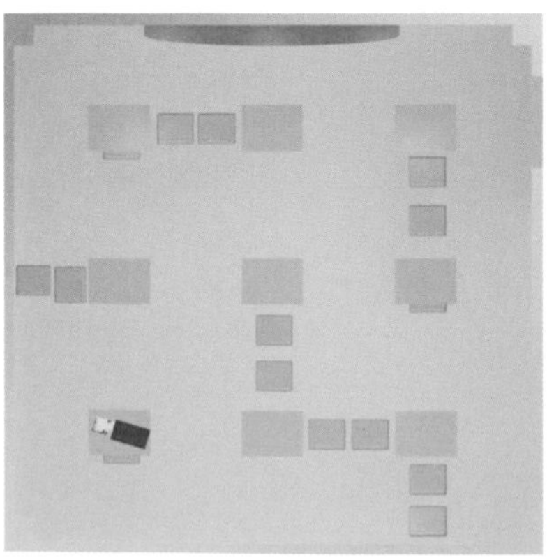

2

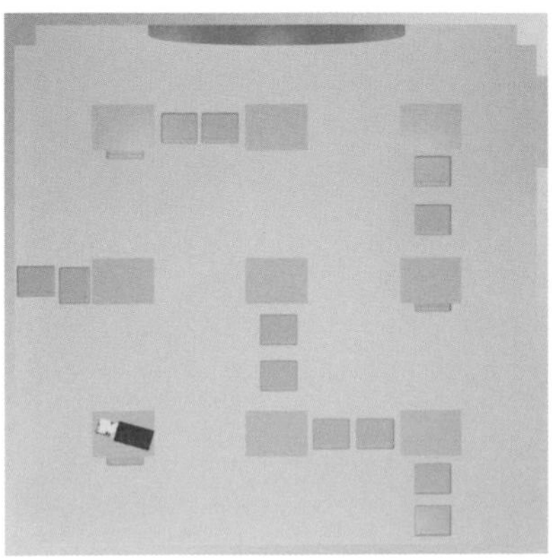

3

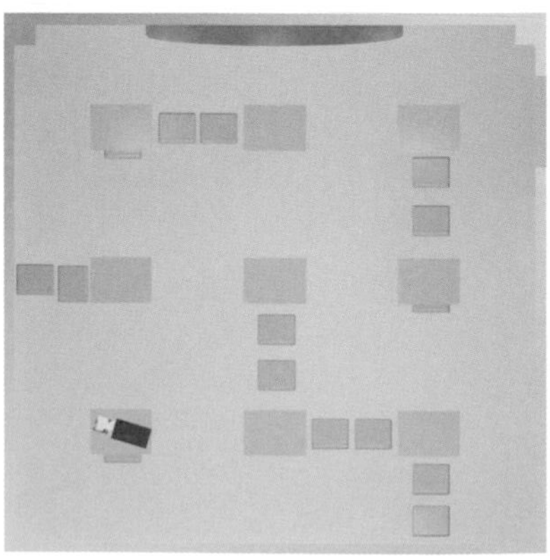

遊戲難度：★

POINT 專注力遊戲小提示

從門口、拿蘋果到回到座位上，這樣的多步驟指令，可以幫助孩子建立工作記憶能力，並且訓練問題解決能力，除了三種路線外，孩子還能找出更多不同的路線嗎？

小朋友請從教室門口進入，用手指或鉛筆拿著蘋果回到座位上放在盤子中，（找到後請用鉛筆在下方的遊戲圖中畫出來）請注意！有三條不同路線喔！同一條路線不可以重疊。

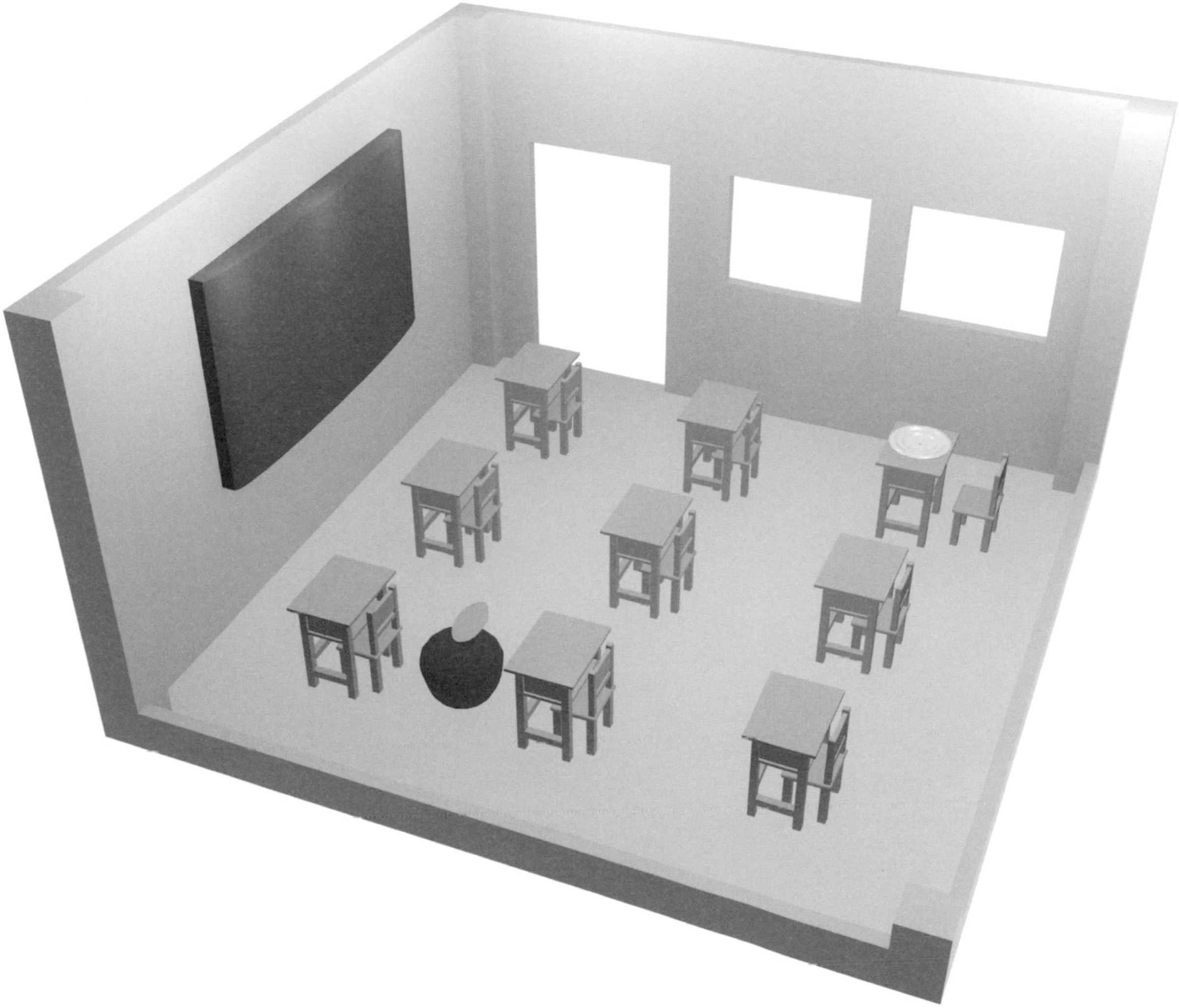

遊戲圖

1

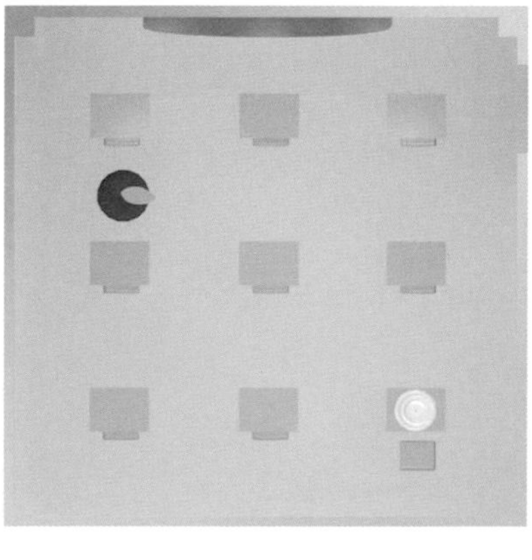

2

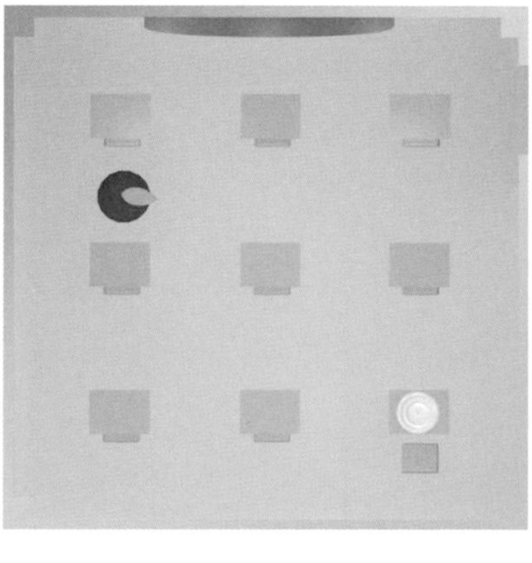

3

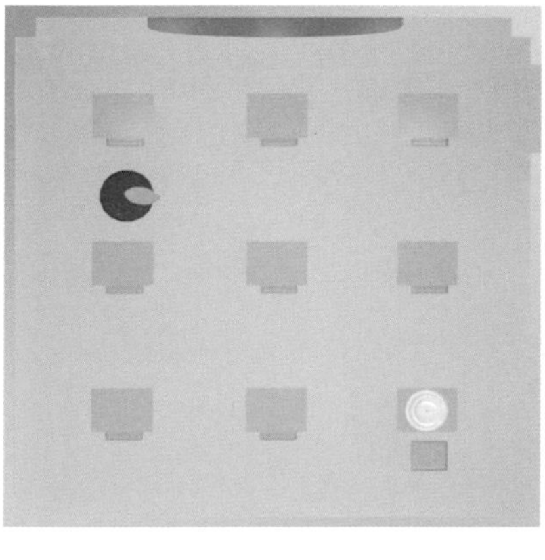

遊戲難度：★★

小朋友請從教室門口進入，用手指或鉛筆拿著蘋果回到座位上放在盤子中，（找到後請用鉛筆在下方的遊戲圖中畫出來）請注意！有三條不同路線喔！同一條路線不可以重疊。

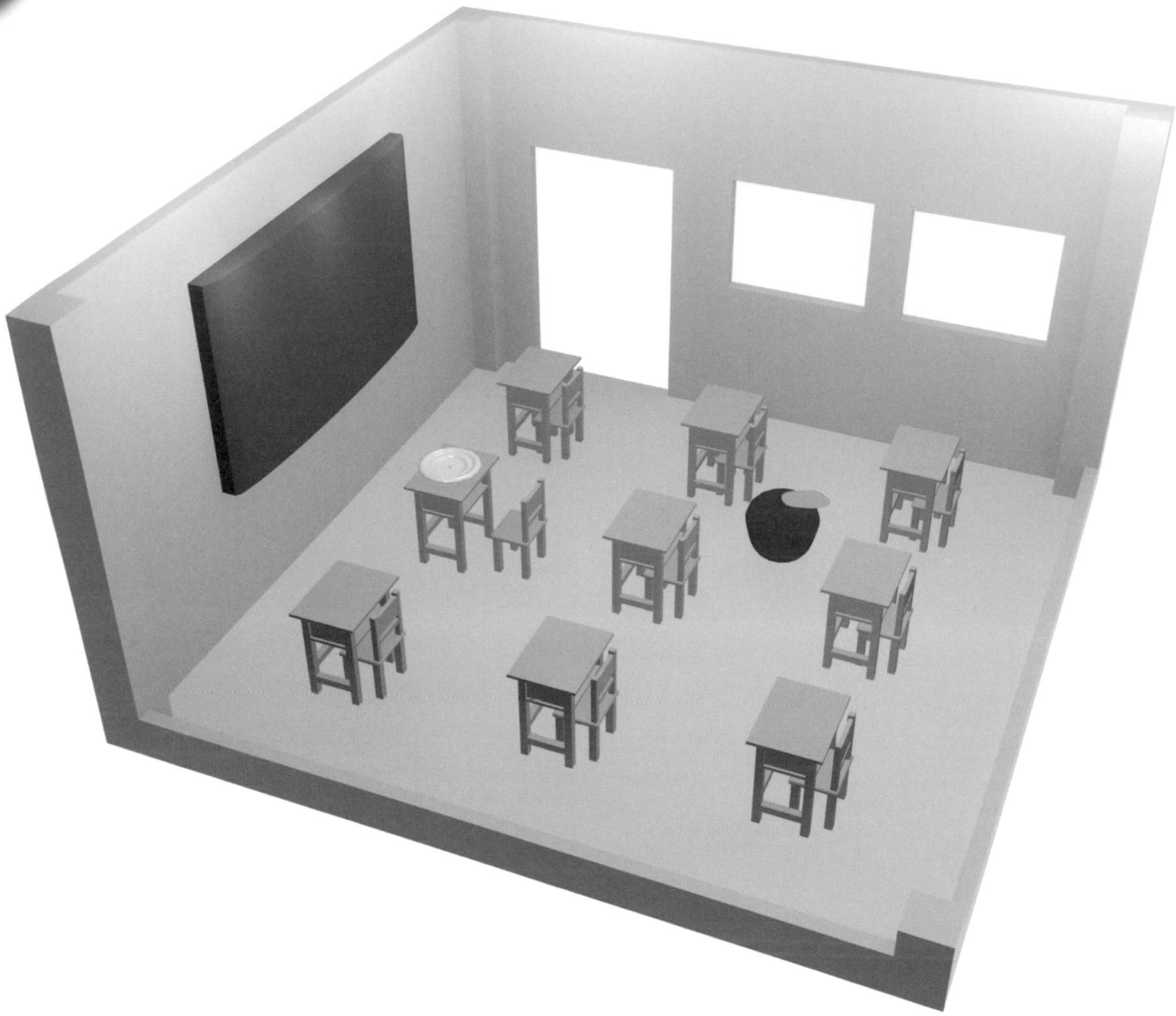

遊戲圖

1

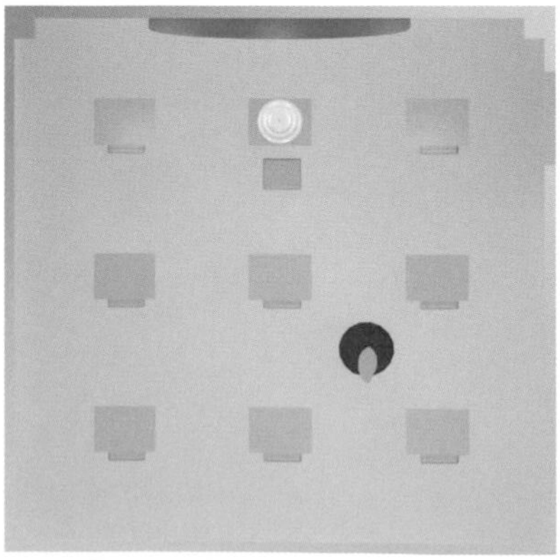

2

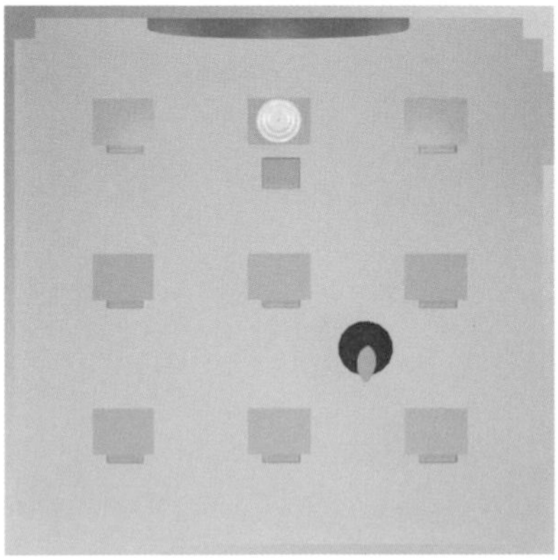

3

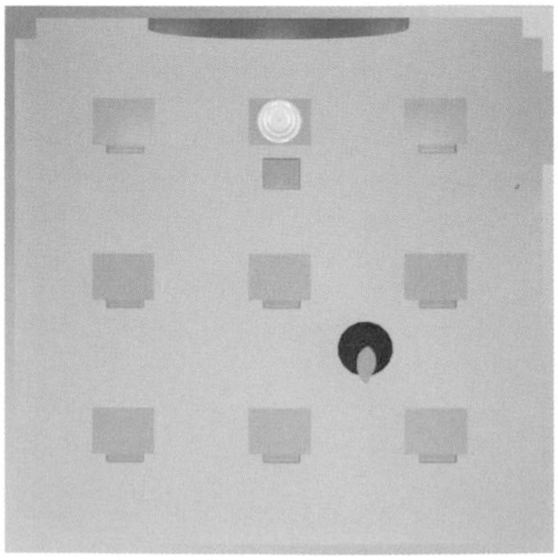

遊戲難度：★★

POINT 專注力遊戲小提示

當孩子畫出不同路線後，可以讓孩子比較看看，哪一條路線最遠？哪一條路線最近？如果是他，會想要走哪一條路線？為什麼？鼓勵孩子多說，才能提升孩子的語言表達技巧。

小朋友請從教室門口進入，用手指或鉛筆拿著蘋果回到座位上放在盤子中，（找到後請用鉛筆在下方的遊戲圖中畫出來）請注意！有三條不同路線喔！同一條路線不可以重疊。

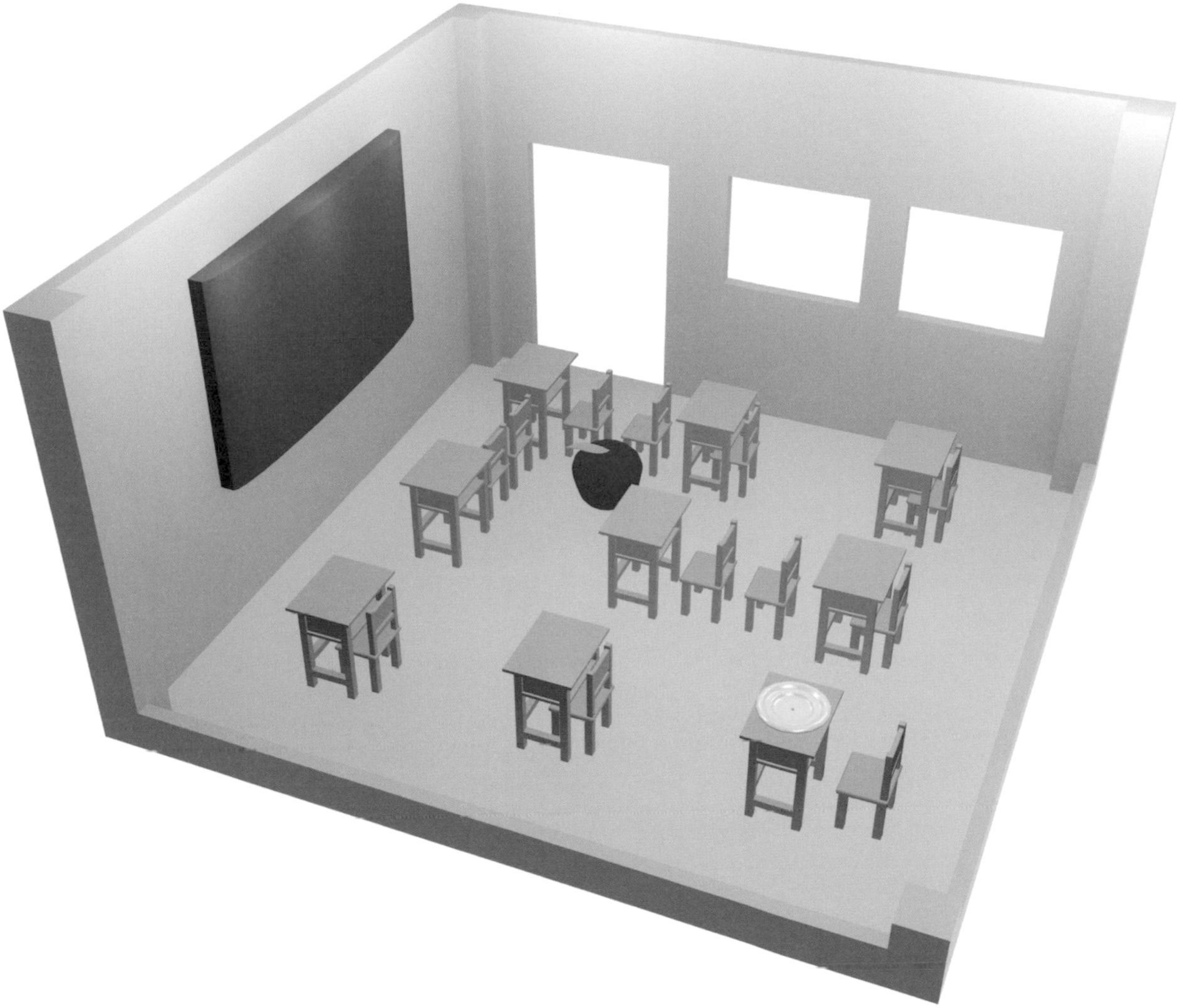

遊戲圖

1

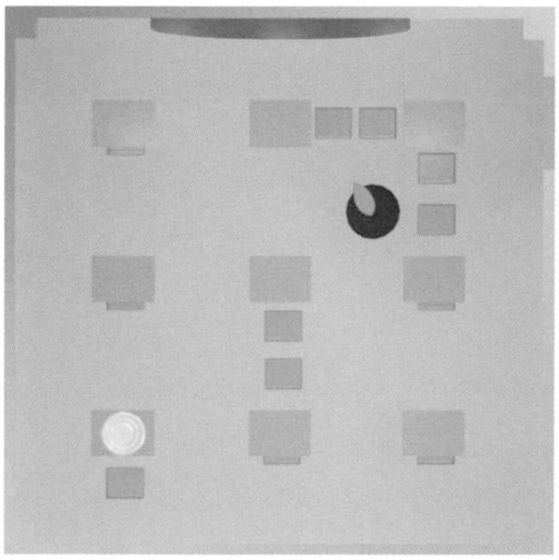

2

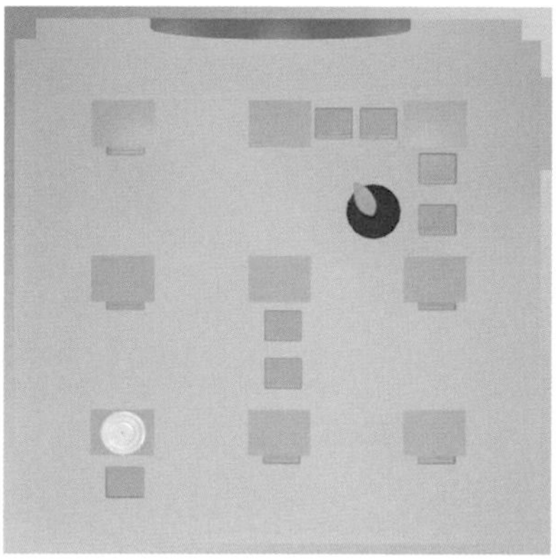

3

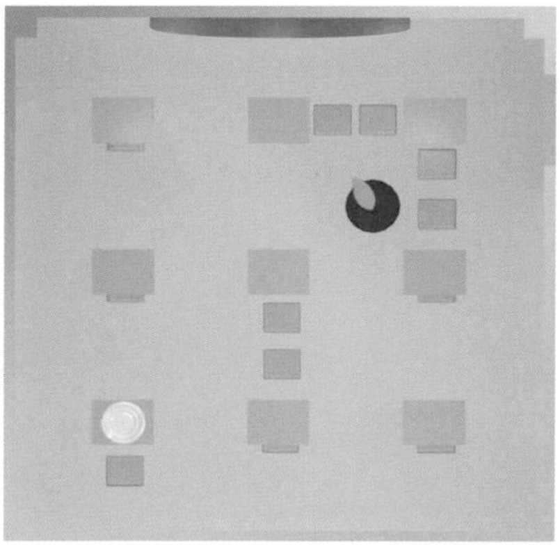

遊戲難度：★★

小朋友請從教室門口進入，用手指或鉛筆拿著蘋果回到座位上放在盤子中，（找到後請用鉛筆在下方的遊戲圖中畫出來）請注意！有三條不同路線喔！同一條路線不可以重疊。

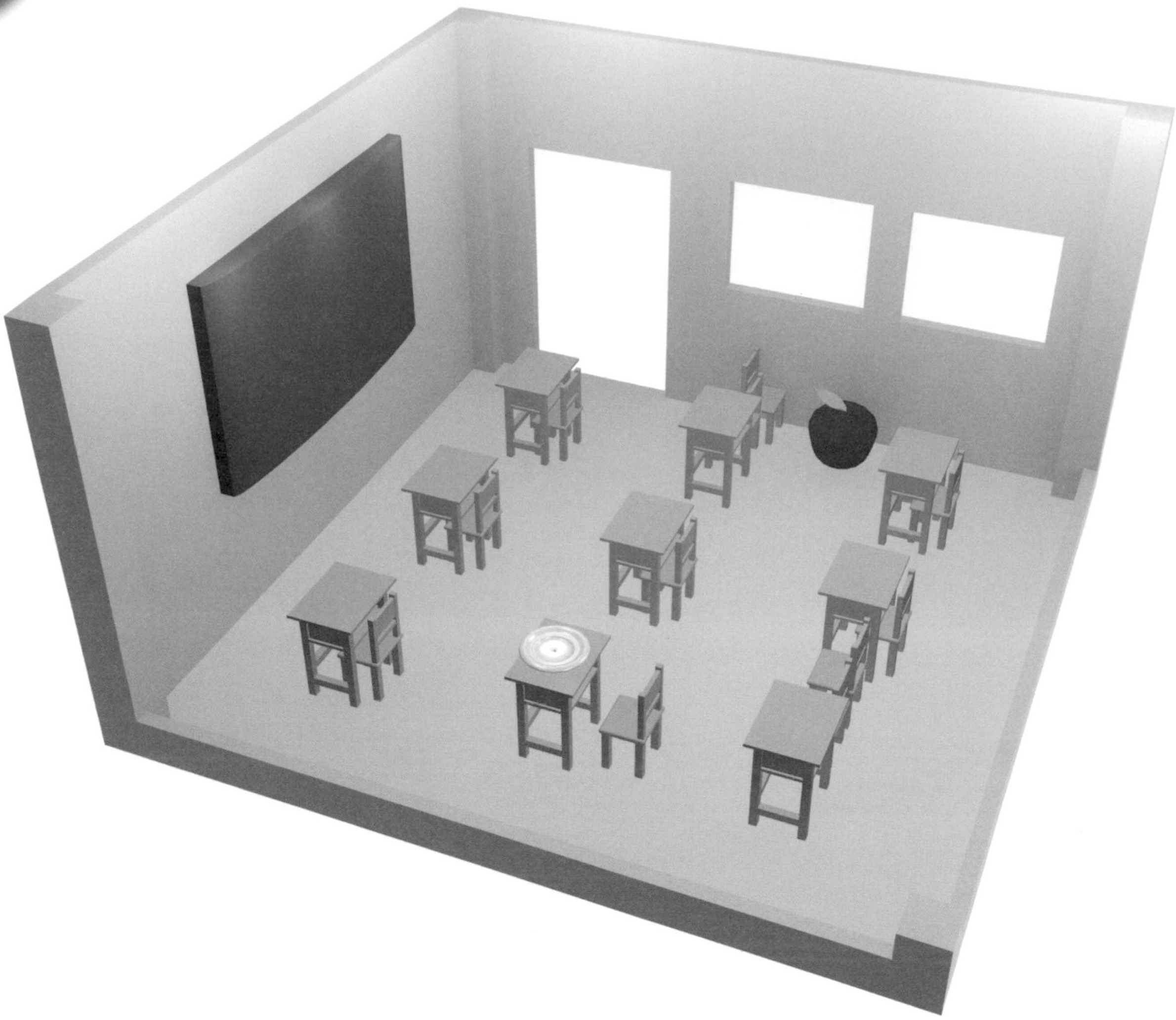

遊戲圖

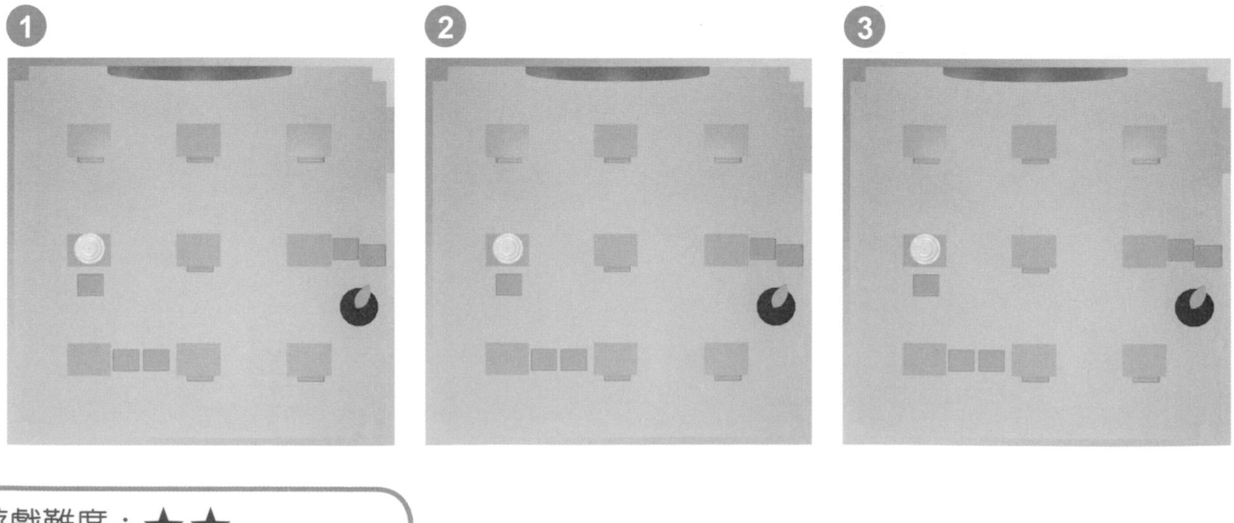

遊戲難度：★★

POINT 專注力遊戲小提示

鼓勵孩子先看上方的立體圖，從立體圖中找出路線後，接著在下方的遊戲圖中用手指或用畫筆描繪出剛剛的路線，這樣的方式就可以幫助孩子轉換立體與平面的視覺概念！

小朋友請從教室門口進入，用手指或鉛筆拿著蘋果回到座位上放在盤子中，（找到後請用鉛筆在下方的遊戲圖中畫出來）請注意！有三條不同路線喔！同一條路線不可以重疊。

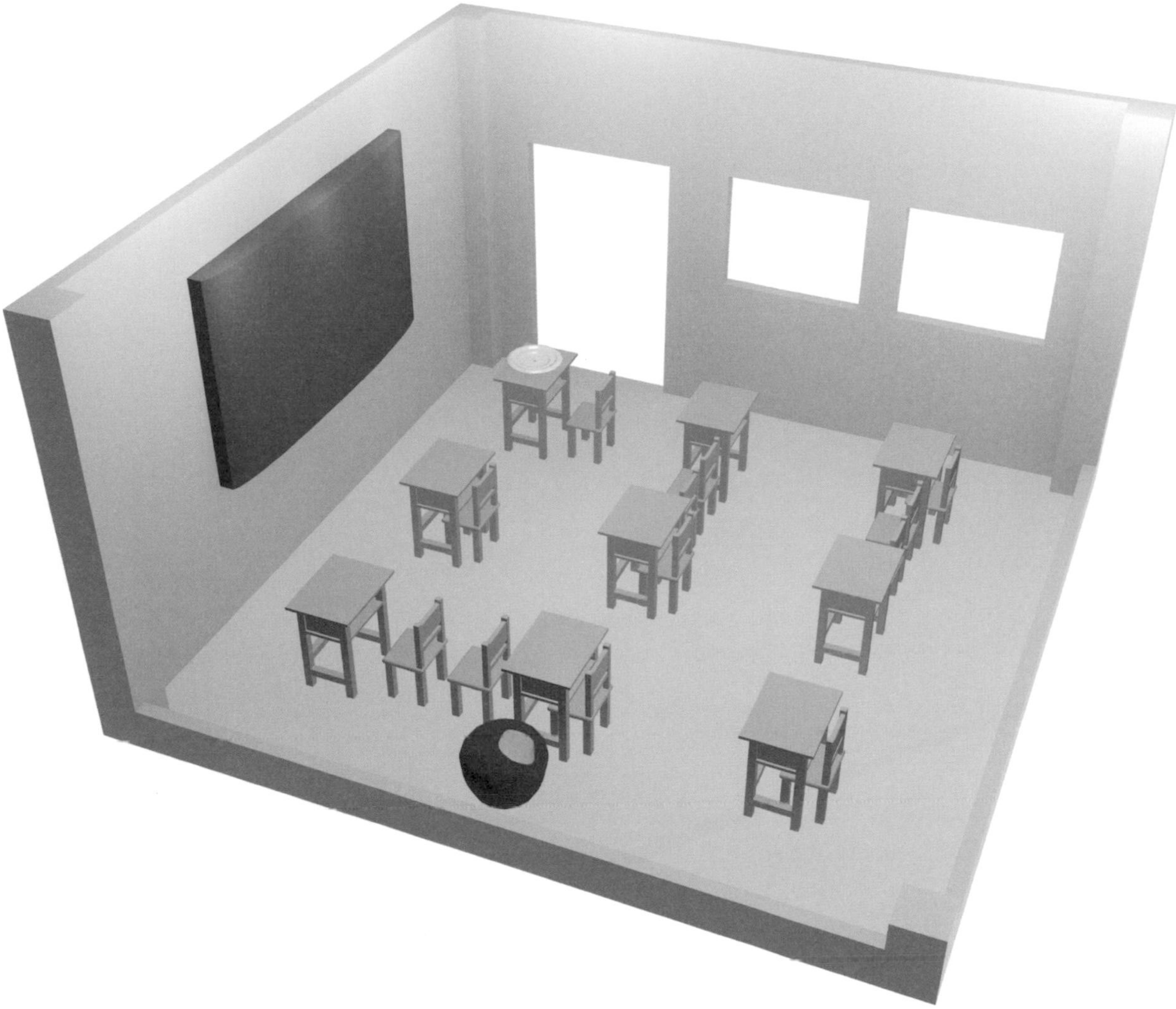

遊戲圖

1

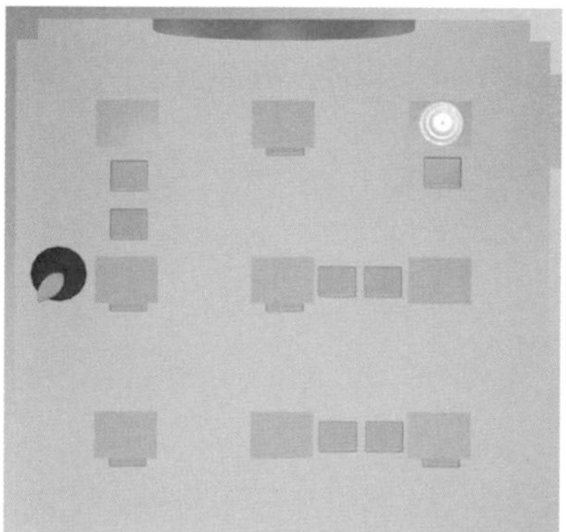

2

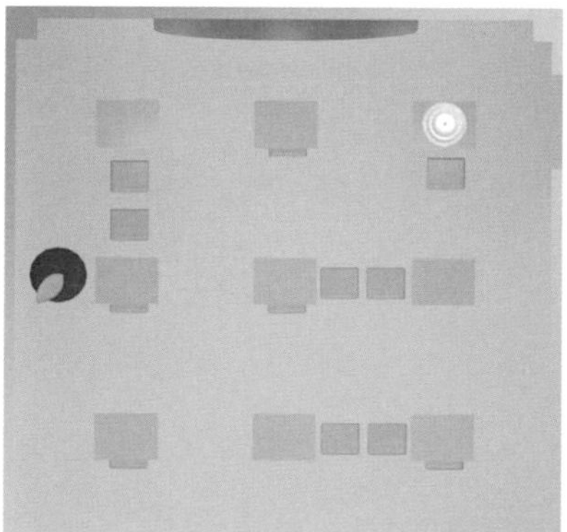

3

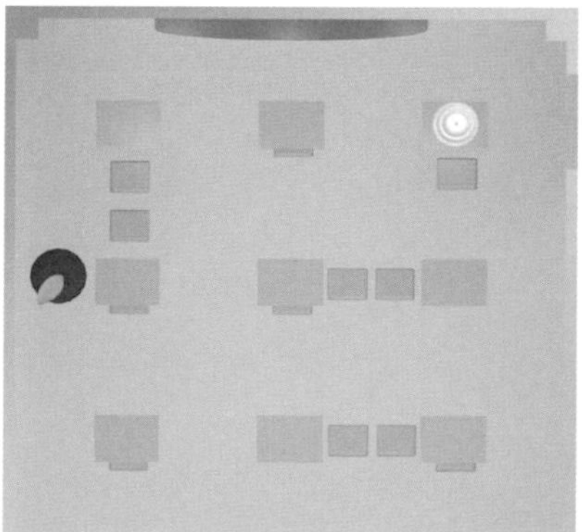

遊戲難度：★★

教室迷宮 11

小朋友請從教室門口進入，用手指或鉛筆拿起兩顆彈珠後回到位置上，（找到後請用鉛筆在下方的遊戲圖中畫出來）請注意！有三條不同的走法，走過的路不可再重複走。

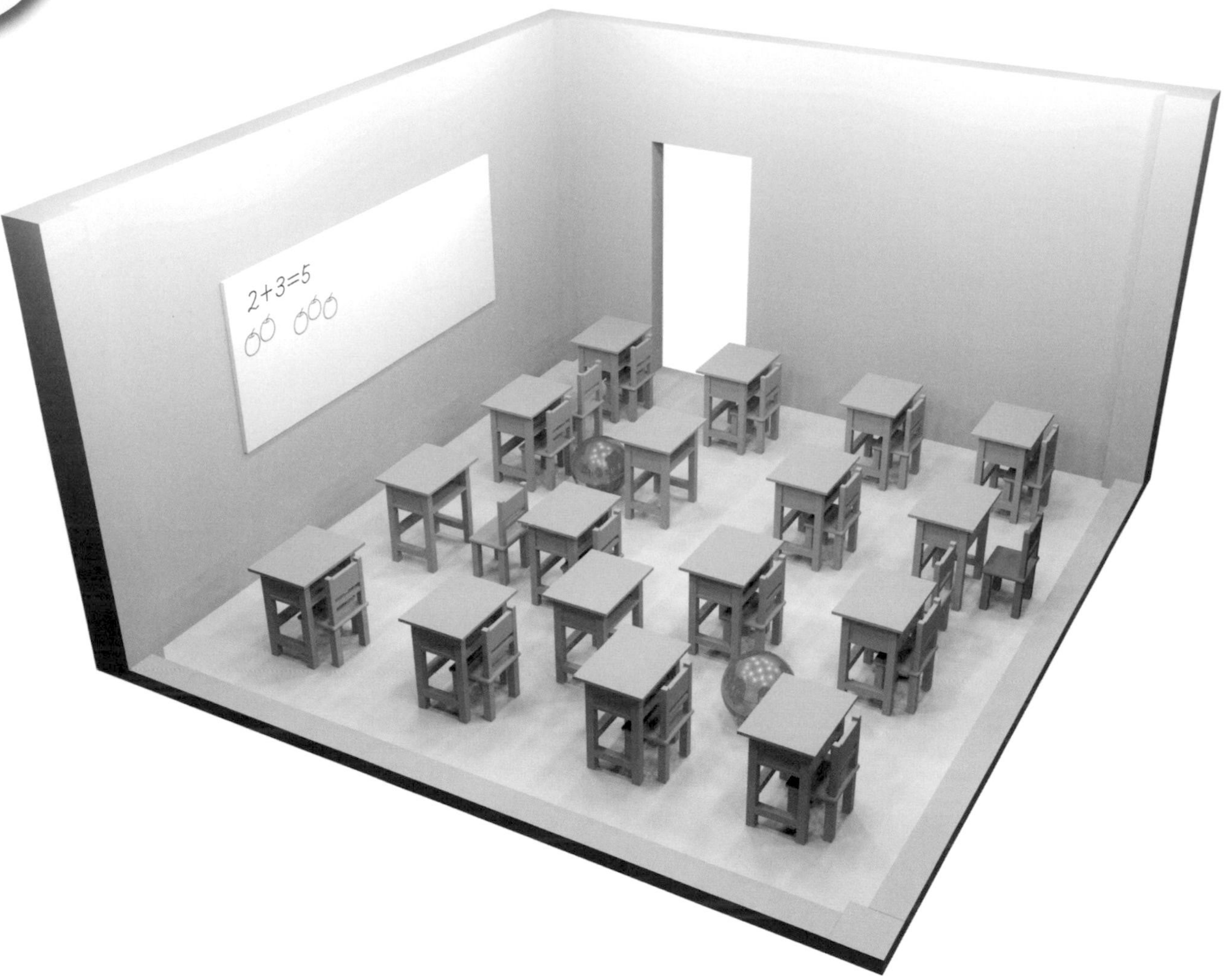

遊戲圖

1

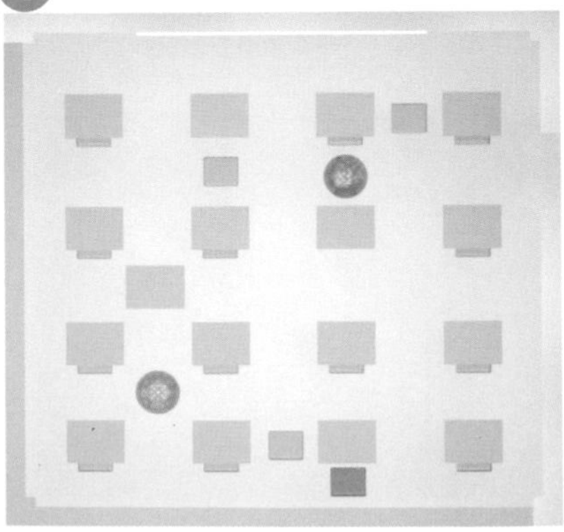

2

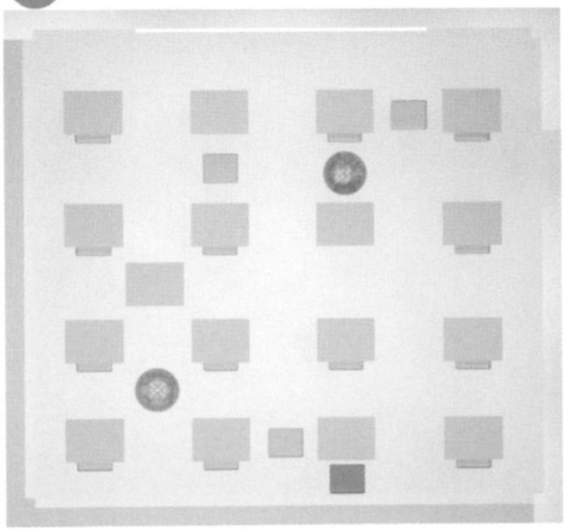

3

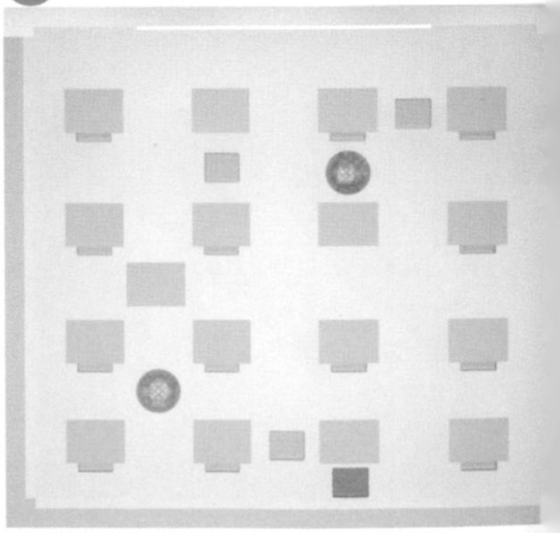

遊戲難度：★★★

POINT 專注力遊戲小提示

增加了要經過的地點，訓練孩子更進一步的工作記憶與問題解決能力，如果孩子無法馬上處理經過兩地點的路線，可以先減少一個目標，讓孩子先熟悉題目要求，才能更進步。

小朋友請從教室門口進入，用手指或鉛筆拿起兩顆彈珠後回到位置上，（找到後請用鉛筆在下方的遊戲圖中畫出來）請注意！有三條不同的走法，走過的路不可再重複走。

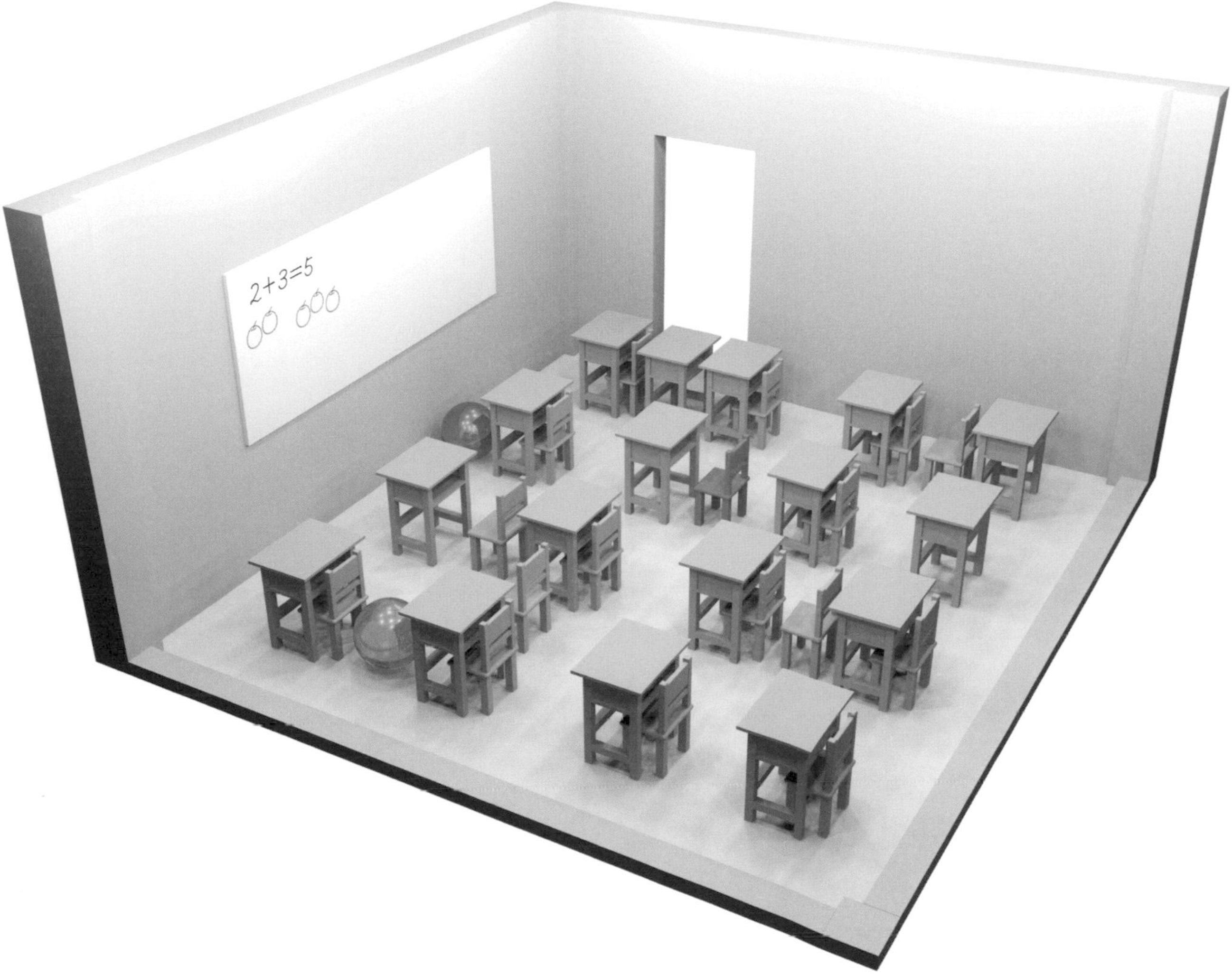

遊戲圖

1

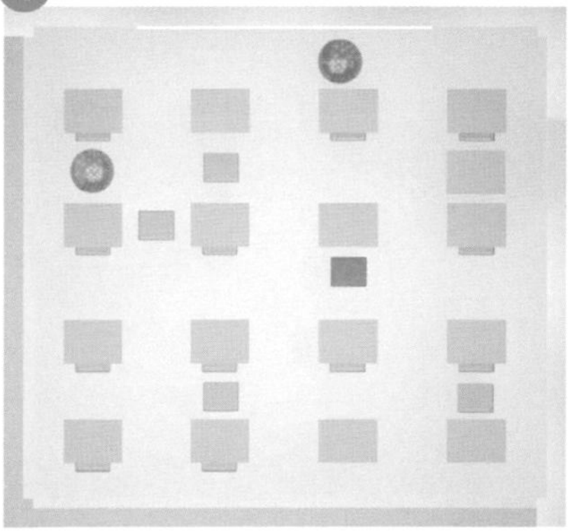

2

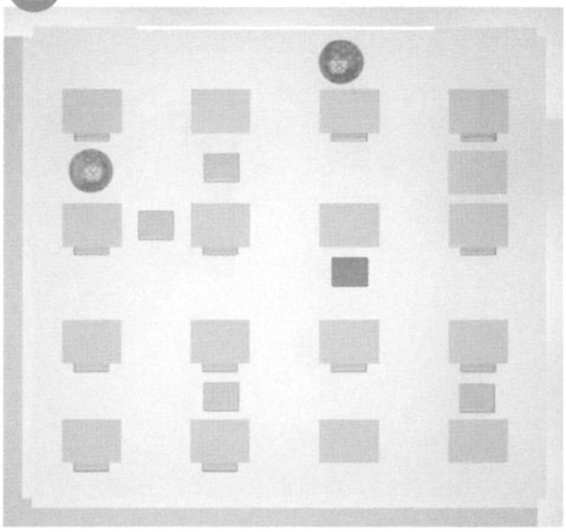

3

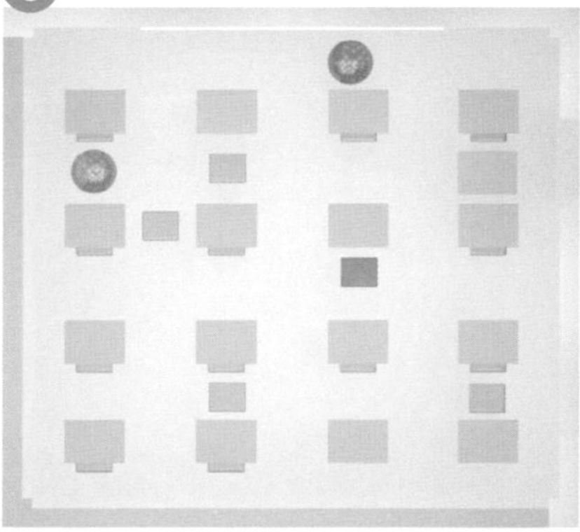

遊戲難度：★★★

教室迷宮 13

小朋友請從教室門口進入，用手指或鉛筆拿起兩顆彈珠後回到位置上，（找到後請用鉛筆在下方的遊戲圖中畫出來）請注意！有三條不同的走法，走過的路不可再重複走。

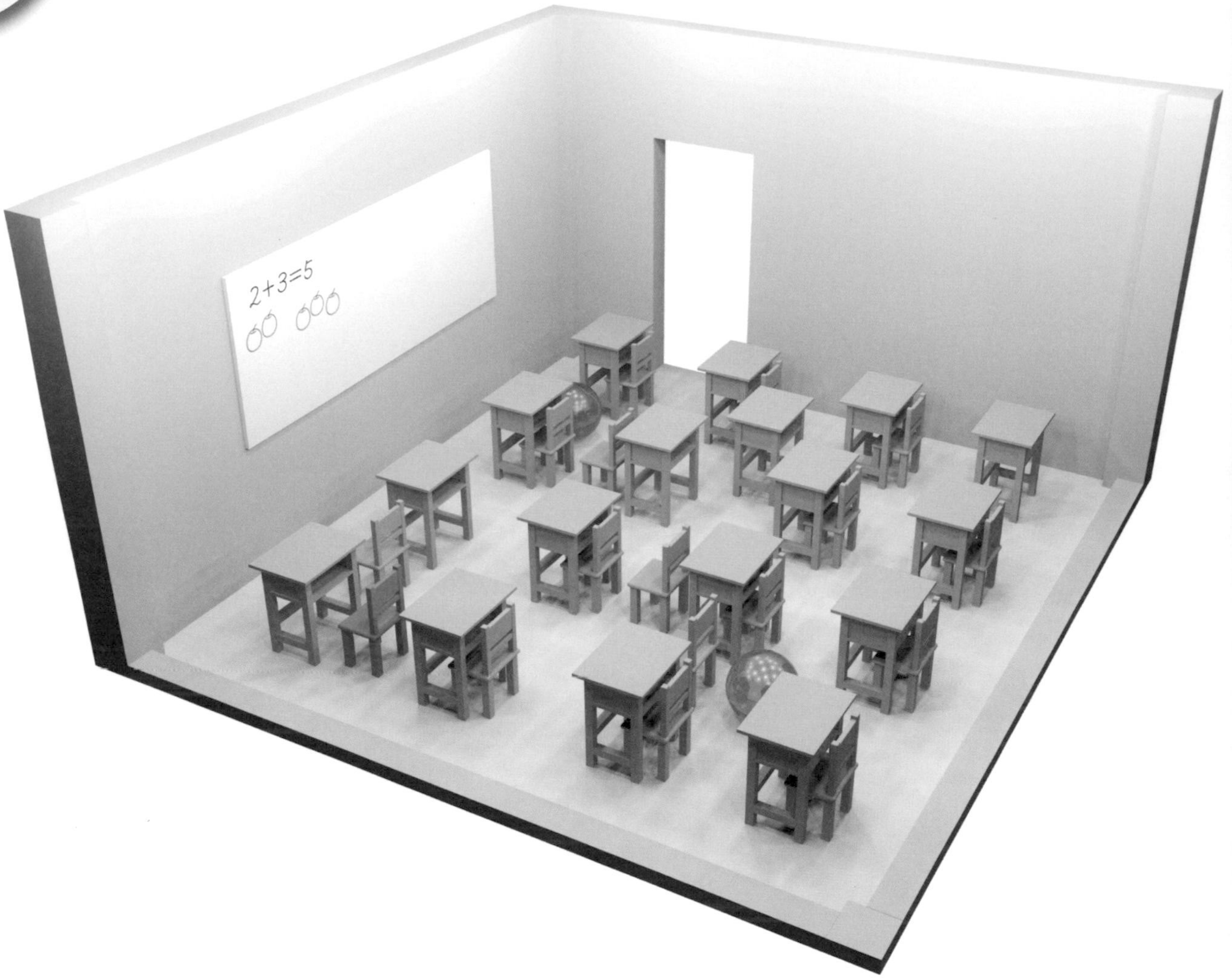

遊戲圖

1

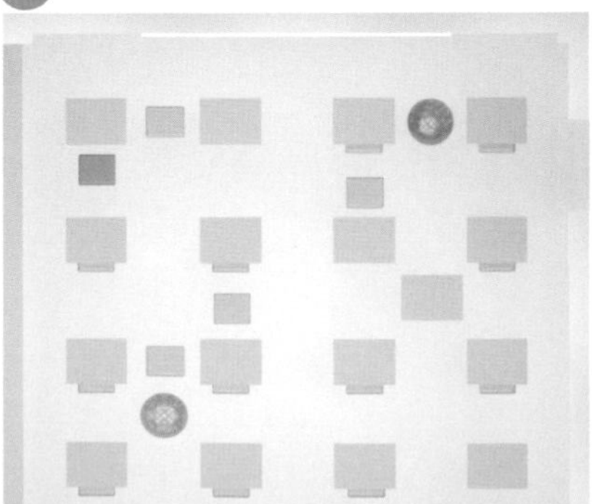

2

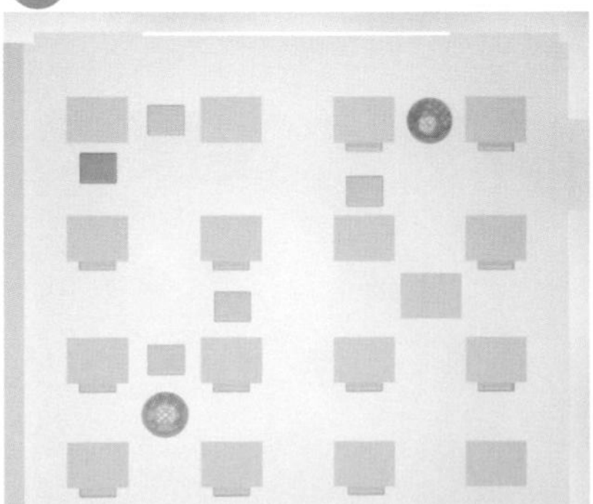

3

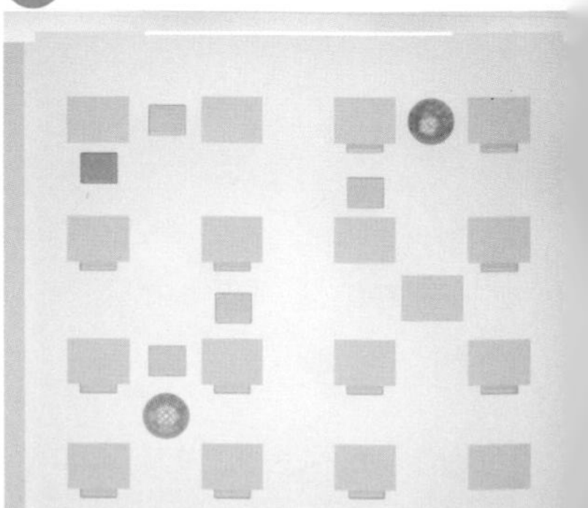

遊戲難度：★★★

POINT
專注力遊戲小提示

孩子可以在上方的立體圖中看到彈珠嗎？如果找不到，可以先觀察下方的遊戲圖，藉由黑板、門口及桌椅的相對位置，就可以找出彈珠的位置。這樣的方式可以訓練孩子了解物體之間的相互關係。

小朋友請從教室門口進入，用手指或鉛筆拿起兩顆彈珠後回到位置上，（找到後請用鉛筆在下方的遊戲圖中畫出來）請注意！有三條不同的走法，走過的路不可再重複走。

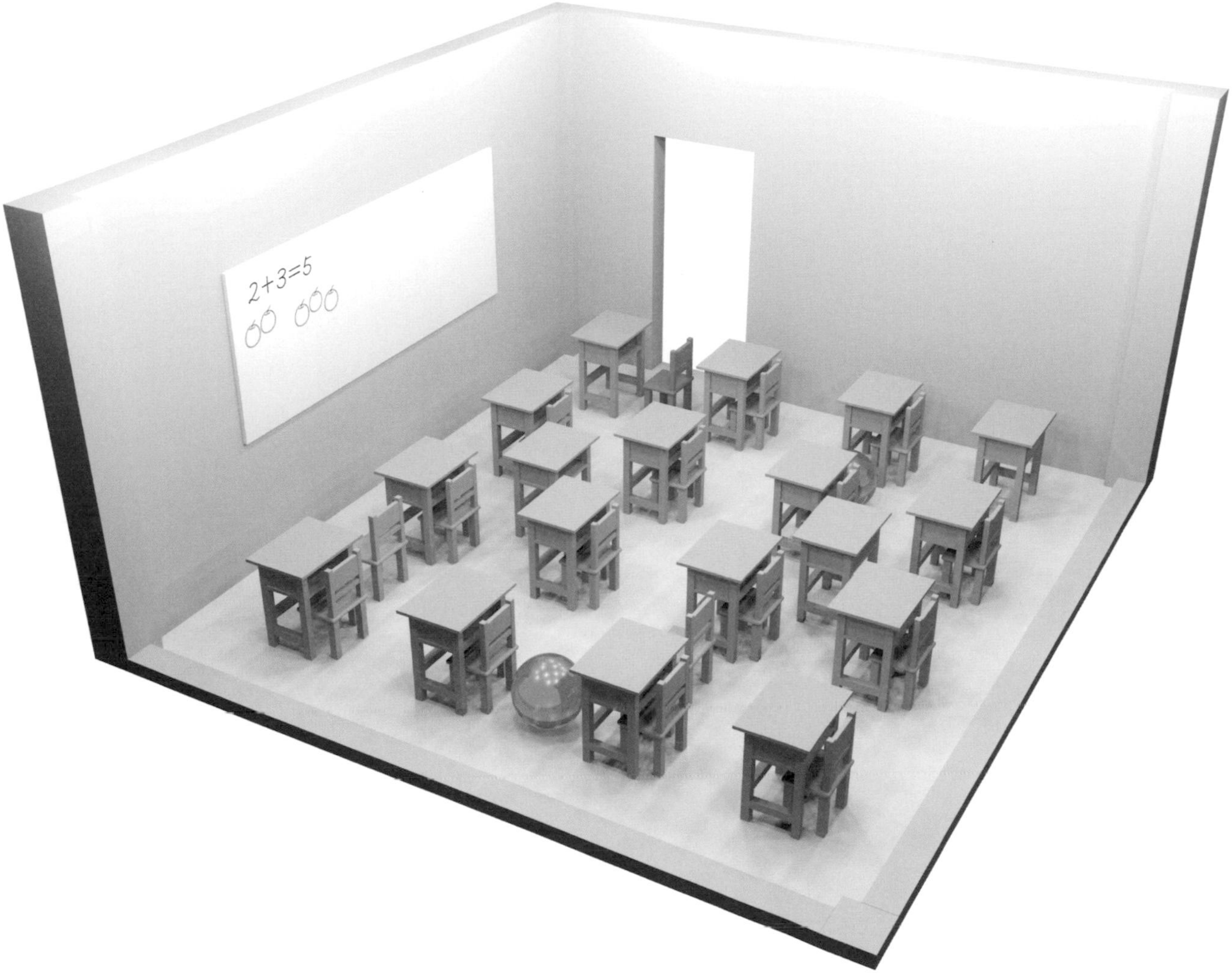

遊戲圖

1

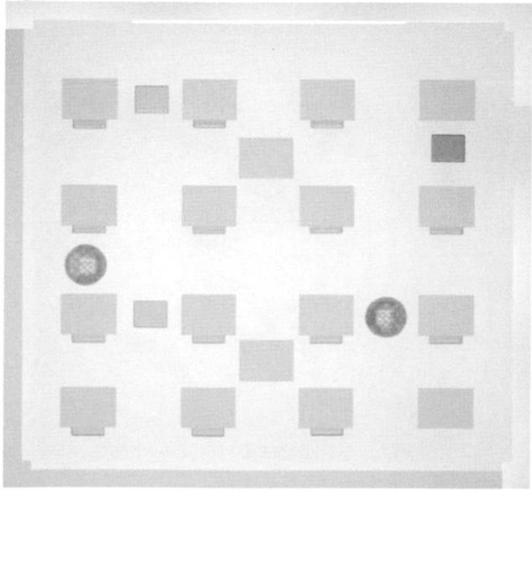

2

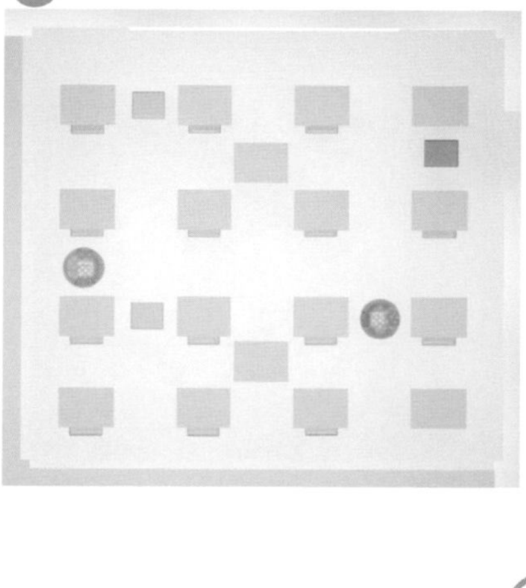

3

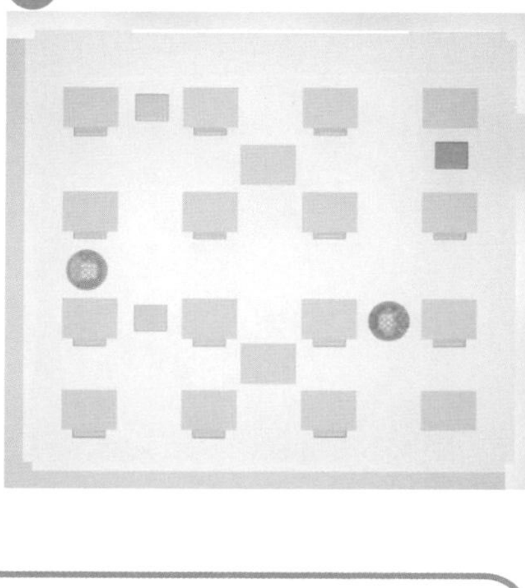

遊戲難度：★★★

教室迷宮 15

小朋友請從教室門口進入，用手指或鉛筆拿起兩顆彈珠後回到位置上，（找到後請用鉛筆在下方的遊戲圖中畫出來）請注意！有三條不同的走法，走過的路不可再重複走。

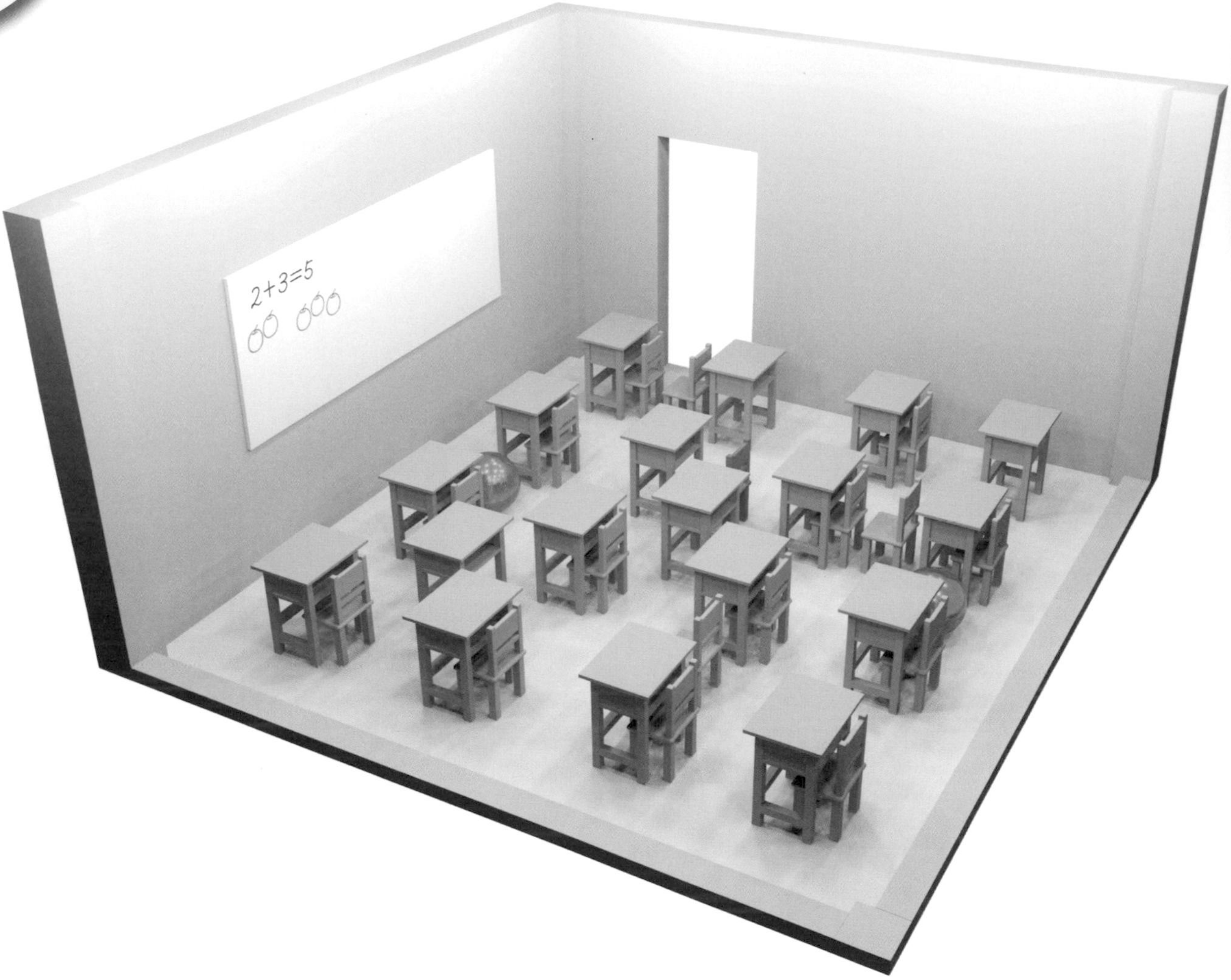

遊戲圖

1

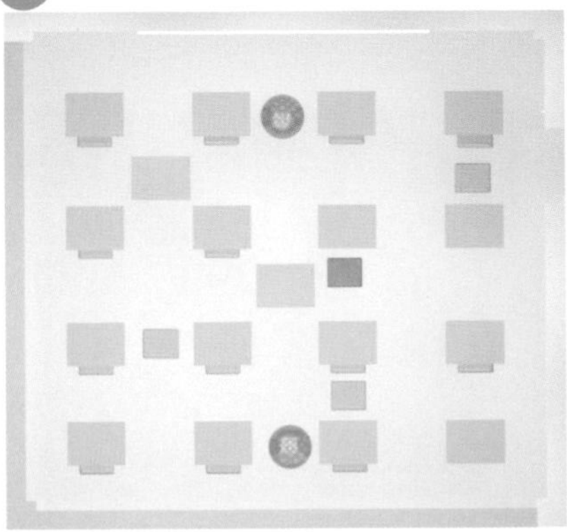

2

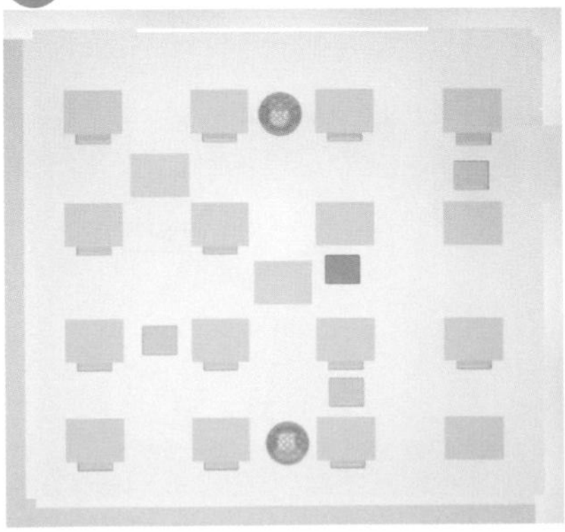

3

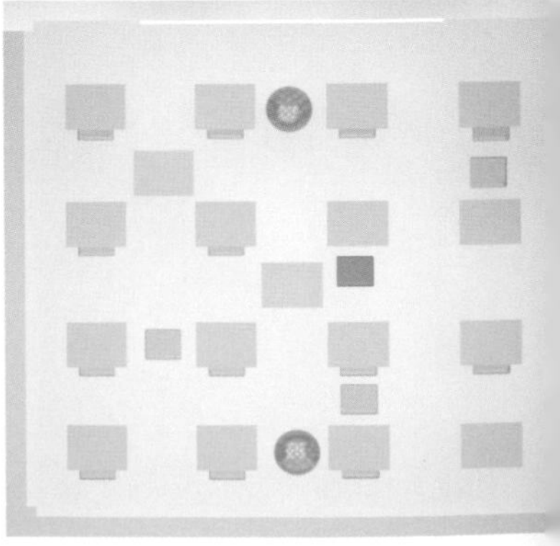

遊戲難度：★★★

POINT 專注力遊戲小提示

孩子能夠輕易完成題目嗎？爸媽可以要求孩子「經過」的遊戲規則，例如「要先經過綠色積木」、「要從上方進入垃圾桶」等，不僅增添遊戲的樂趣，更訓練孩子邏輯思維的能力。

小朋友請從教室門口進入，用手指或鉛筆拿起三塊積木後放入垃圾桶，（找到後請用鉛筆在下方的遊戲圖中畫出來）請注意！有三條不同走法，同一條路線不可以重疊。

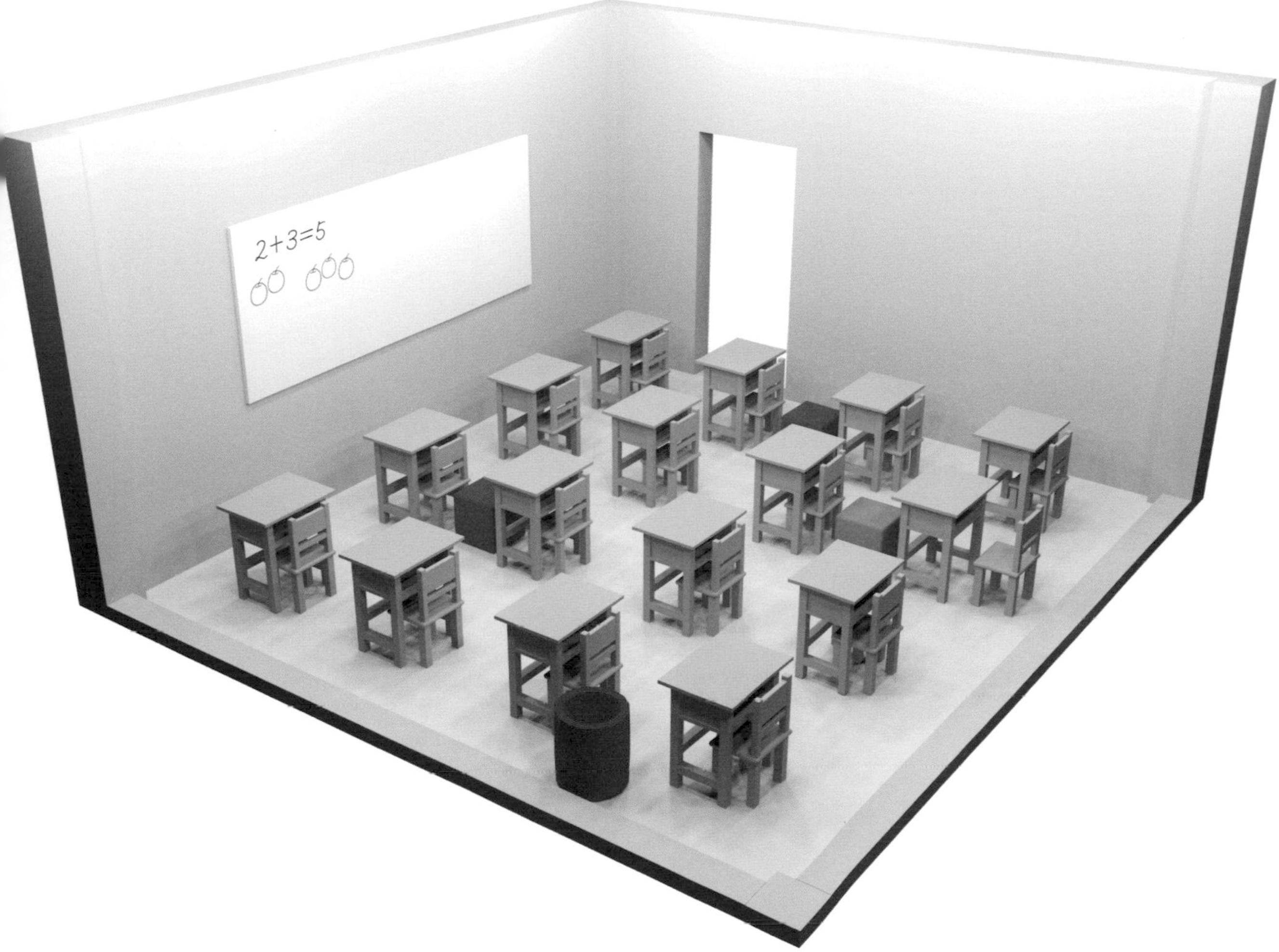

遊戲圖

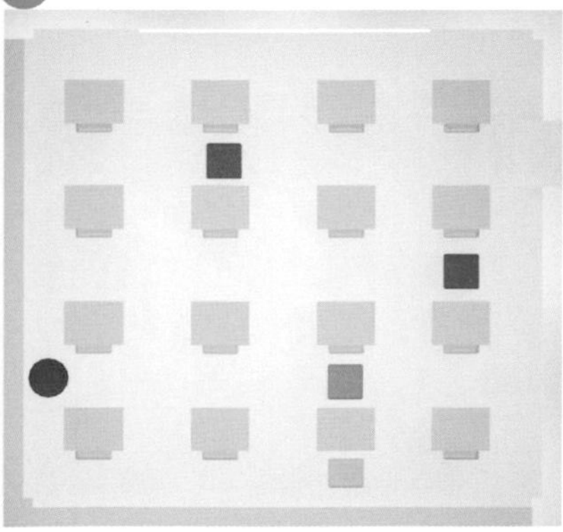

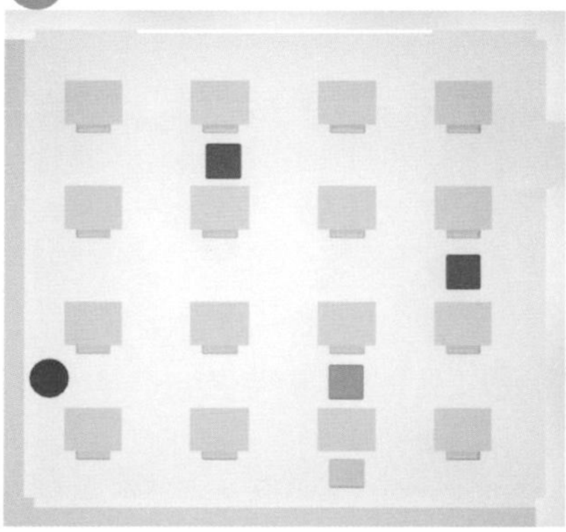

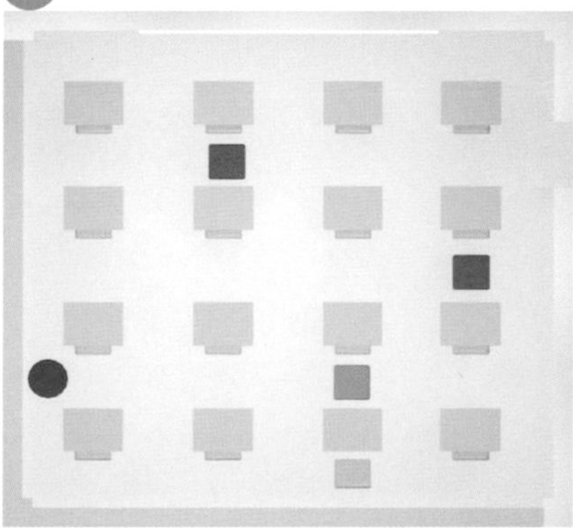

遊戲難度：★★★★

小朋友請從教室門口進入，用手指或鉛筆拿起三塊積木後放入垃圾桶，（找到後請用鉛筆在下方的遊戲圖中畫出來）請注意！有三條不同走法，同一條路線不可以重疊。

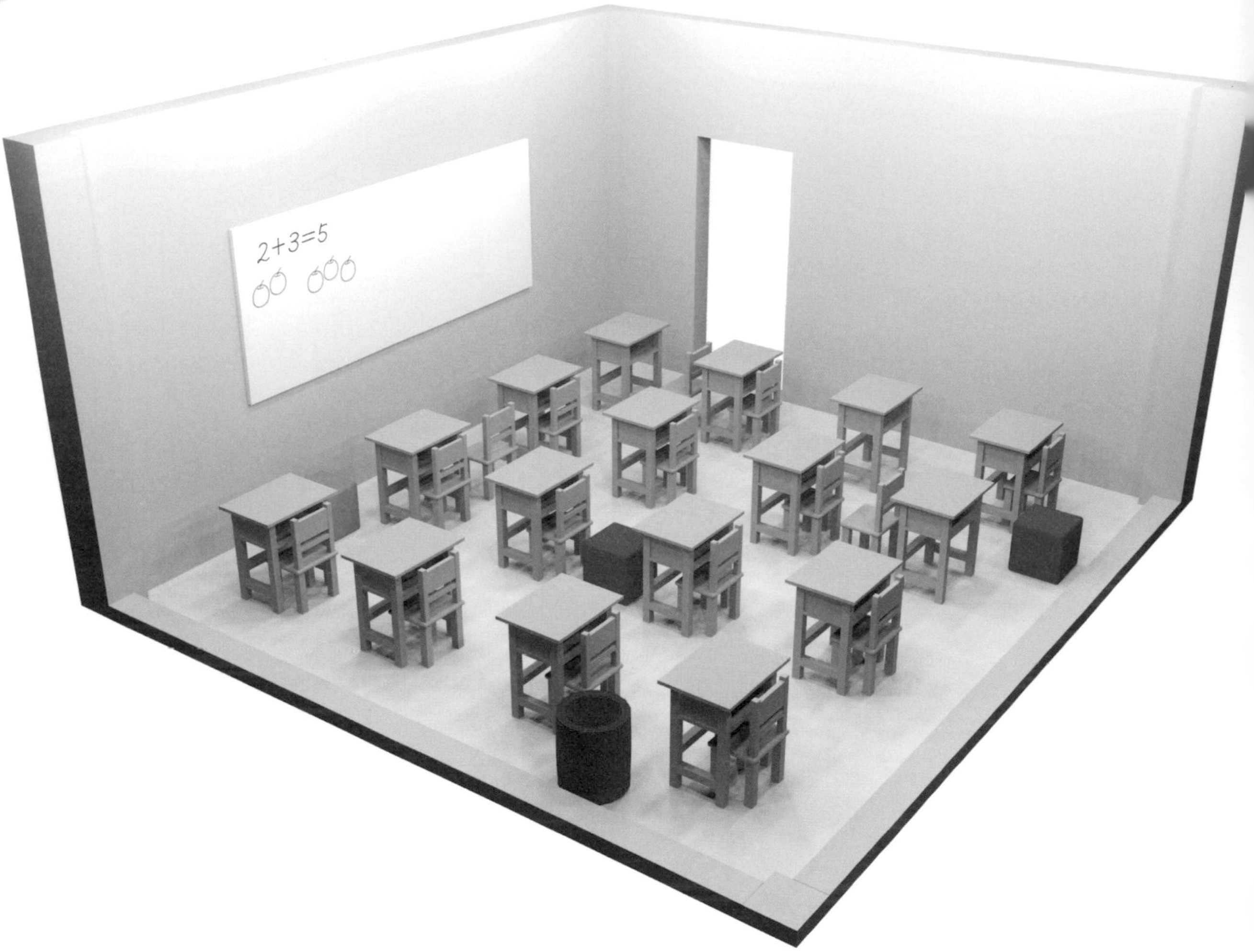

遊戲圖

1

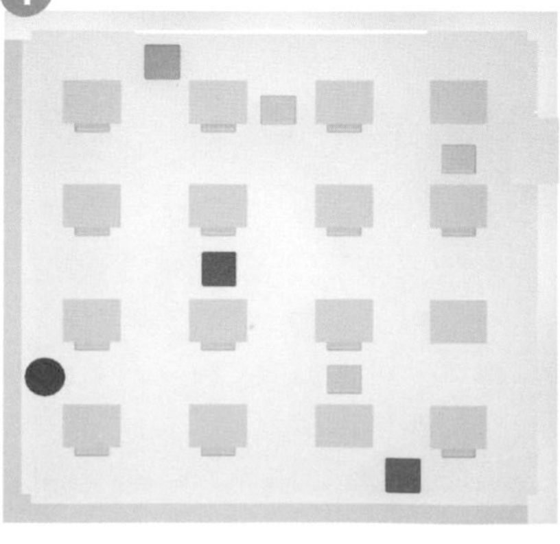

2

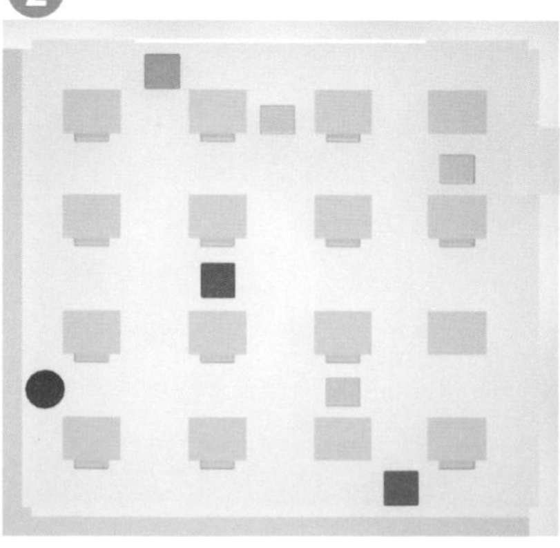

3

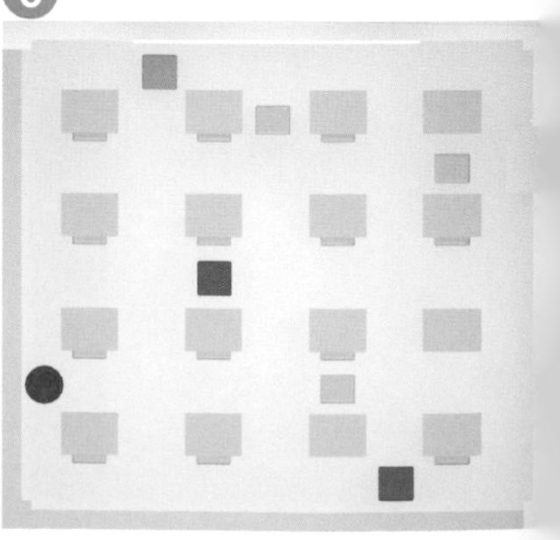

遊戲難度：★★★★

POINT 專注力遊戲小提示

孩子太厲害一下就解題了嗎？爸媽可以在立體圖中地上的某個點畫上叉叉，要求孩子不可以經過此處，因此孩子就必須仔細思考，並重新規劃路線！適當地將題目做改變，可以提升遊戲的樂趣與價值。

小朋友請從教室門口進入，用手指或鉛筆拿起三塊積木後放入垃圾桶，（找到後請用鉛筆在下方的遊戲圖中畫出來）請注意！有三條不同走法，同一條路線不可以重疊。

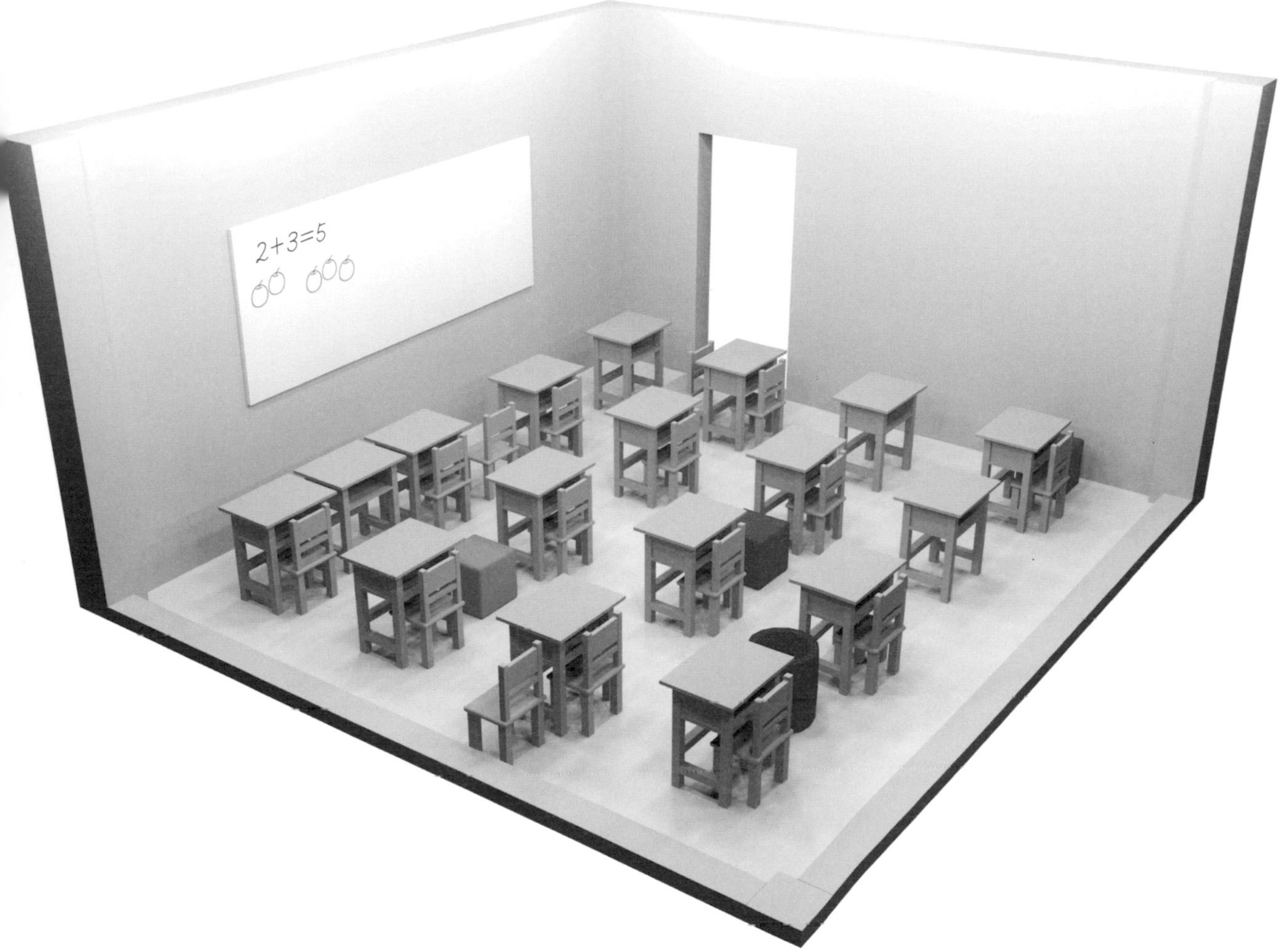

遊戲圖

1

2

3

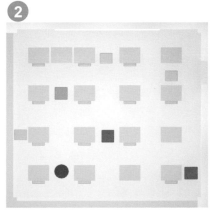

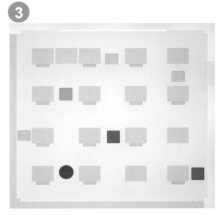

遊戲難度：★★★★

教室迷宮 19

小朋友請從教室門口進入，用手指或鉛筆拿起三塊積木後放入垃圾桶，（找到後請用鉛筆在下方的遊戲圖中畫出來）請注意！有三條不同走法，同一條路線不可以重疊。

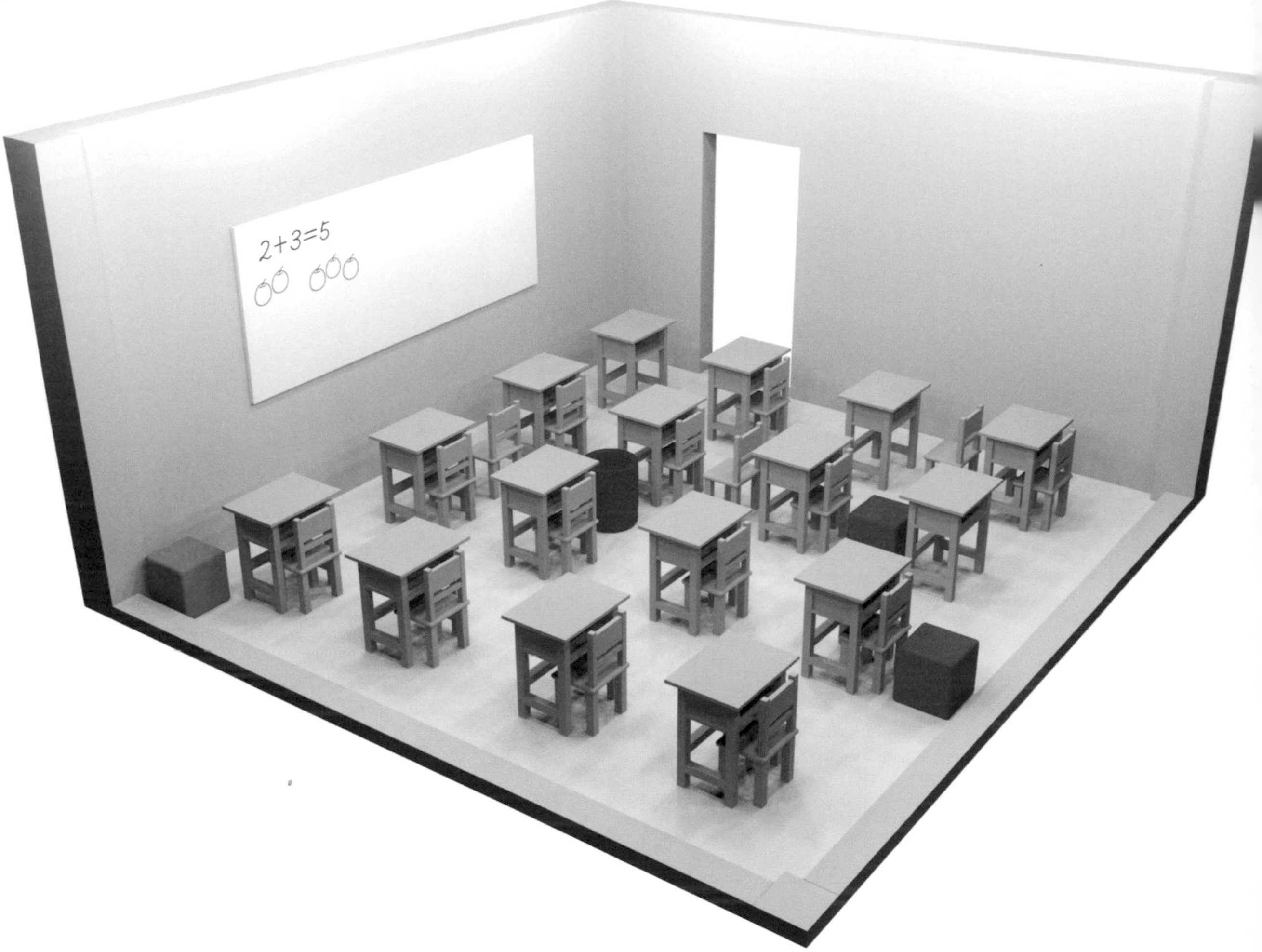

遊戲圖

1

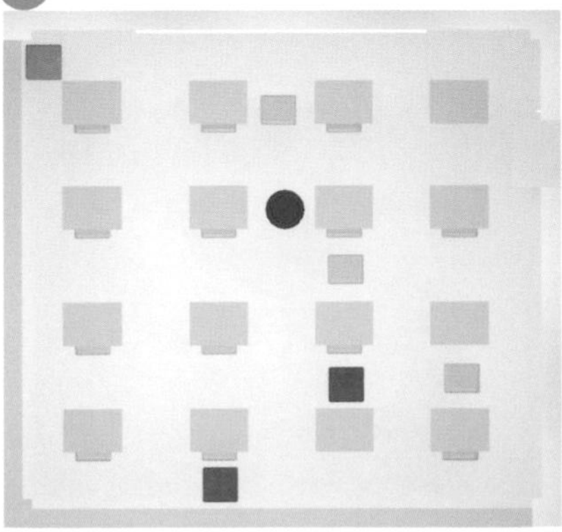

2

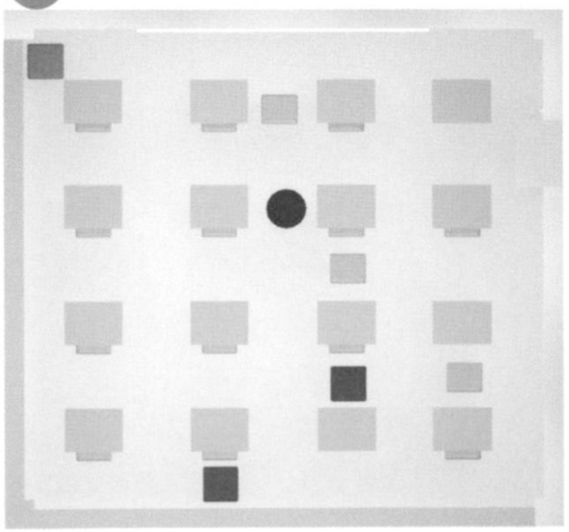

3

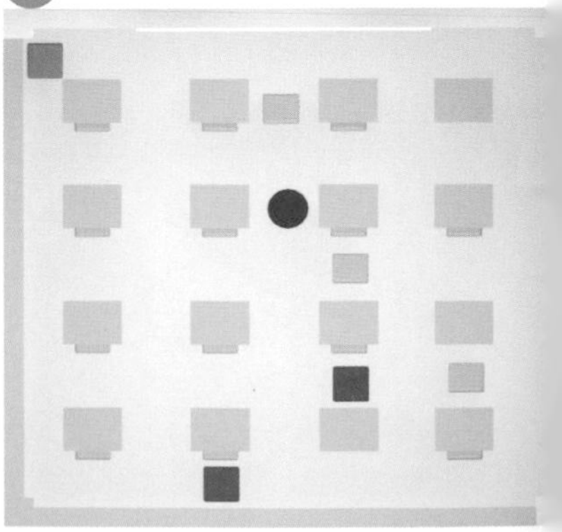

遊戲難度：★★★★

POINT
專注力遊戲小提示

別急著要求孩子一次就畫出三條路線！爸媽可以與孩子比賽，一人一次畫一條，看看誰畫的最多條？看看誰畫出了曾經畫過的路線！孩子的專注力進步，需要爸媽的共同參與喔！

小朋友請從教室門口進入，用手指或鉛筆拿起三塊積木後放入垃圾桶，（找到後請用鉛筆在下方的遊戲圖中畫出來）請注意！有三條不同走法，同一條路線不可以重疊。

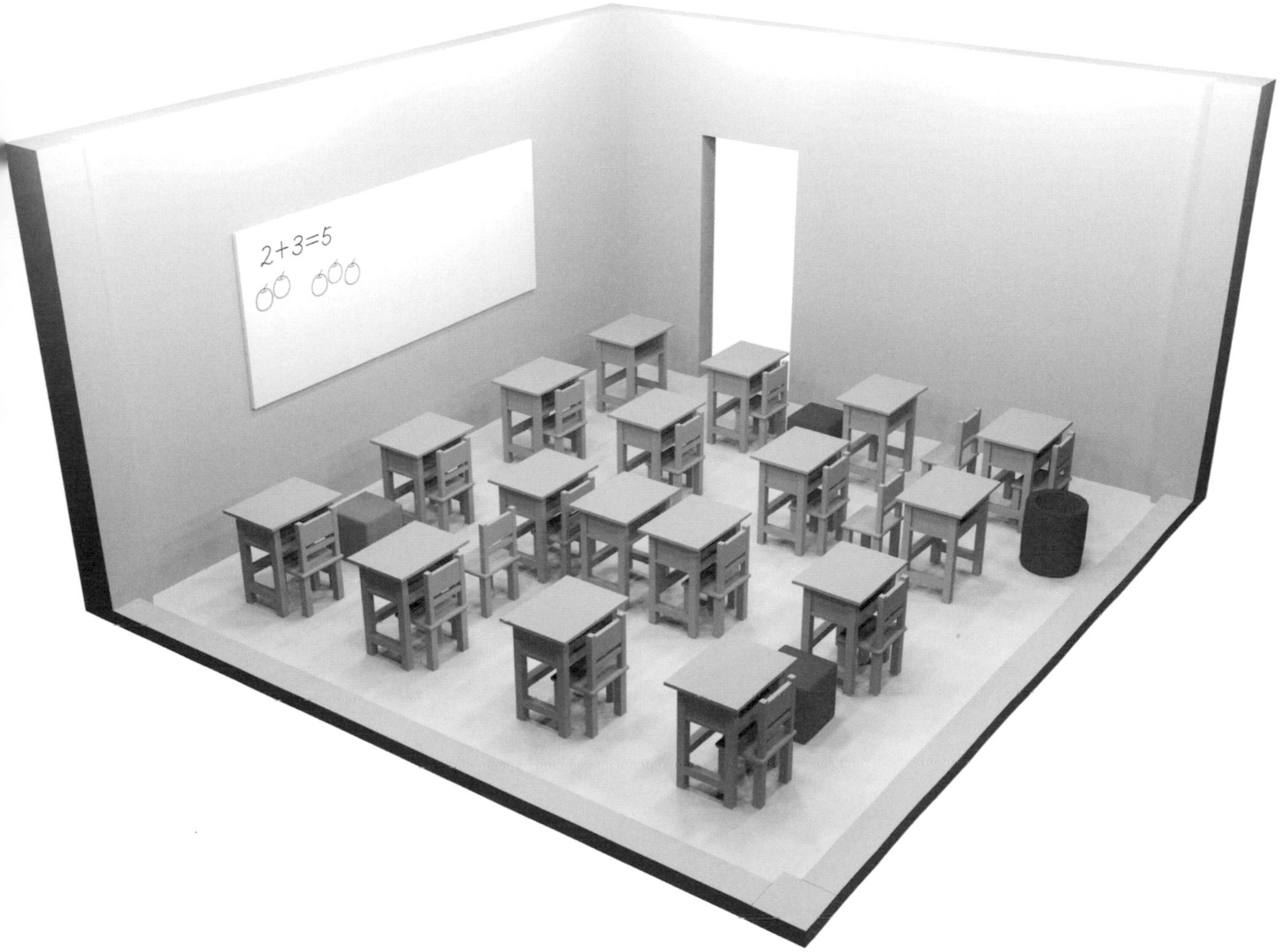

遊戲圖

1

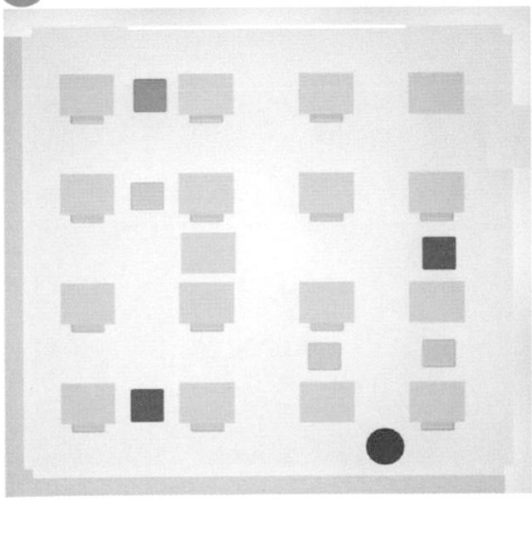

2

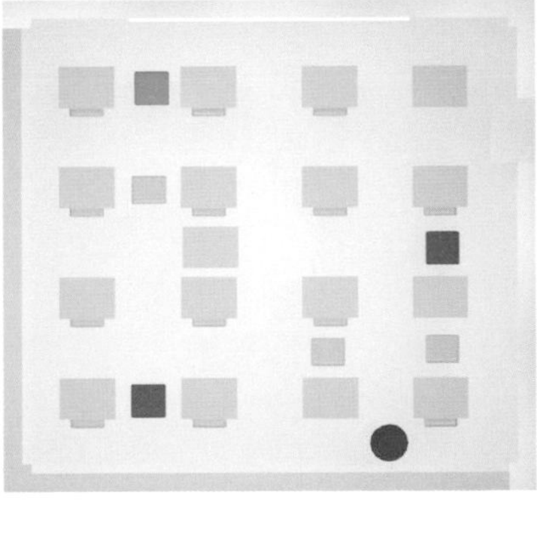

3

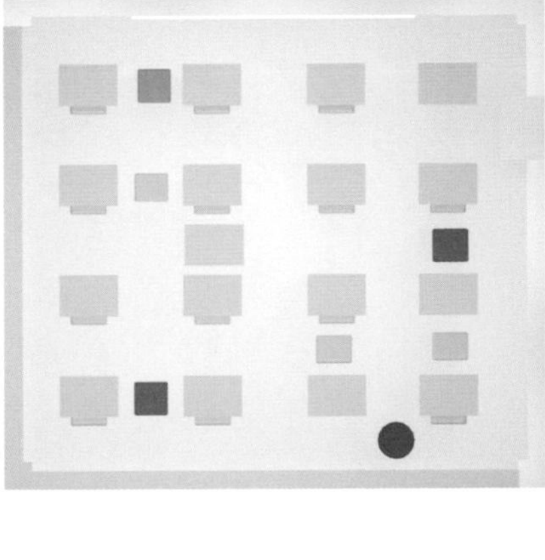

遊戲難度：★★★★

教室迷宮 21

POINT 專注力遊戲小提示

孩子練習到這裡，應該可以自己尋找出正確路線了！爸媽不妨放手讓孩子自己試試看，當孩子畫好後，再問問孩子為什麼這樣畫？有沒有其他的路線？適當的引導，孩子才會有更好的動腦機會！

小朋友請從教室門口進入，用手指或鉛筆依照「蘋果」、「罐子」、「紙屑」的順序撿起來，再從後門走出去，走過的路線不可以重疊。（找到後請用鉛筆在下方的遊戲圖中畫出來）

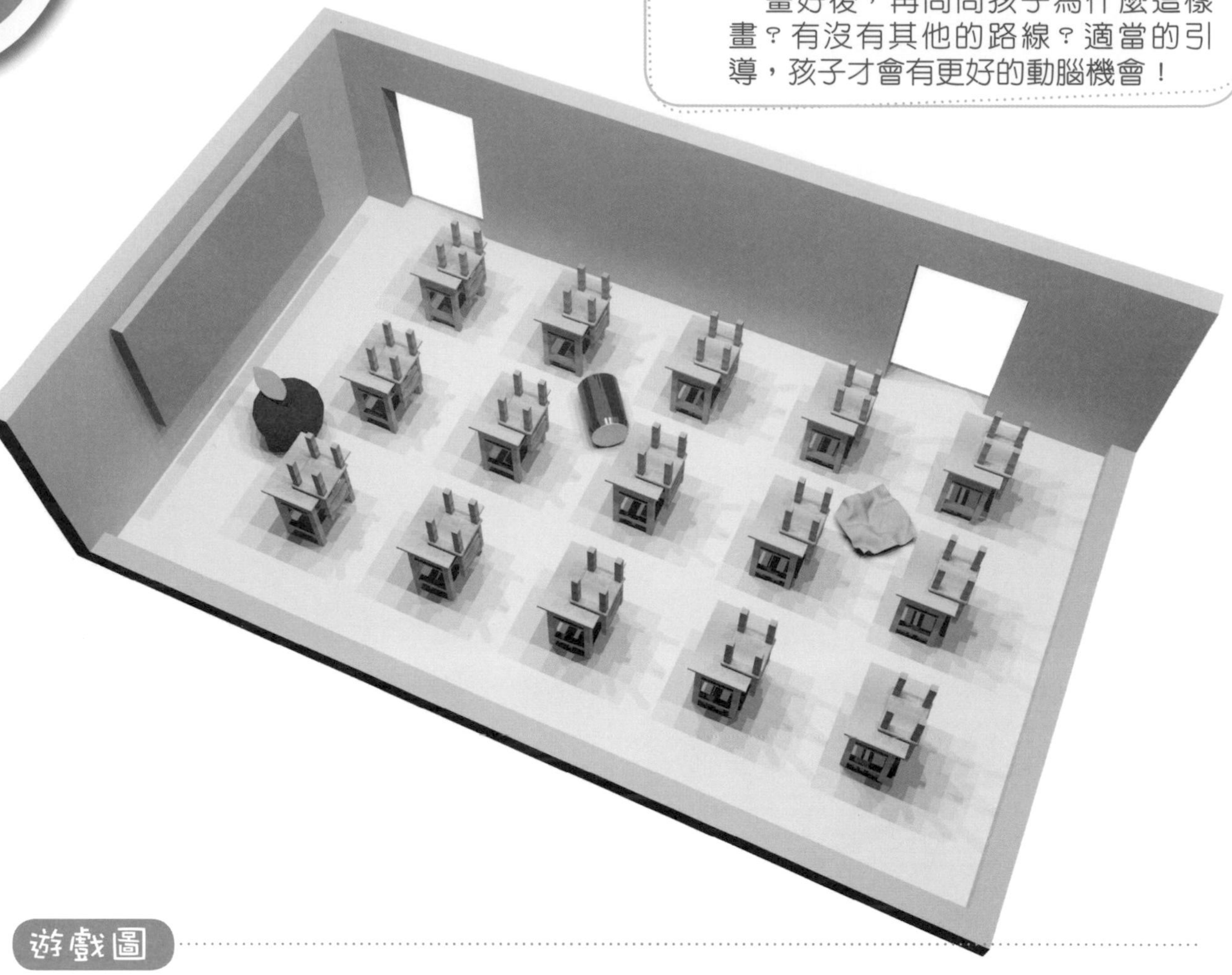

遊戲圖

1

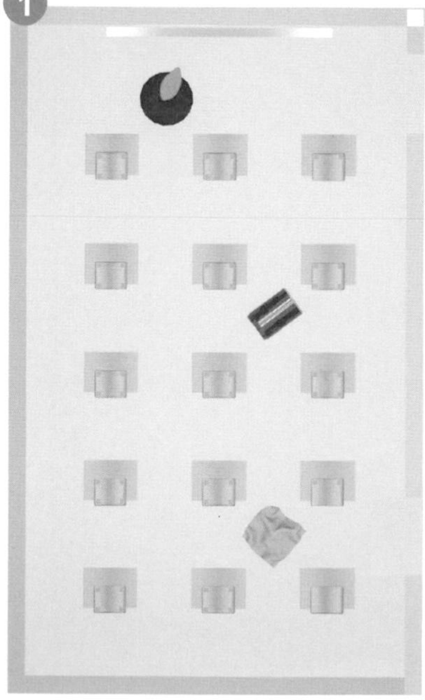

2

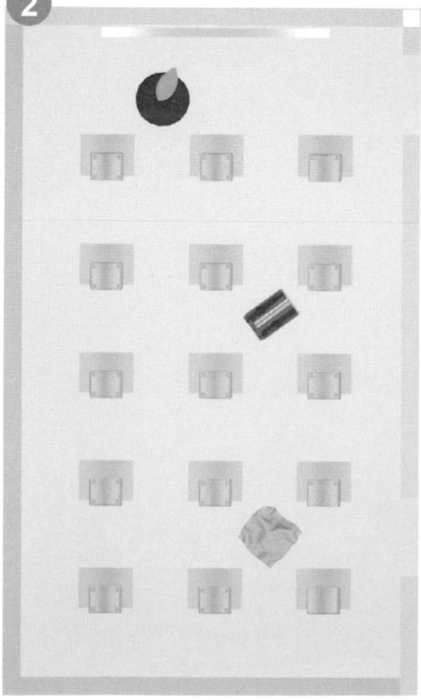

3

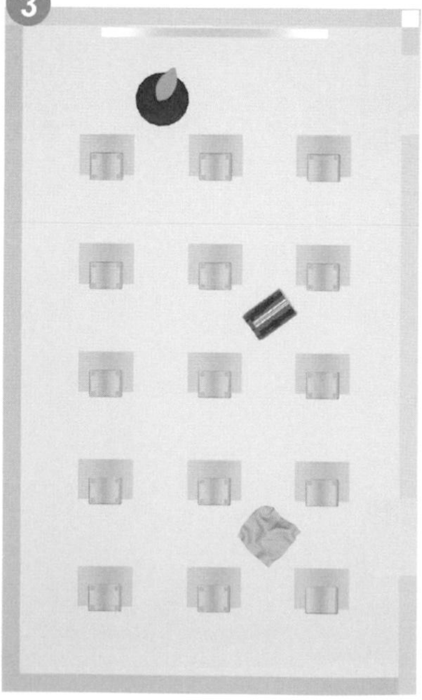

遊戲難度：★★★★★

教室迷宮 22

小朋友請從教室門口進入，用手指或鉛筆依照「蘋果」、「罐子」、「紙屑」的順序撿起來，再從後門走出去，走過的路線不可以重疊。（找到後請用鉛筆在下方的遊戲圖中畫出來）

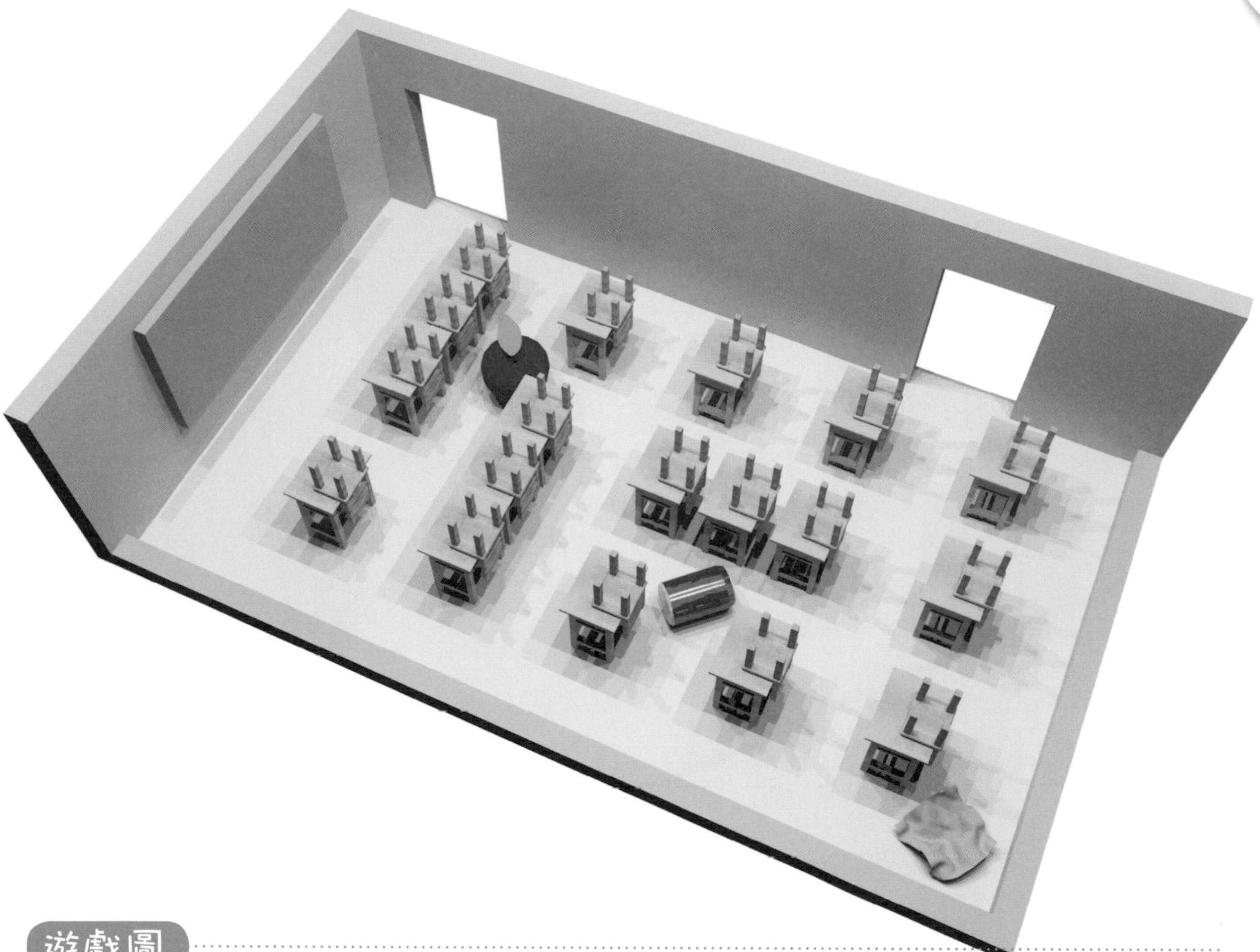

遊戲圖

1

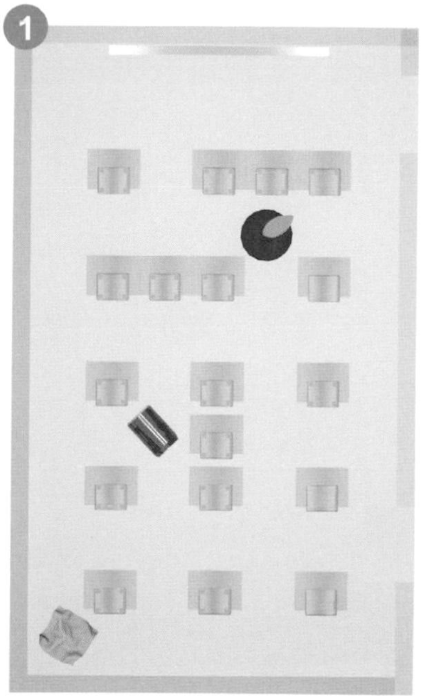

2

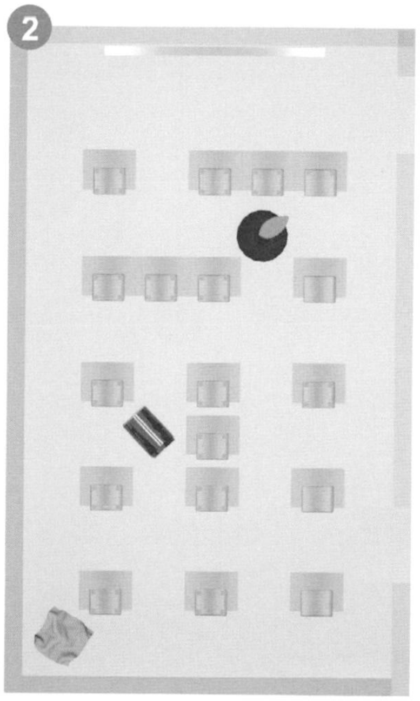

3

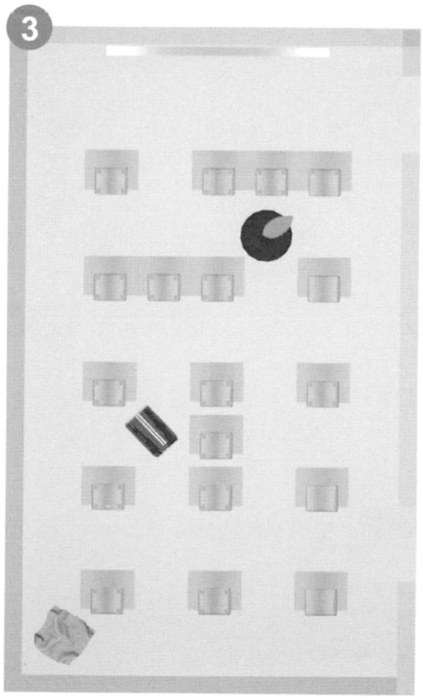

遊戲難度：★★★★★

23

POINT
專注力遊戲小提示

拿出孩子平常的玩具，排列出像是教室的樣子吧！積木代表桌椅，小玩偶代表目標物，利用小汽車在積木間行走，把紙本練習，轉換成實際操作，才能將遊戲融入日常生活中！

小朋友請從教室門口進入，用手指或鉛筆依照「蘋果」、「罐子」、「紙屑」的順序撿起來，再從後門走出去，走過的路線不可以重疊。（找到後請用鉛筆在下方的遊戲圖中畫出來）

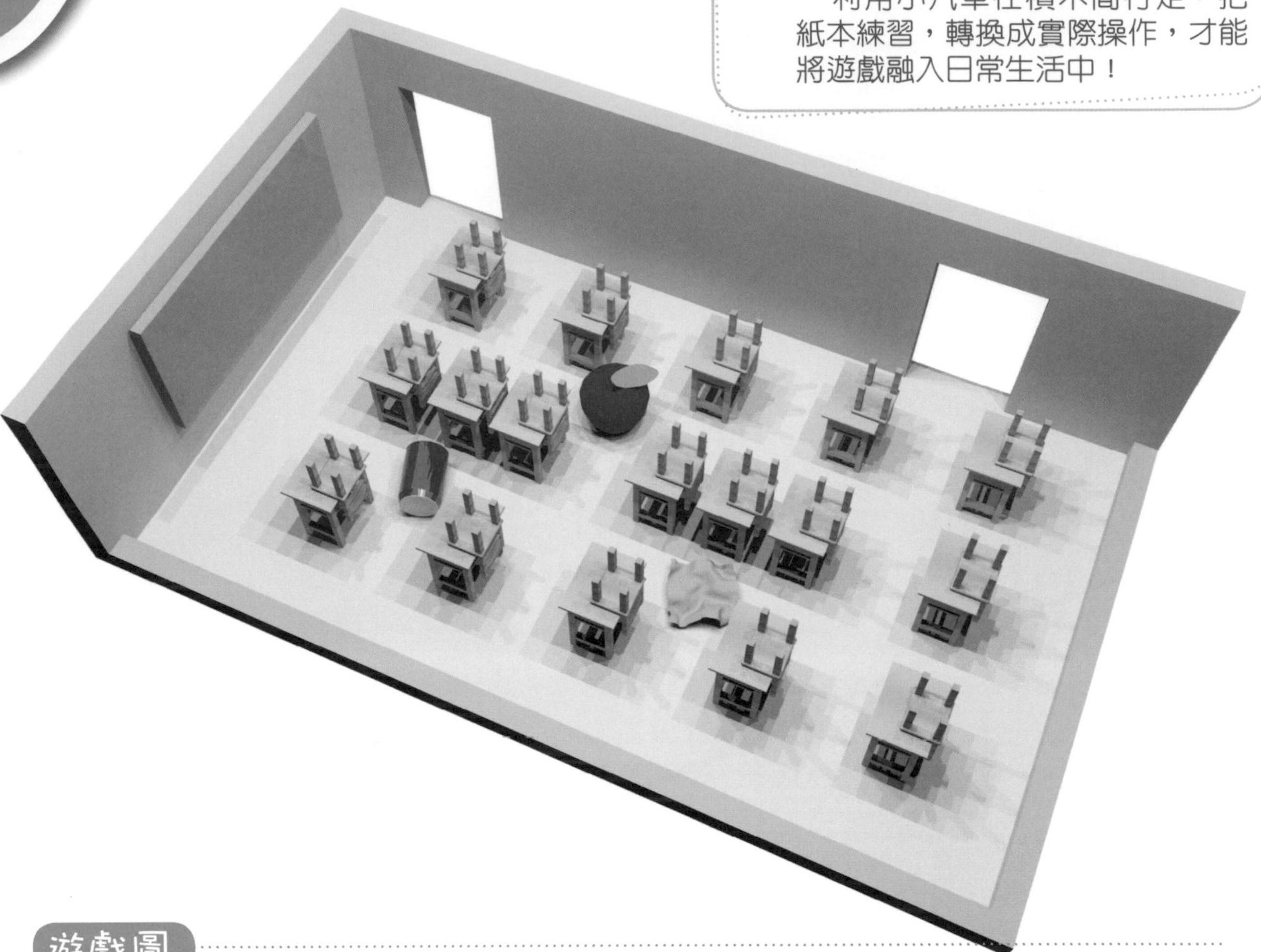

遊戲圖

1

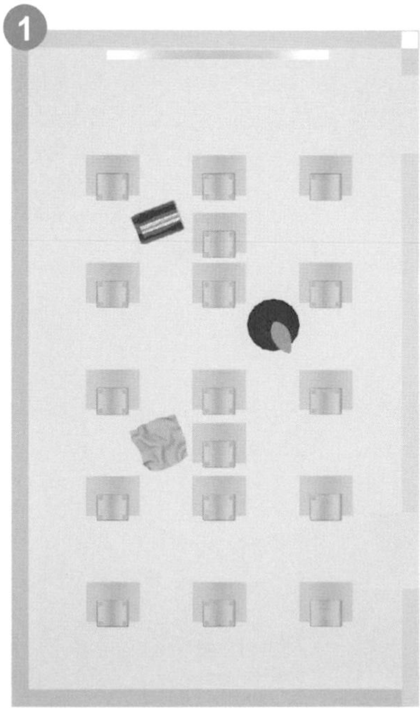

2

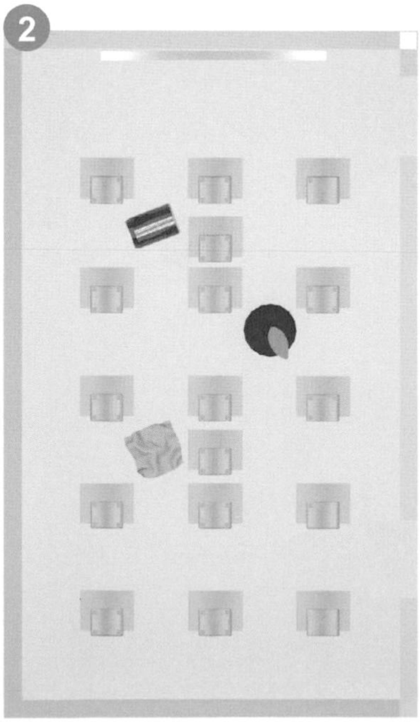

3

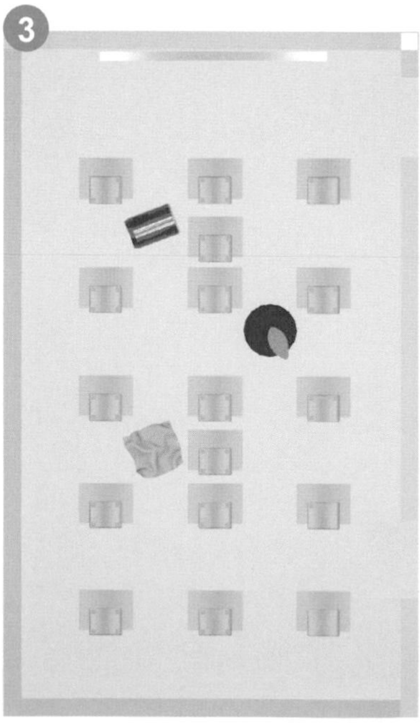

遊戲難度：★★★★★

小朋友請從教室門口進入，用手指或鉛筆依照「蘋果」、「罐子」、「紙屑」的順序撿起來，再從後門走出去，走過的路線不可以重疊。（找到後請用鉛筆在下方的遊戲圖中畫出來）

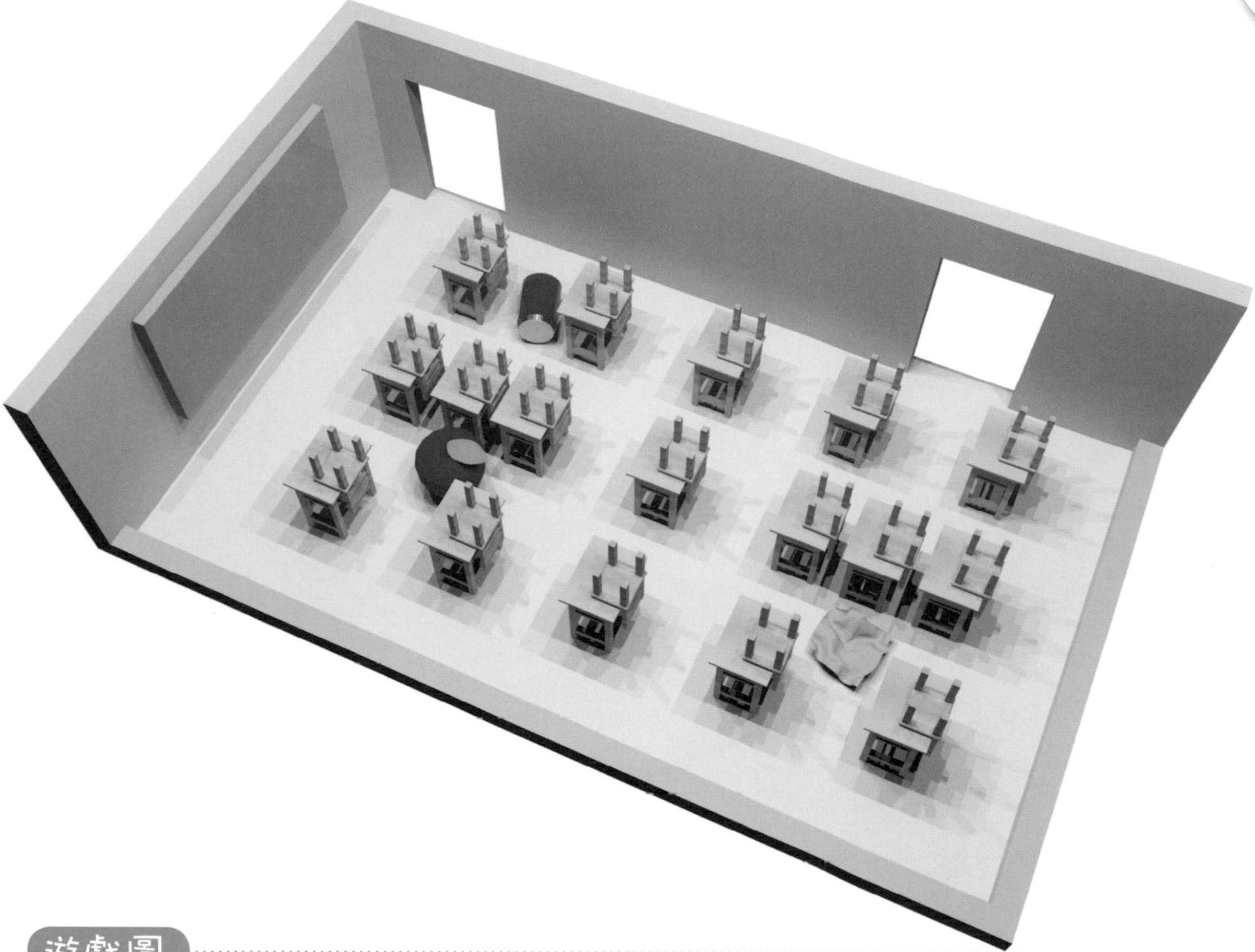

遊戲圖

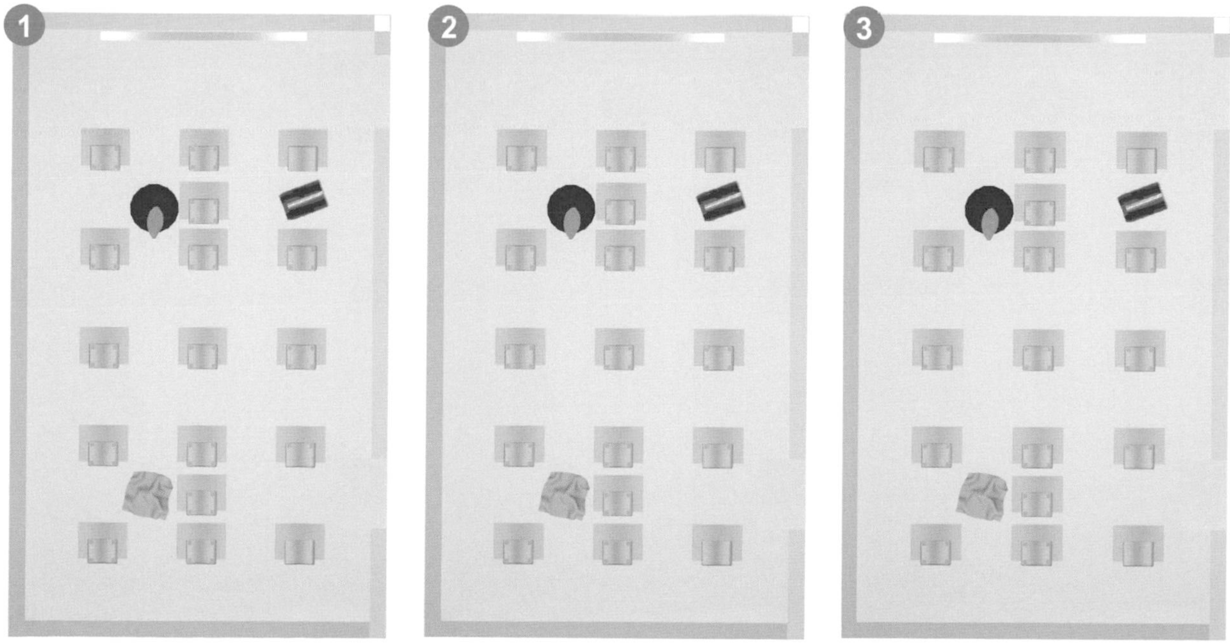

遊戲難度：★★★★★

小朋友請從教室門口進入，用手指或鉛筆依照「蘋果」、「罐子」、「紙屑」的順序撿起來，再從後門走出去，走過的路線不可以重疊。（找到後請用鉛筆在下方的遊戲圖中畫出來）

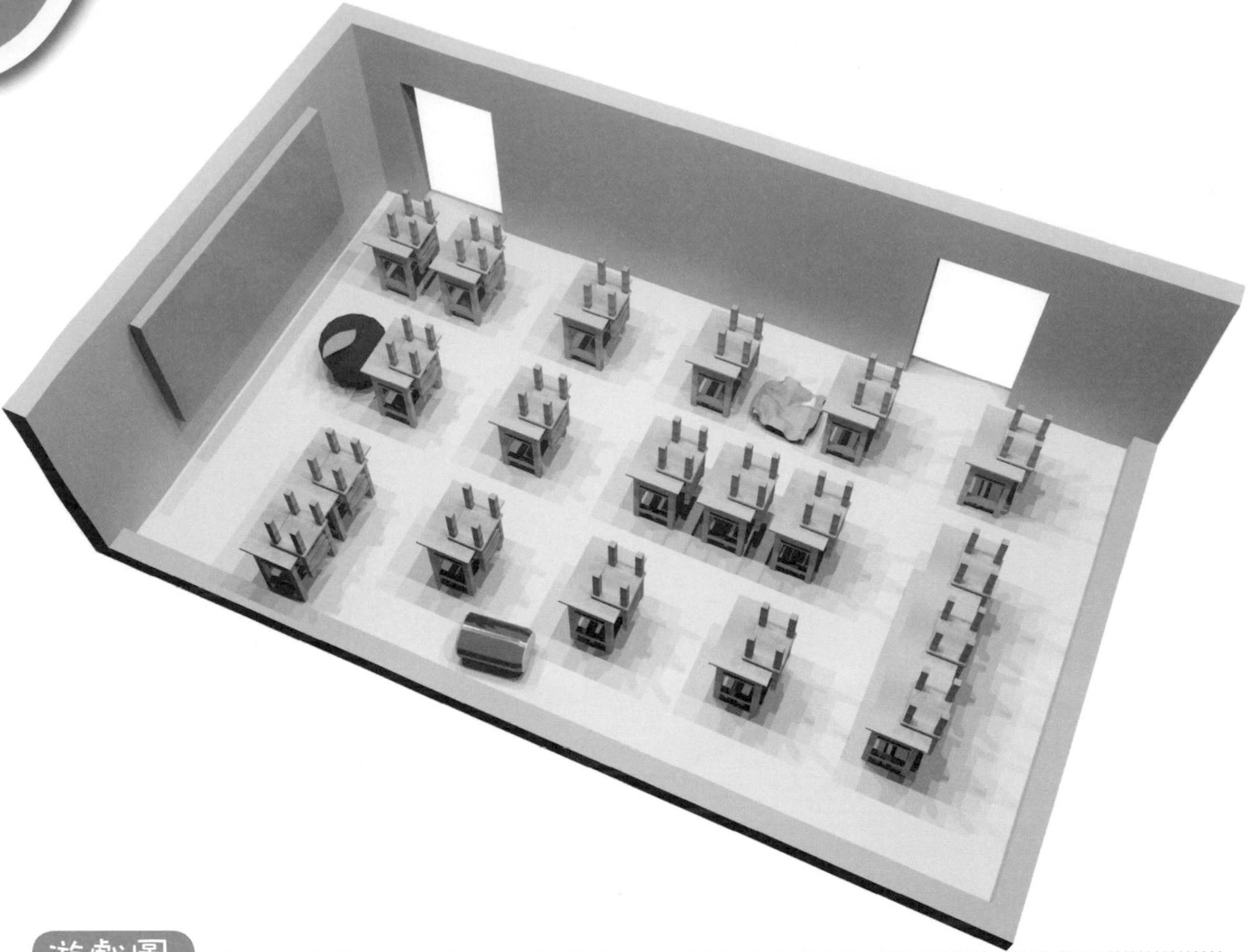

遊戲圖

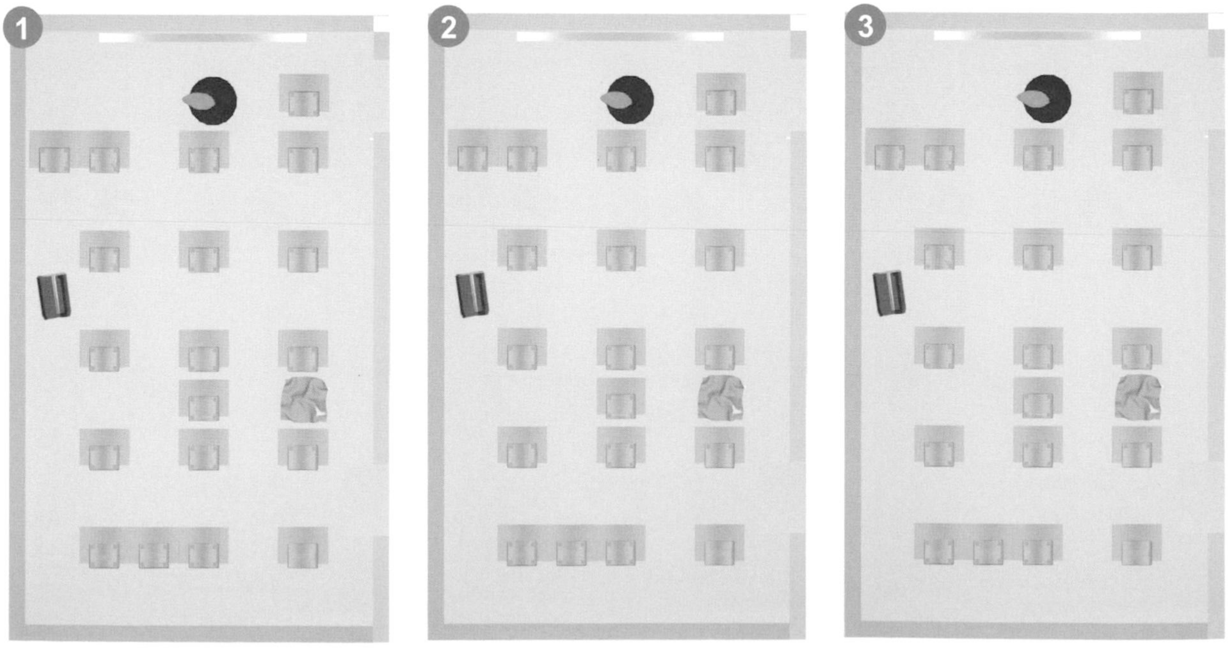

遊戲難度：★★★★★

PART 2

小熊蜂蜜罐

WHAT 可以玩出什麼能力

專心，不只是「專心看」或「專心聽」而已，語言表達與書寫能力更是專心表現的檢查標準！所謂的「專心」，不僅是目不轉睛地看，而是要把東西看進大腦，讓大腦可以對所觀察到的做整理與思考，進而表現出正確的互動行為。

對於五歲前的兒童，平時常會以語言與他人溝通，因此在表達上會持續的練習與進步，然而手部功能卻是目前較為忽略的；從手指描繪拿筆書寫，每一階段都很重要！在這個遊戲中，孩子可以用手指跟著線條走，也可以利用彩色筆或鉛筆來描繪虛線，過程中同時培養孩子的「持續性專注力」，有良好的持續性專注力，孩子才能夠一口氣將線條從頭畫到最後。

HOW 小朋友應該怎麼玩

小朋友要幫助各種動物找到屬於牠的物品，雖然是看似單純的跟著線條走，但需要父母的帶領，才能夠培養出專注力！

對於四歲前的孩子，我們建議家長先用食指畫出路線給孩子看，然後帶著孩子的食指走走看，之後就可以讓孩子自己用手指畫出路線。父母別忘了在孩子畫完路線後給予稱讚喔！

對於四歲到五歲的孩子，除了上述的方式外，更可以加上筆的操作。建議一開始先用彩色筆，一方面較粗的筆有利孩子抓握，一方面有顏色的線條可以幫助孩子注意力更為集中。當然，顏色同時給孩子很充足的視覺回饋，提升孩子的參與動機。

當孩子的握筆能力越來越好，我們就能給孩子更細的筆，像是色鉛筆，同時要求描繪線條的時候要能夠畫在虛線上。如果您的孩子能力已經超越遊戲的設計，那麼就要求孩子只描繪虛線（不再是畫一直線，而是跟著畫虛線），可以一邊畫，一邊數著畫了幾段虛線，畫完後，再從頭數一遍確認是否正確。然而正確性並不能完全代表孩子是否專注，只要孩子「認真」在數，這就代表著孩子已經跟遊戲產生互動，也就是已經「專注」了！

POINT
專注力遊戲小提示

別急著要求孩子拿鉛筆描繪出線條，這個單元主要訓練專注力，並非運筆能力，只要孩子能夠找到連結正確的目標就可以，等到孩子有動機拿筆，再讓孩子在題目上練習塗鴉畫線。

小朋友，貓咪想吃魚，請用手指頭（或用蠟筆），延著虛線走，替每隻貓咪都找到魚吃。

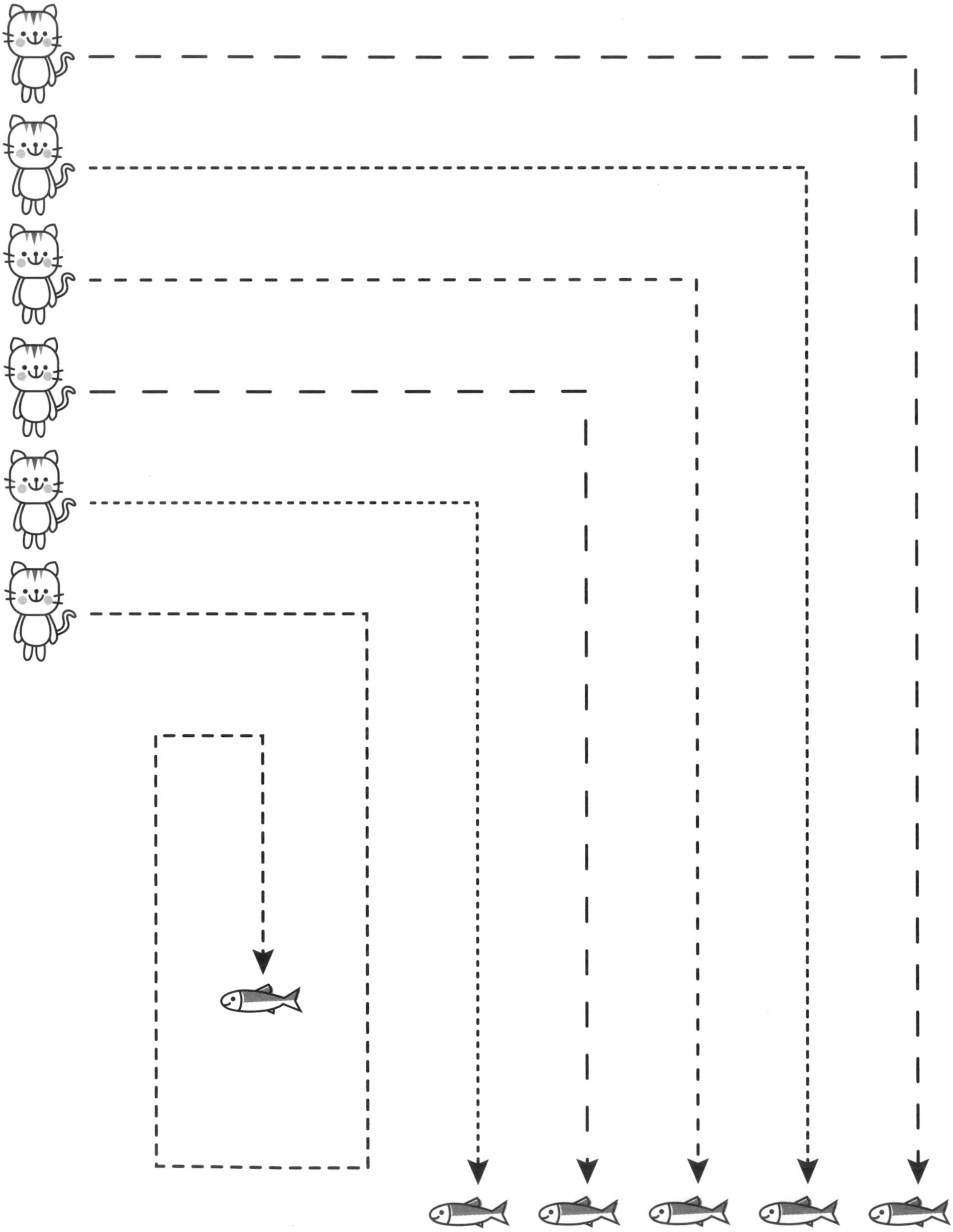

遊戲難度：★

小熊蜂蜜罐

02

小朋友，熊想吃蜂蜜，請用手指頭（或用蠟筆），延著虛線走，替每隻熊都找到蜂蜜罐。

遊戲難度：★

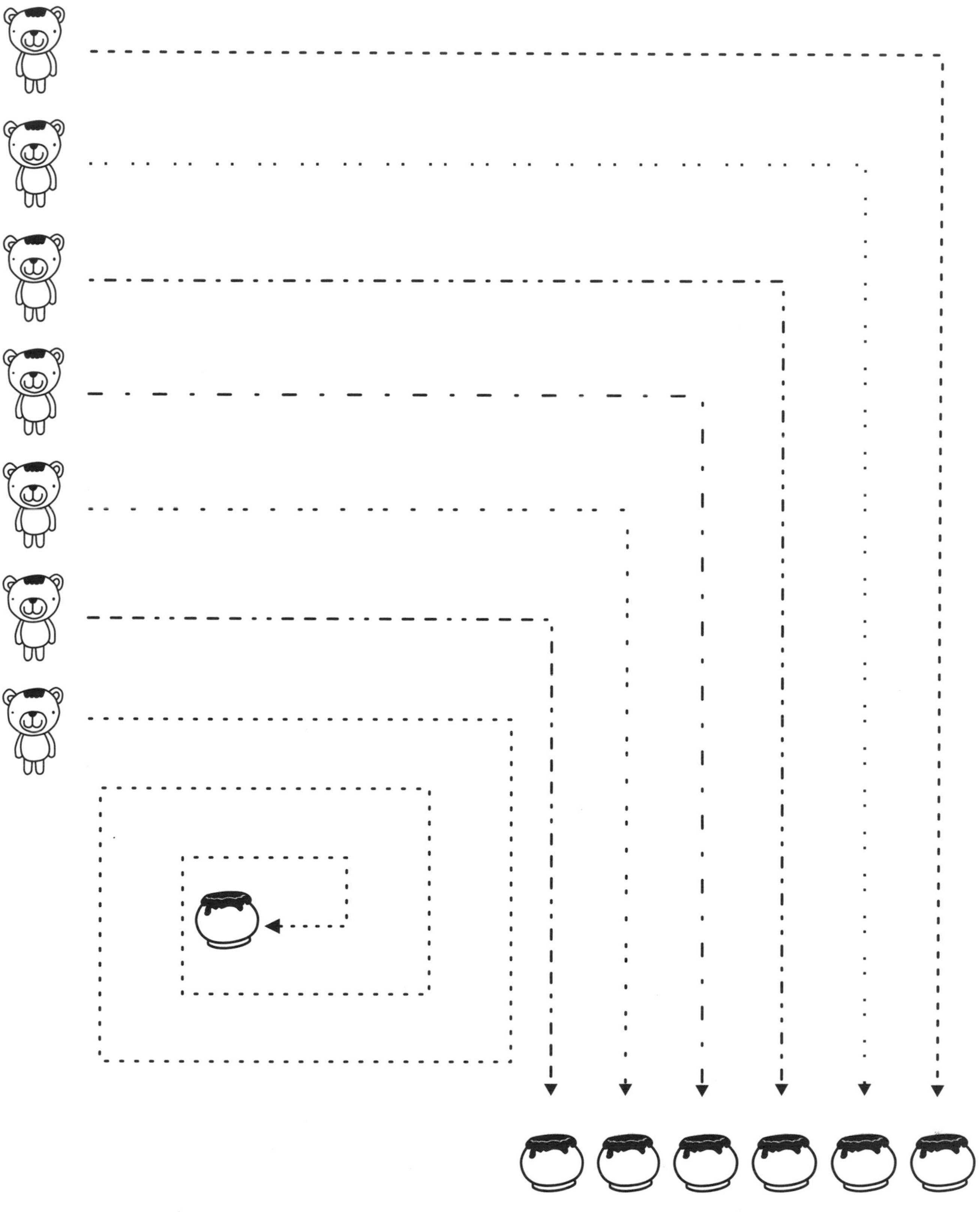

POINT 專注力遊戲小提示

孩子面對那麼多線條找不到目標嗎？爸媽可以先用粗的黑色蠟筆描繪出正確路徑給孩子看，再帶著孩子用手指頭點出正確的兩個目標（如兔子和蘿蔔），讓孩子自然在實際操作中了解遊戲的玩法。

小朋友，兔子想吃紅蘿蔔，請用手指頭（或用蠟筆），延著虛線走，替每隻兔子都找到紅蘿蔔吃。

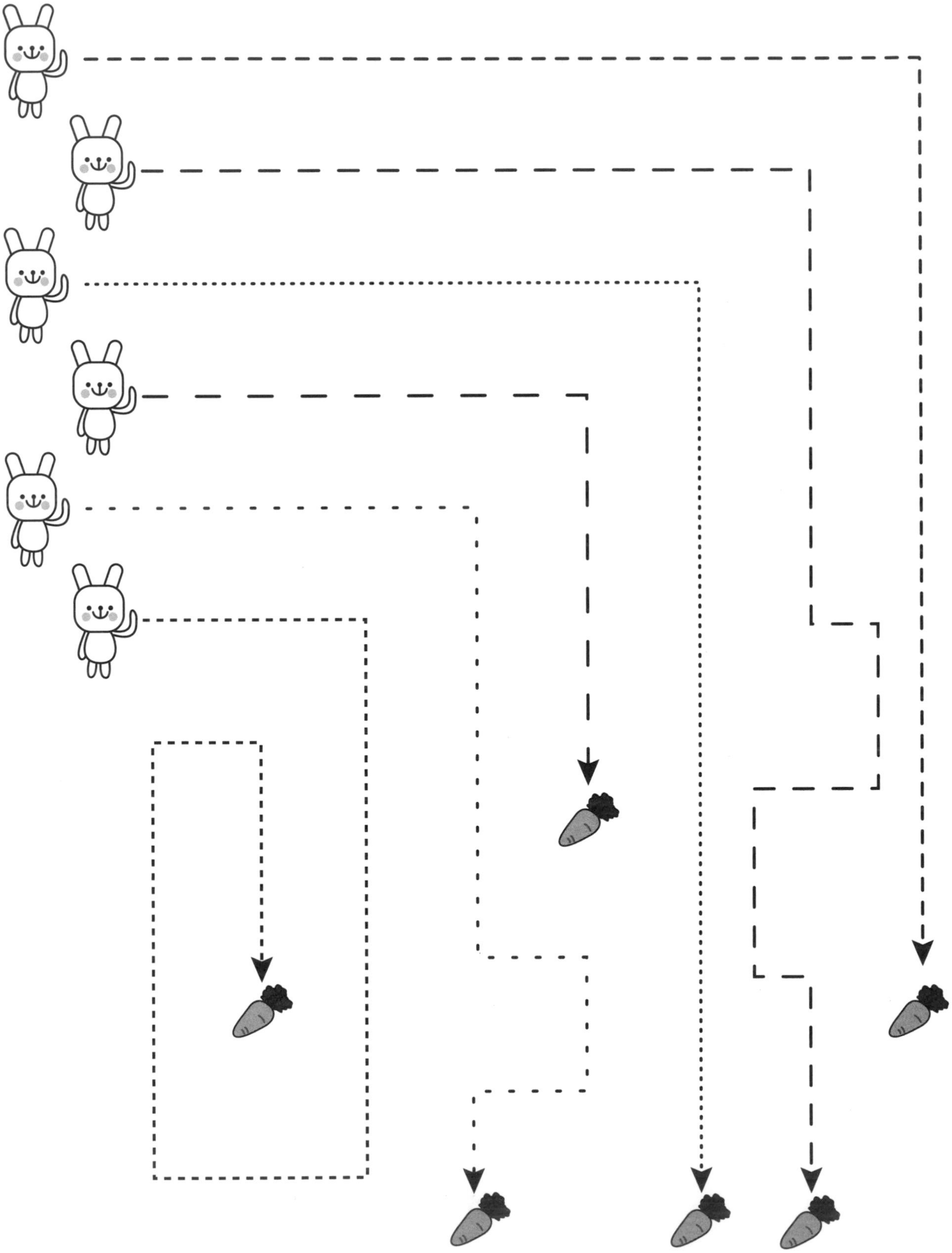

遊戲難度：★

小朋友，請用手指頭（或用蠟筆），延著虛線走，讓每根棒球棍都打到棒球。

遊戲難度：★

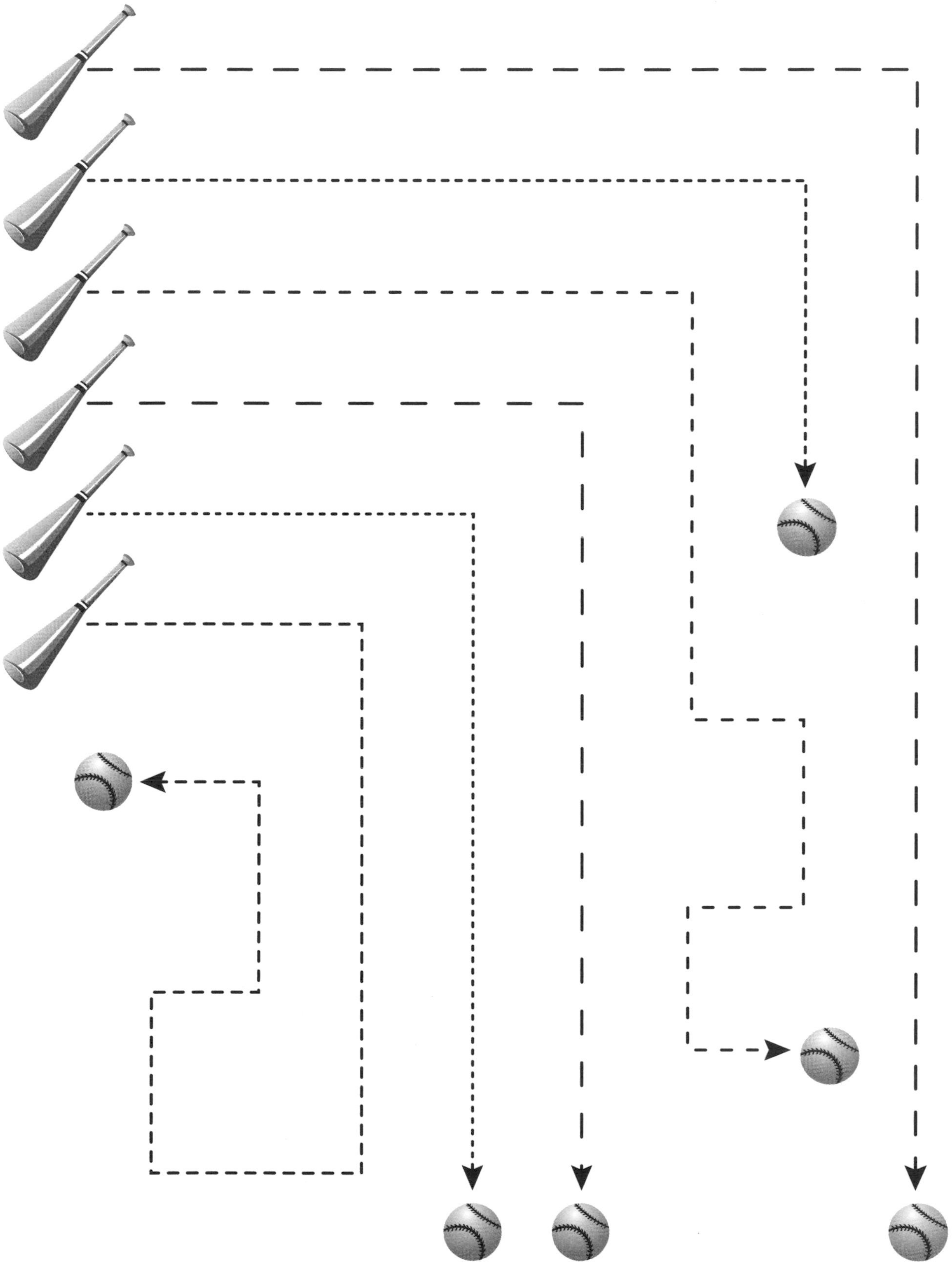

小朋友，請用手指頭（或用蠟筆），延著虛線走，替每把鑰匙都找到對的鎖。

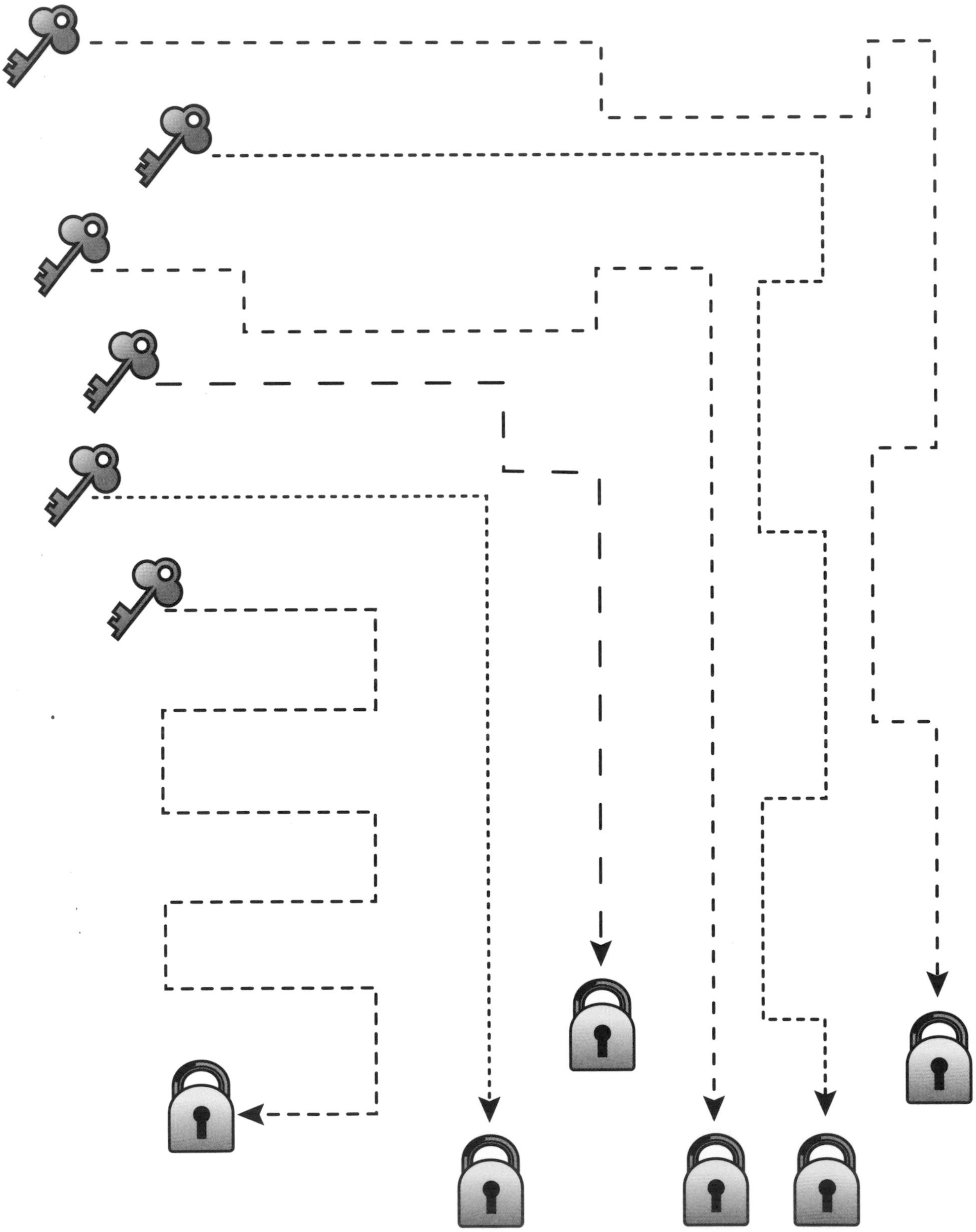

遊戲難度：★

POINT 專注力遊戲小提示

面對太多相同的圖案會混亂孩子的觀察，爸媽可以將相同的圖案分組並依組別塗上不同顏色（每組目標的顏色要相同喔！如組別1的猴子和香蕉塗上黃色、組別2則塗上藍色）利用顏色幫助孩子容易專心於遊戲當中。

小朋友，猴子想吃香蕉，請用手指頭（或用蠟筆），延著虛線走，讓每隻猴子都拿到香蕉吃。

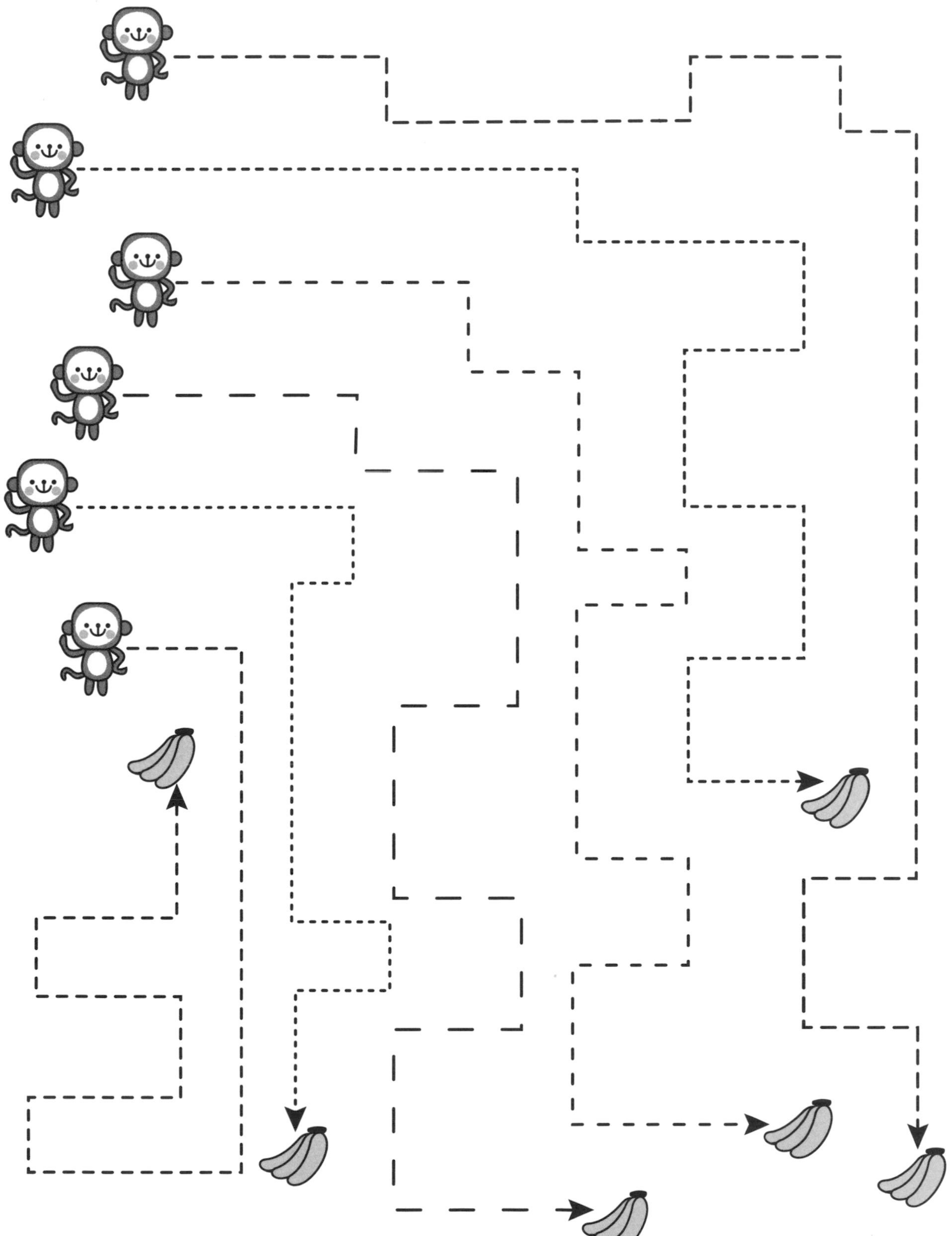

遊戲難度：★★

07

小朋友，小雞迷路了，請用手指頭（或用蠟筆），延著虛線走，幫每隻母雞都找到小雞。

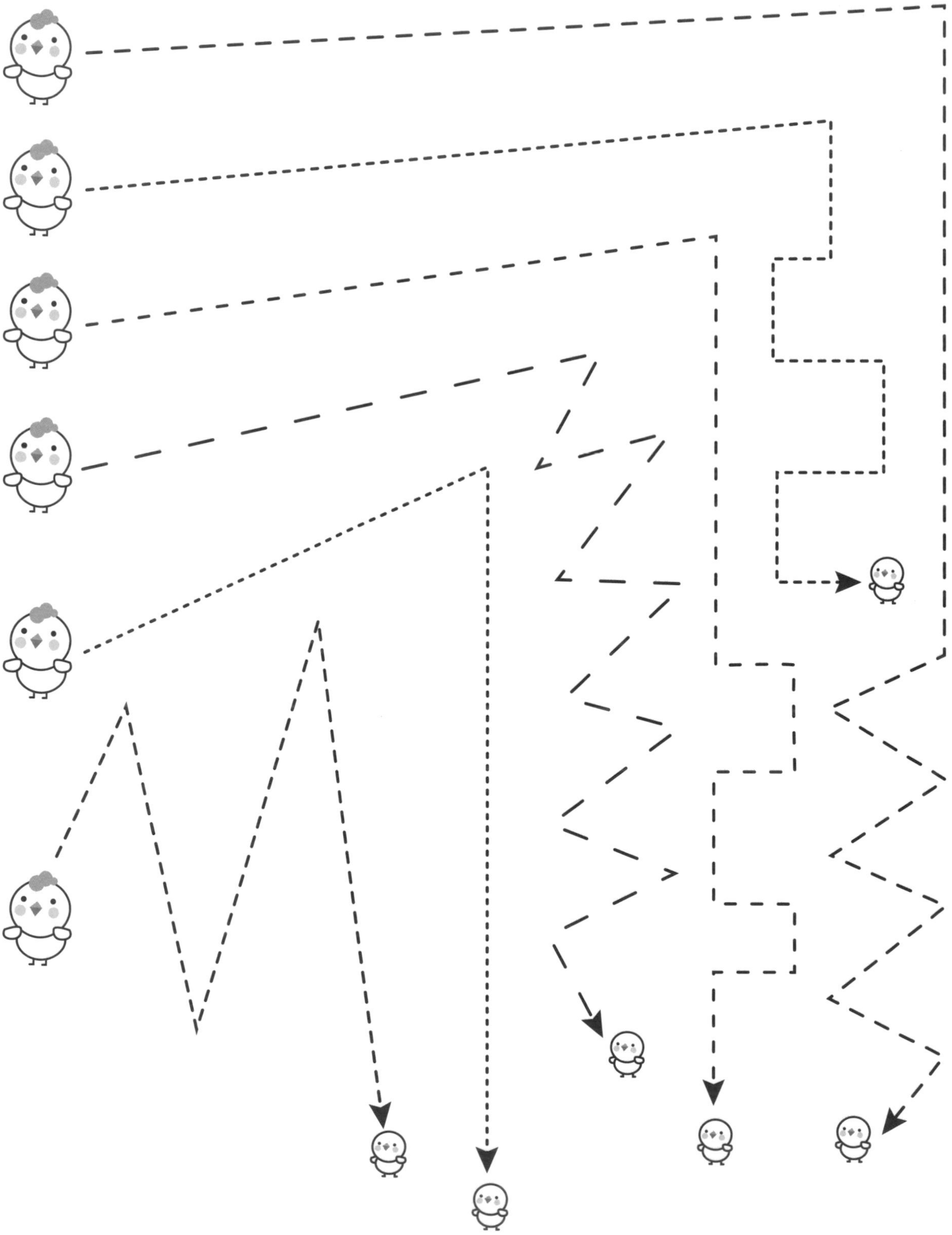

遊戲難度：★★

POINT 專注力遊戲小提示

較長的路徑可以訓練孩子的「持續性專注力」，因此剛開始玩遊戲時可以先從較短的路徑開始，除了讓孩子在成功的經驗中提升動機外，也可以循序漸進地提升孩子的專注力表現。

小朋友，蝴蝶想採花蜜，請用手指頭（或用蠟筆），延著虛線走，幫每隻蝴蝶都找到花。

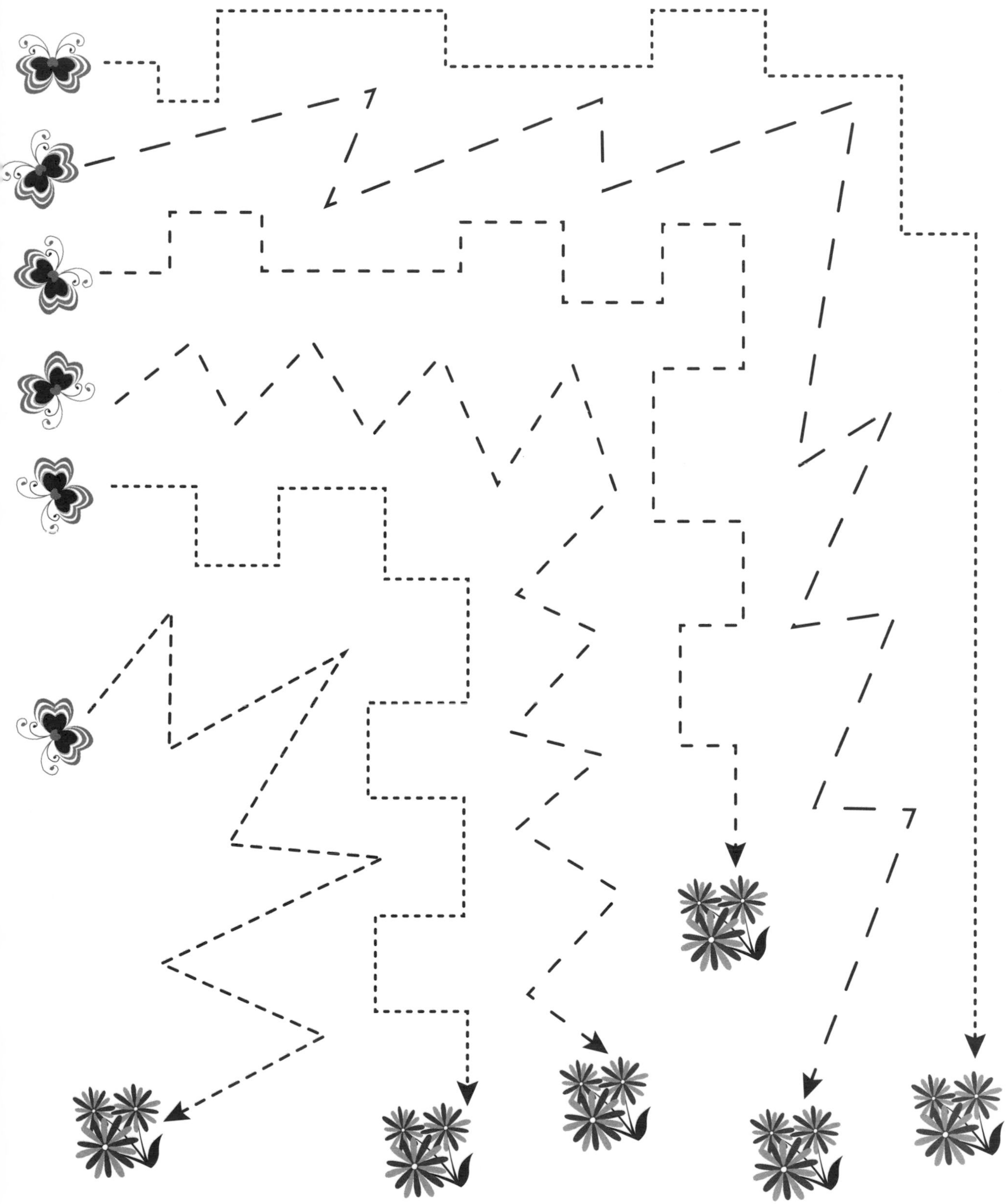

遊戲難度：★★

POINT 專注力遊戲小提示

當孩子對拿筆塗鴉有興趣，爸媽就可以給孩子蠟筆或彩色筆練習描繪虛線，但別刻意要求孩子的握筆姿勢及運筆正確，對這時期的孩子來說，提升塗鴉的興趣要比正確運筆來得重要！

小朋友，小豬想吃西瓜，請用手指頭（或用蠟筆），延著虛線走，幫每隻小豬都找到西瓜吃。

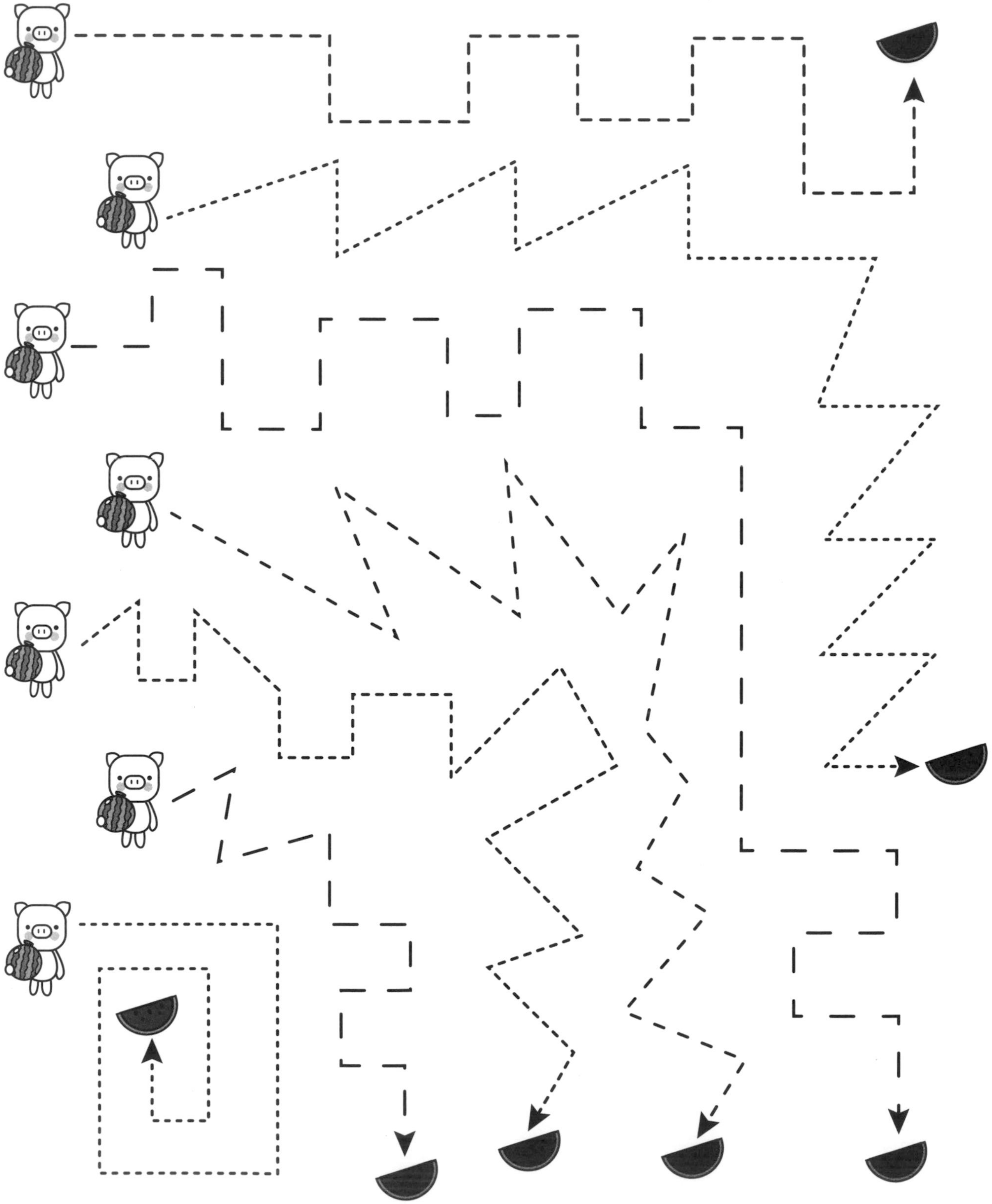

遊戲難度：★★

小朋友，請用手指頭（或用蠟筆），延著虛線走，把每組文具放到公事包裡。

遊戲難度：★★

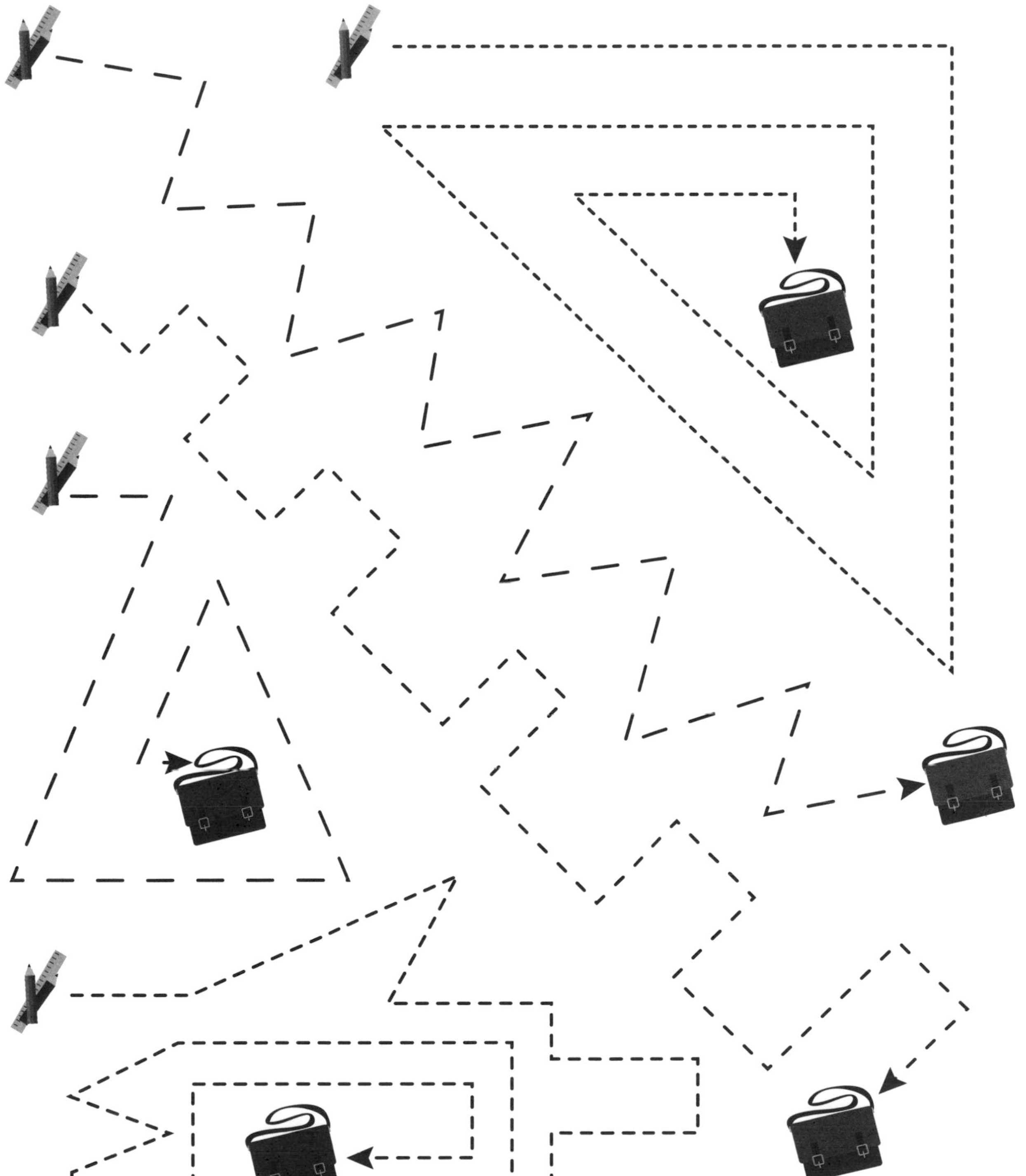

POINT 專注力遊戲小提示

不同的虛線讓孩子眼花撩亂嗎？可以先將每條虛線描繪上不同的顏色，這可以幫助孩子注視在正確線條上，等到孩子熟悉遊戲，爸媽可以把所有的虛線塗成黑色，這樣難度自然提升！

小朋友，小鴨走丟了，請用手指頭（或用蠟筆），延著虛線走，幫每隻鴨媽媽都找到小鴨。

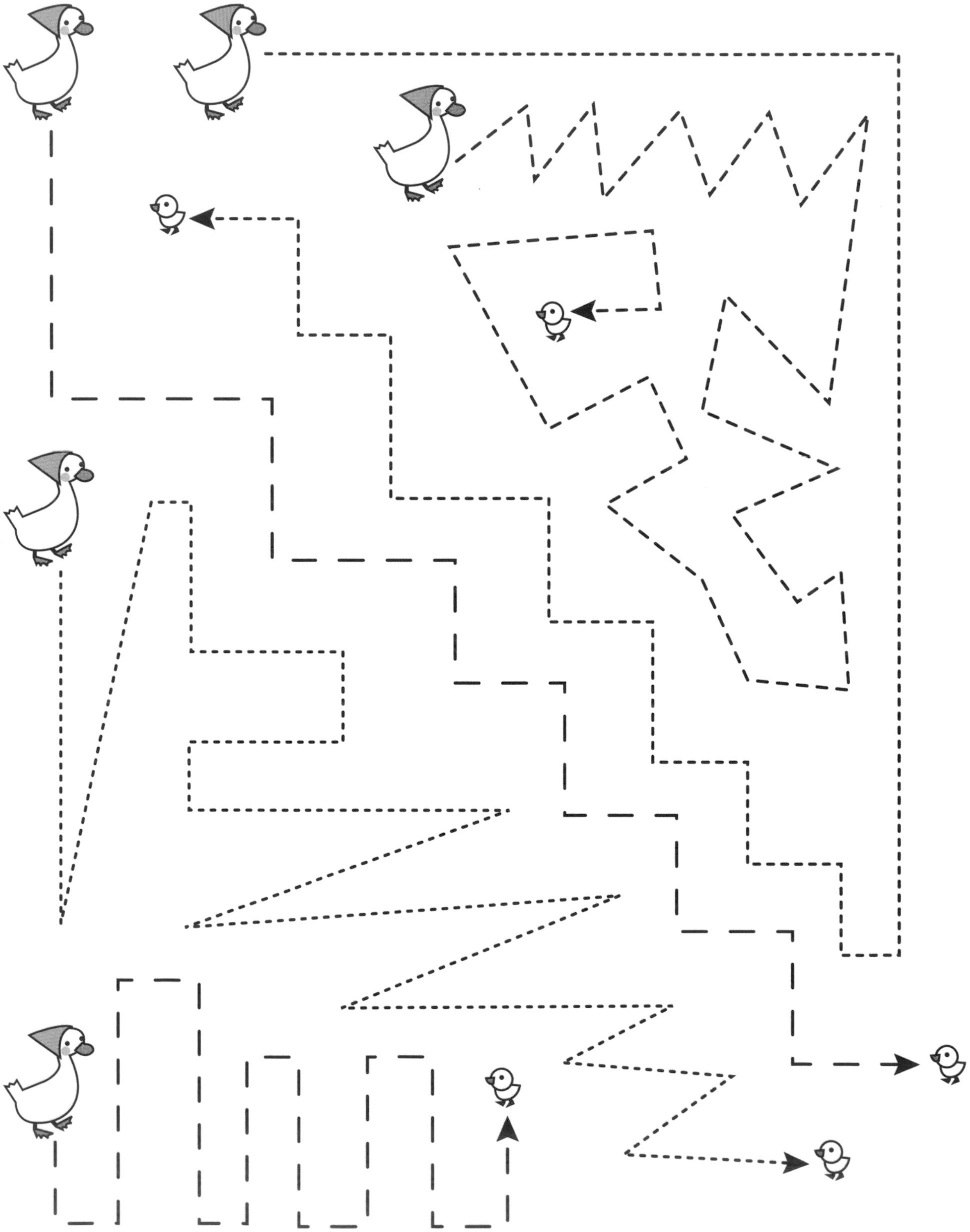

遊戲難度：★★★

小朋友，小豬想寄信，請用手指頭（或用蠟筆），延著虛線走，幫每隻小豬都找到郵筒。

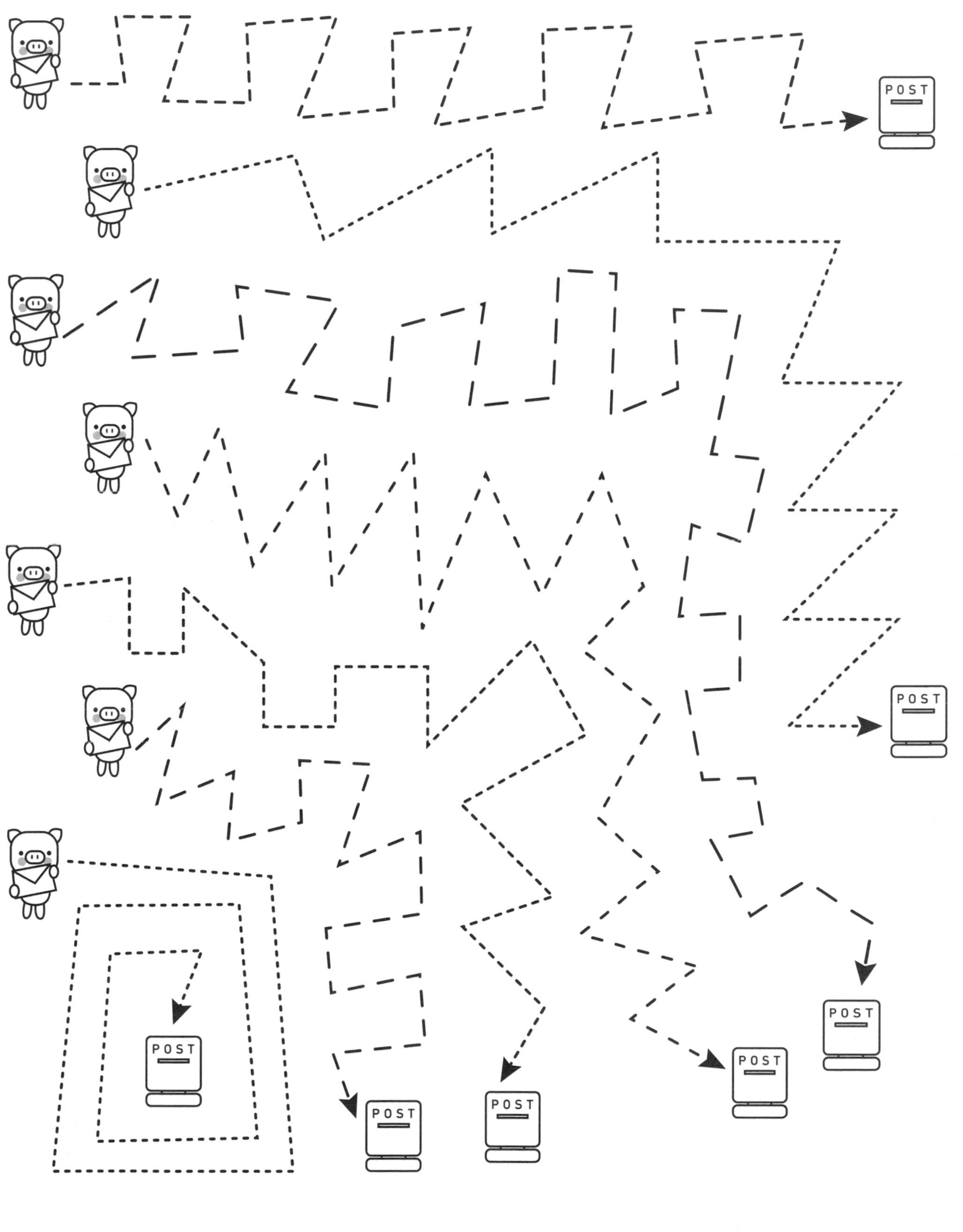

遊戲難度：★★★

POINT 專注力遊戲小提示

有角度轉折的線條，孩子描繪時比較容易，因為可以停頓休息，然而曲線則需要孩子能夠擁有協調的手腕及手指動作，對於五歲前的孩子可能會有困難，別指責，多鼓勵練習！

小朋友，猴子想澆花，請用手指頭（或用蠟筆），延著虛線走，幫每隻猴子都找到花。

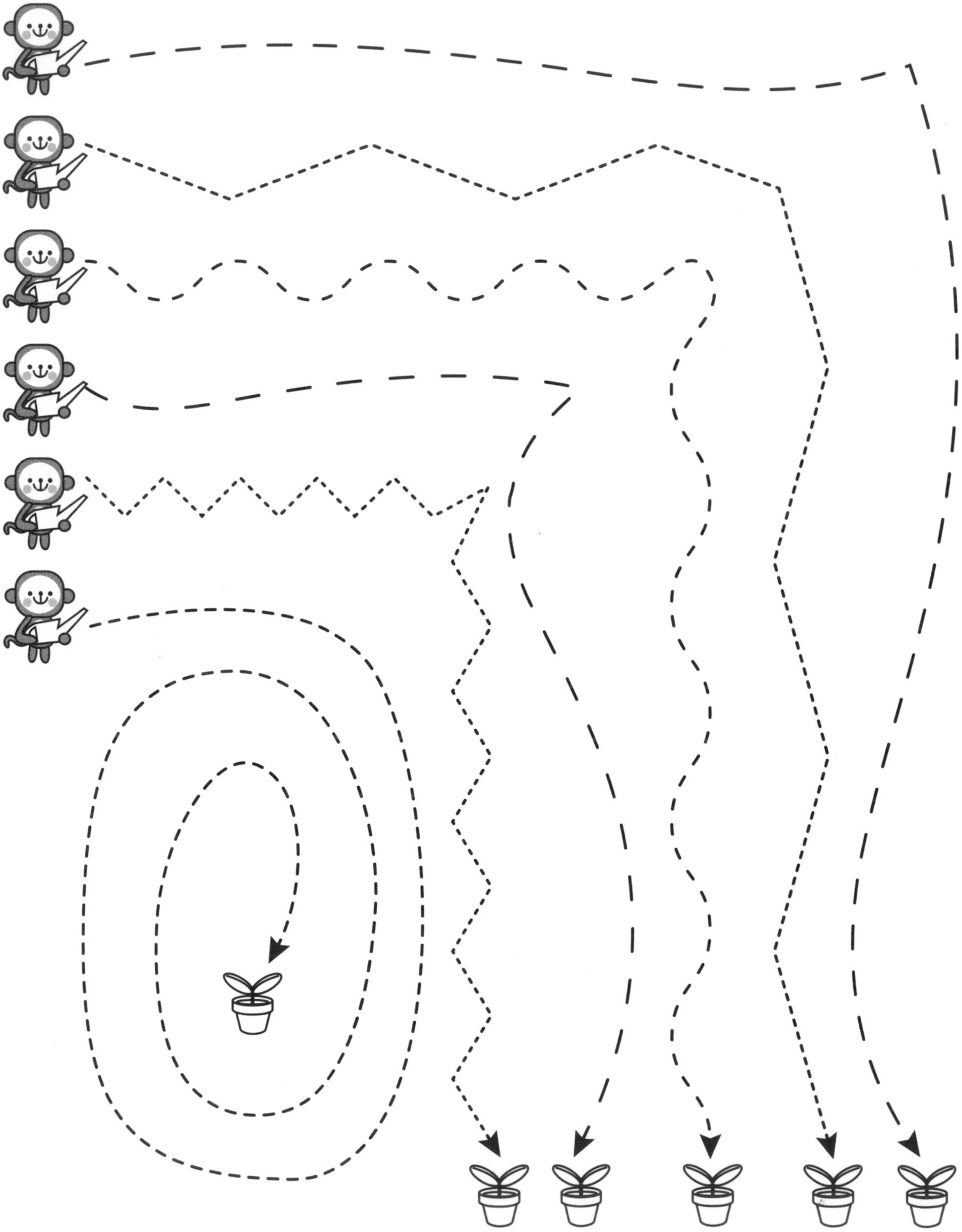

遊戲難度：★★★

小朋友，請用手指頭（或用蠟筆），延著虛線走，把每顆球都收到玩具箱裡。

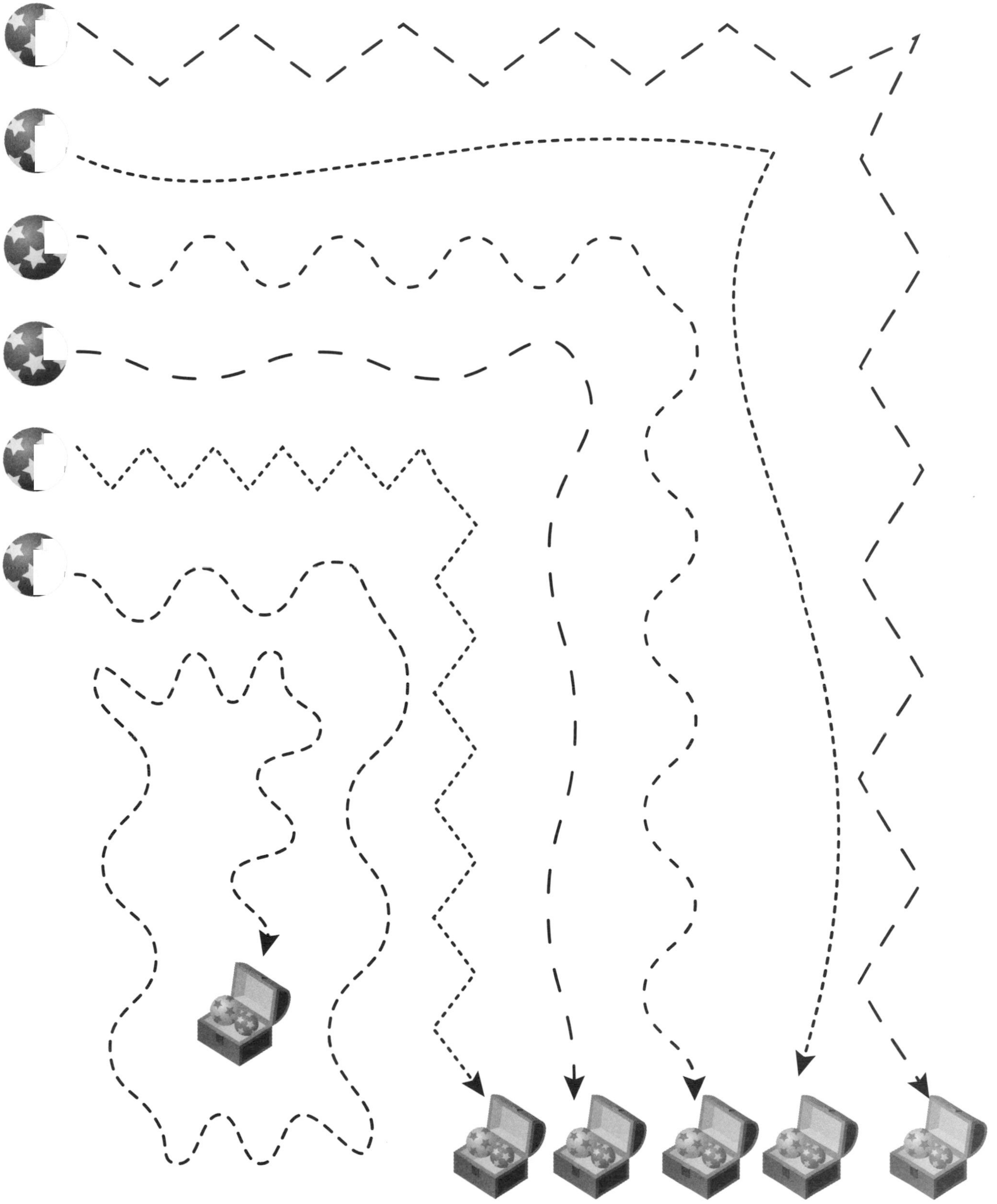

遊戲難度：★★★

POINT
專注力遊戲小提示

較小的孩子不適合握筆描繪，爸媽可以利用圓形貼紙，讓孩子沿著虛線的順序貼上貼紙，同樣可以訓練孩子的專注力，同時還可以幫助手眼協調能力的提升！

小朋友，請用手指頭（或用蠟筆），延著虛線走，把每輛公車開往站牌。

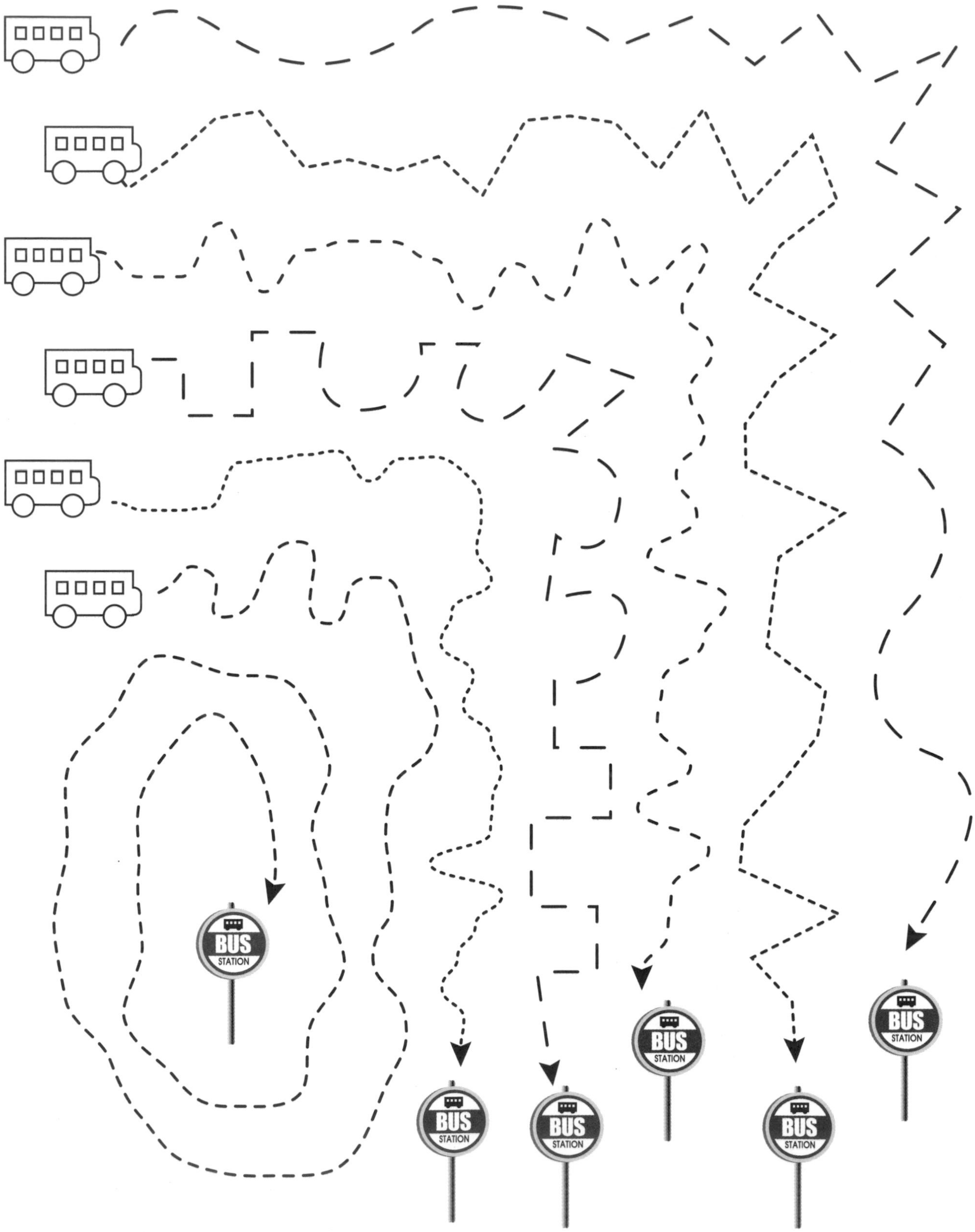

遊戲難度：★★★

小朋友，小熊護士迷路了，請用手指頭（或用蠟筆），延著虛線走，把小熊護士帶回醫院。

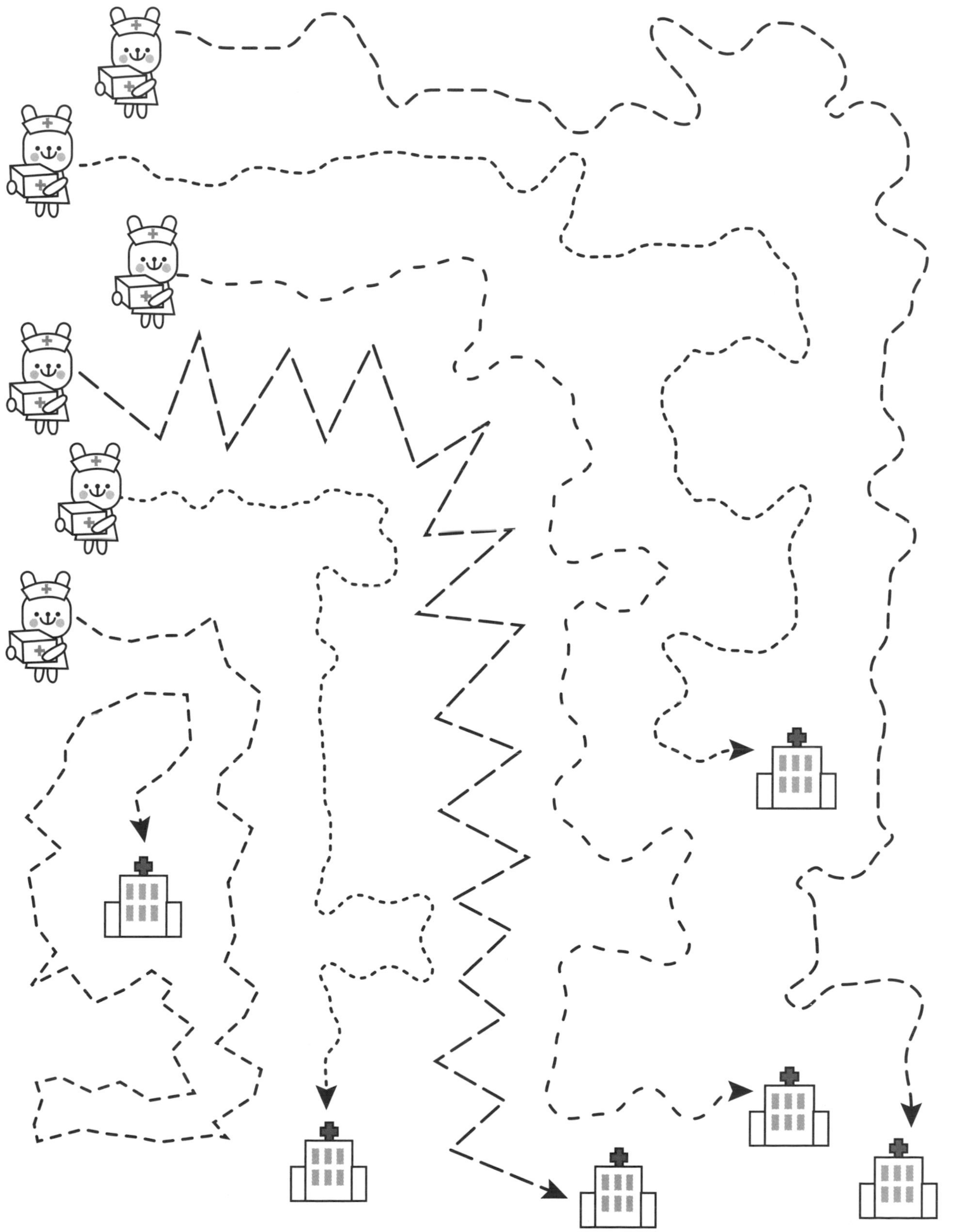

遊戲難度：★★★★

POINT 專注力遊戲小提示

過多的線條容易讓孩子一開始無法專注力集中，爸媽可以先把不需要的圖案、虛條遮起來，讓孩子每次只用手指描繪一組題目，之後讓孩子看著所有的題目重新描繪一次。

小朋友，小豬廚師找不到鍋子，請用手指頭（或用蠟筆），延著虛線走，幫每隻小豬廚師都找到鍋子。

遊戲難度：★★★★

小朋友，請用手指頭（或用蠟筆），延著虛線走，幫每隻貓咪都拿到汽球。

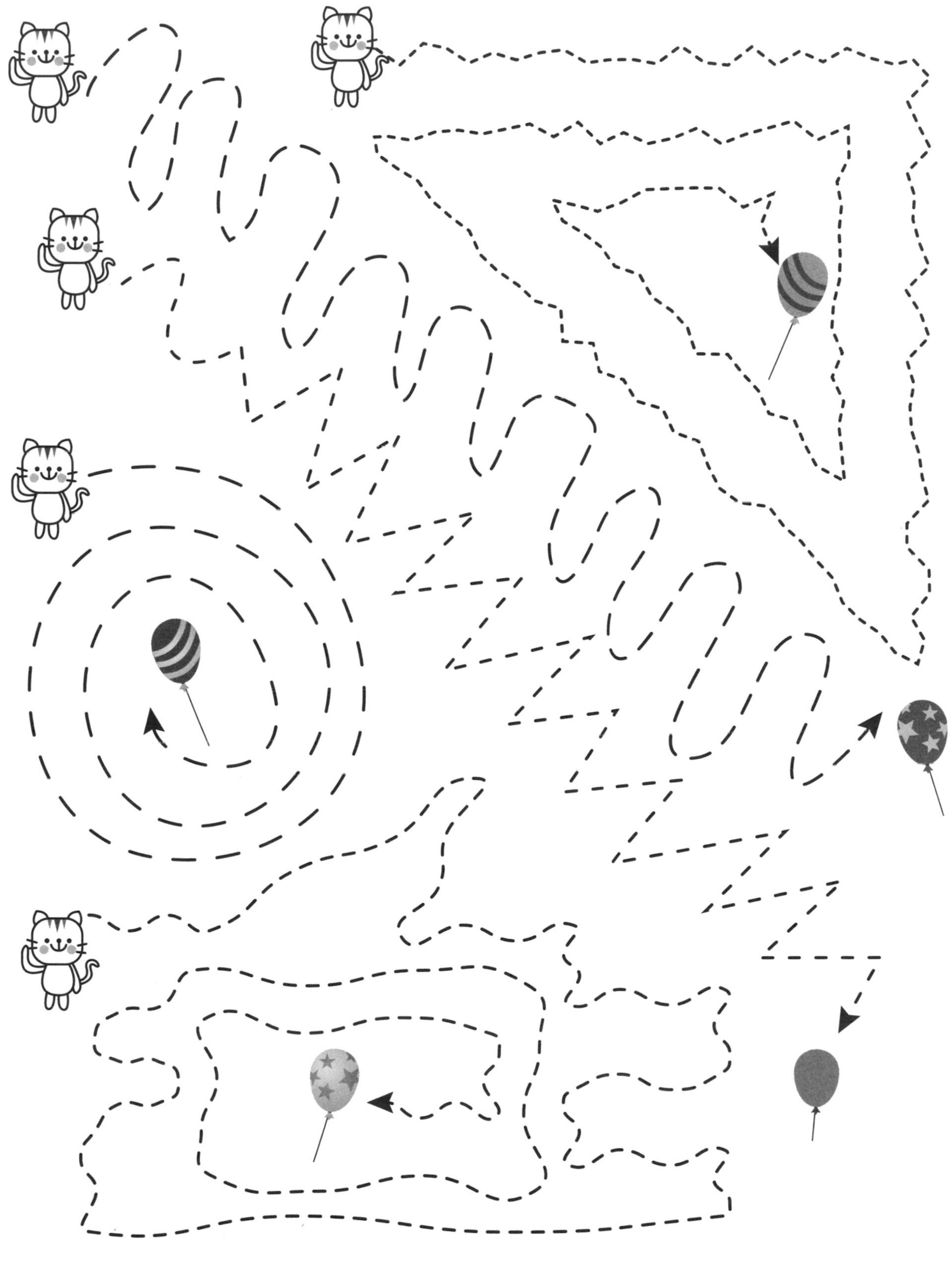

遊戲難度：★★★★

POINT 專注力遊戲小提示

爸媽可以和孩子比賽，爸媽點一個目標，讓孩子觀察線條並點出正確的答案。除了觀察孩子是否能找到正確答案外，也可以從孩子花多少時間來判斷孩子的視覺專注力表現。

小朋友，聖誕老人把禮物搞丟了，請用手指頭（或用蠟筆），延著虛線走，幫每位聖誕老人都找到禮物。

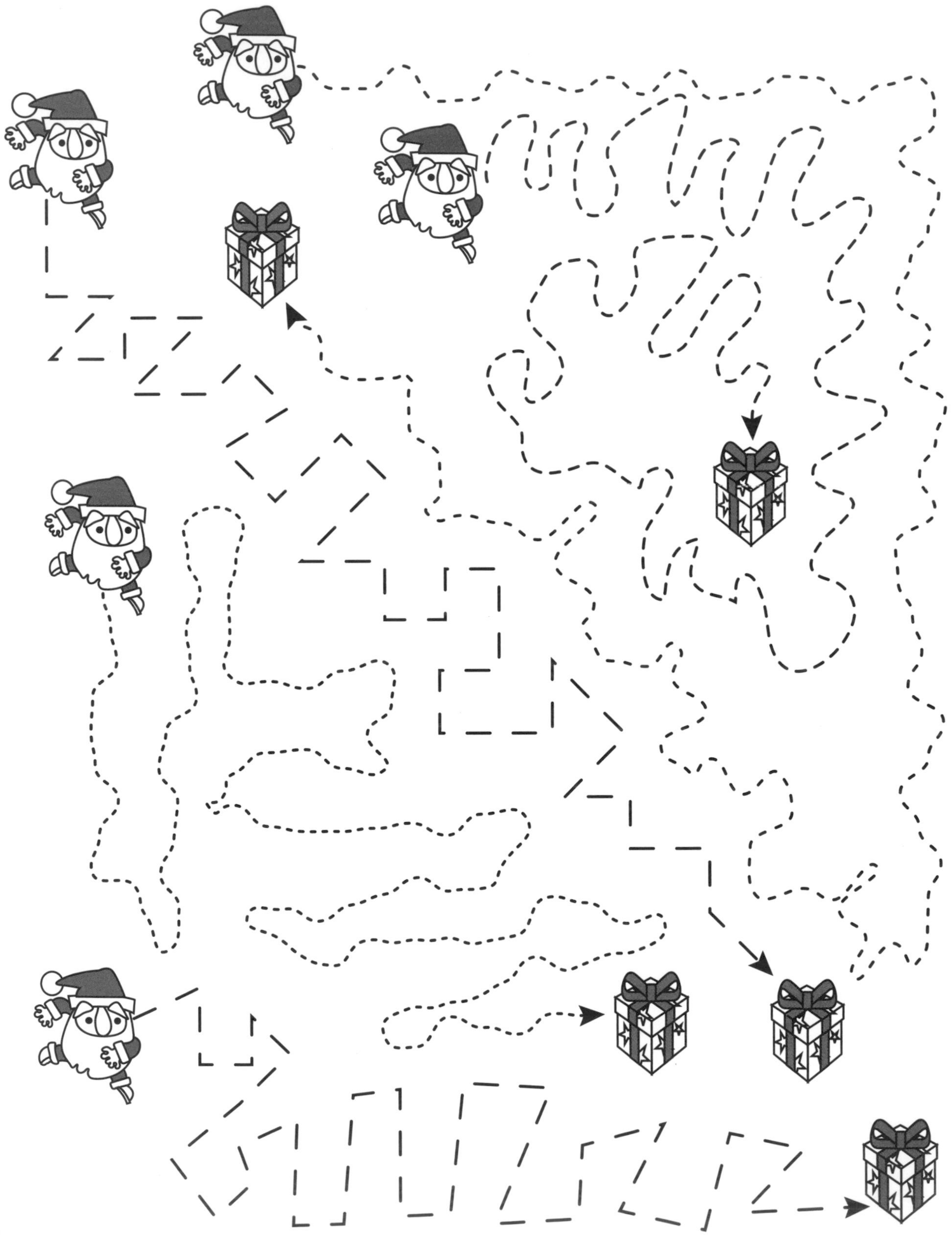

遊戲難度：★★★★

小朋友，請用手指頭（或用蠟筆），延著虛線走，幫每隻兔子都找到購物車。

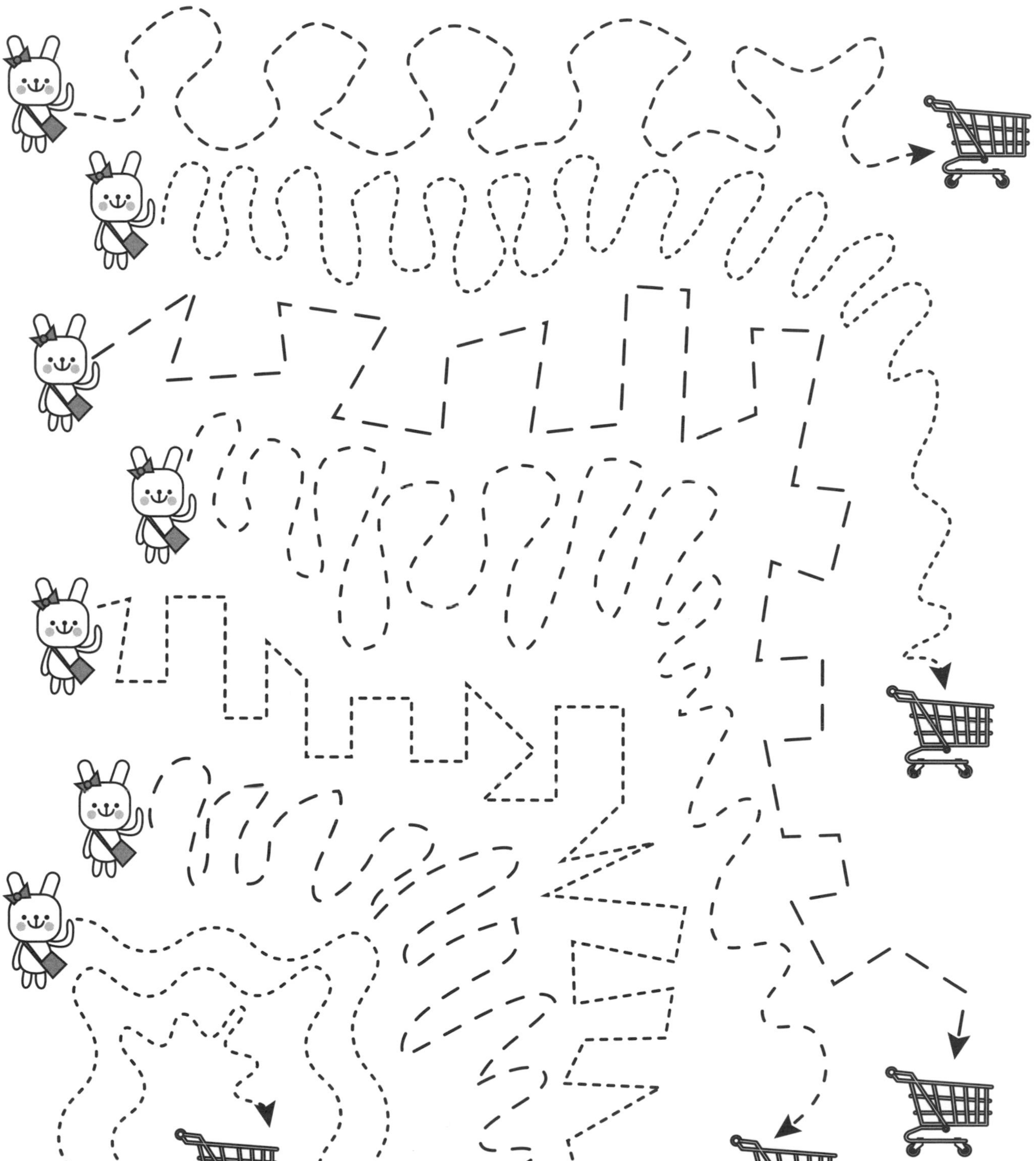

遊戲難度：★★★★

POINT
專注力遊戲小提示

重疊的線條需要孩子更高的專注能力，如果孩子玩的時候遇到挫折，爸媽可以先帶著孩子觀察線條交叉點的特徵，了解每一條線的走向，這樣可以提升孩子的判斷能力。

小朋友，請用手指頭（或用蠟筆），延著虛線走，幫每支刷子都找到油漆桶。

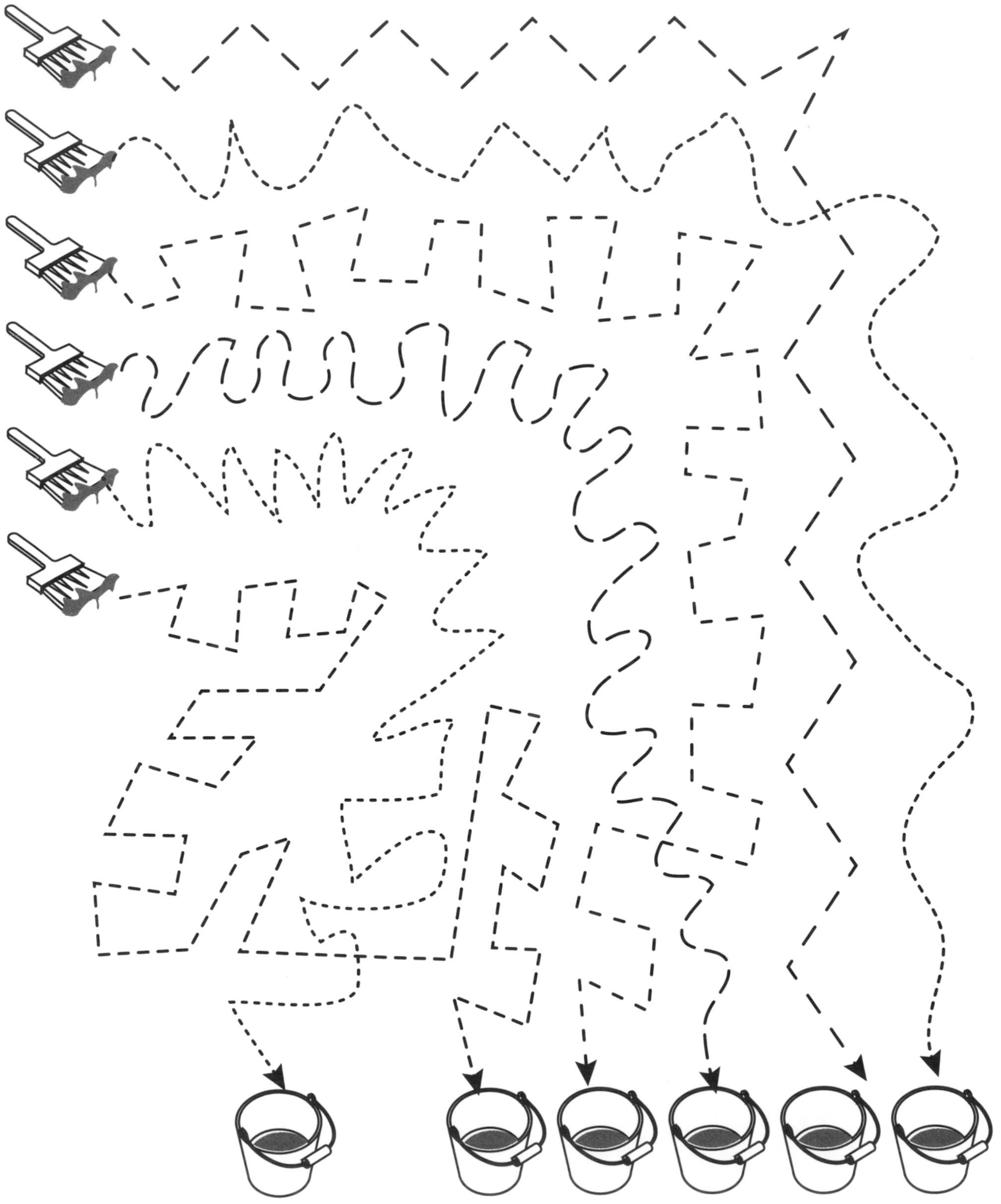

遊戲難度：★★★★★

小朋友，下雨了，請用手指頭（或用蠟筆），延著虛線走，幫每隻兔子都找到雨傘。

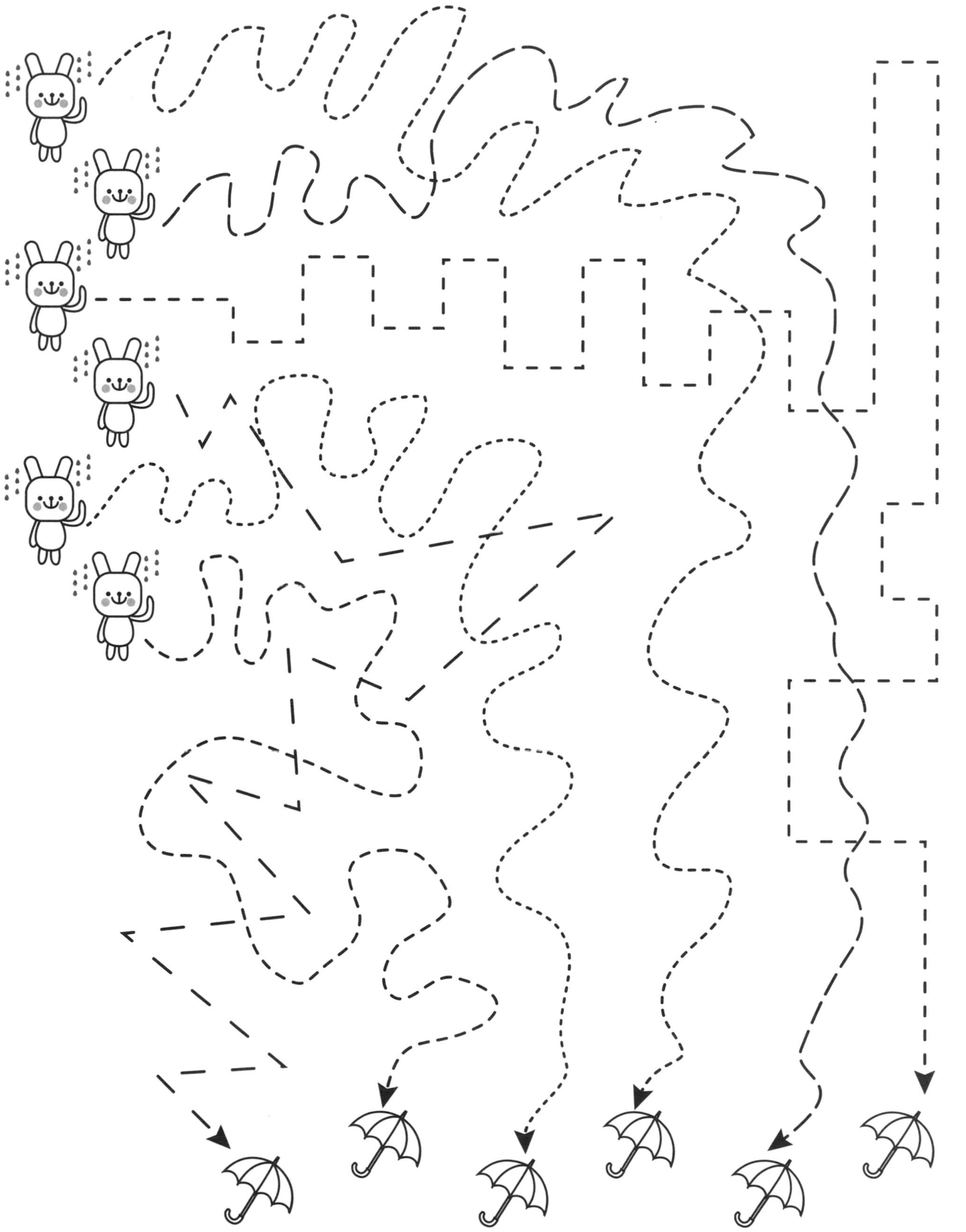

遊戲難度：★★★★★

23

POINT 專注力遊戲小提示

別急著要孩子一次就把所有的線條畫完，專注力的訓練要以「動機」為優先，當孩子有興趣面對挑戰，自然投入練習，專注力才能夠集中，因此專注力訓練是需要時間的。

小朋友，請用手指頭（或用蠟筆），延著虛線走，幫每杯可樂都找到漢堡配對。

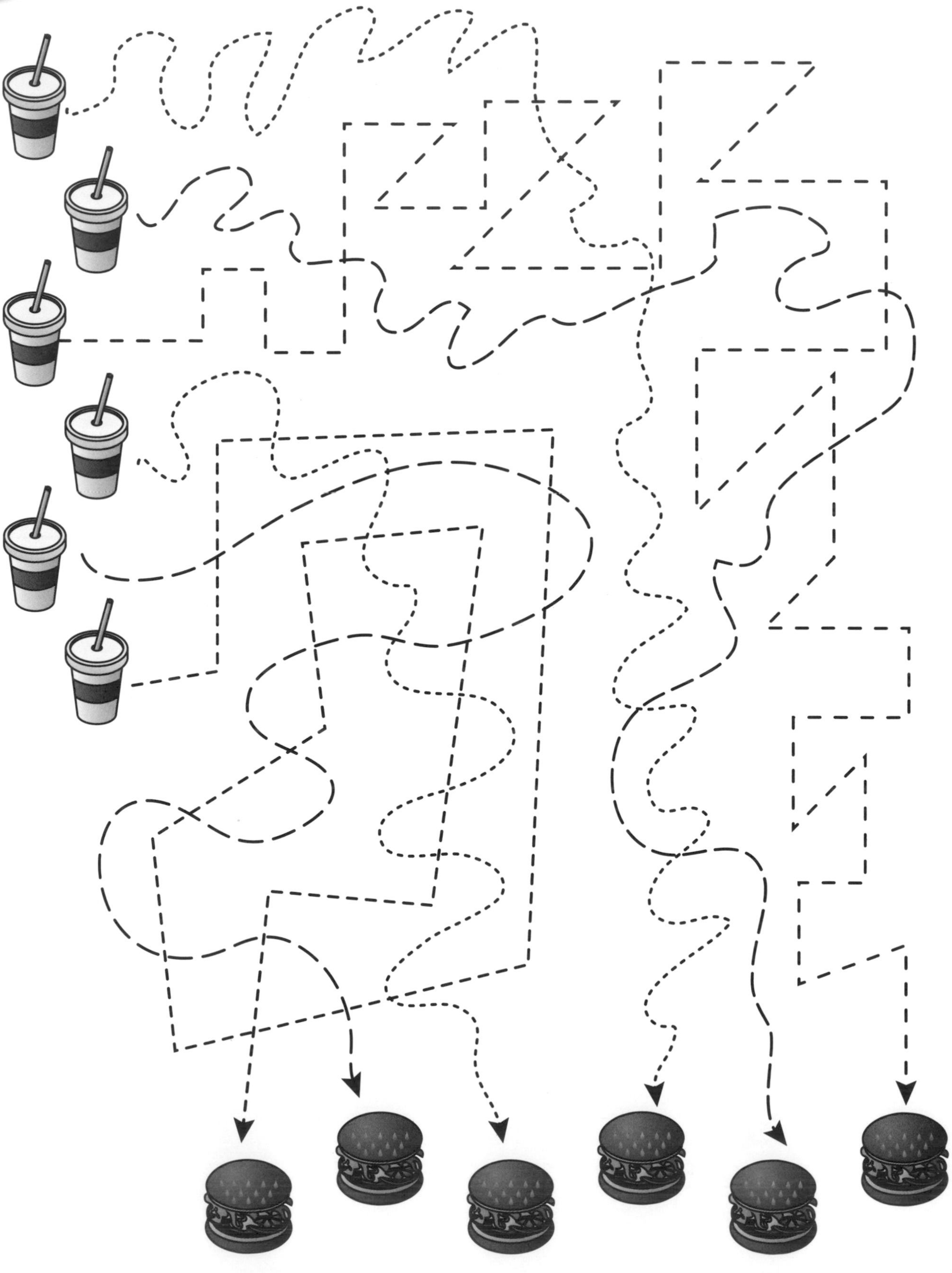

遊戲難度：★★★★★

小朋友，請用手指頭（或用蠟筆），延著虛線走，幫每隻猴子都找到皇冠。

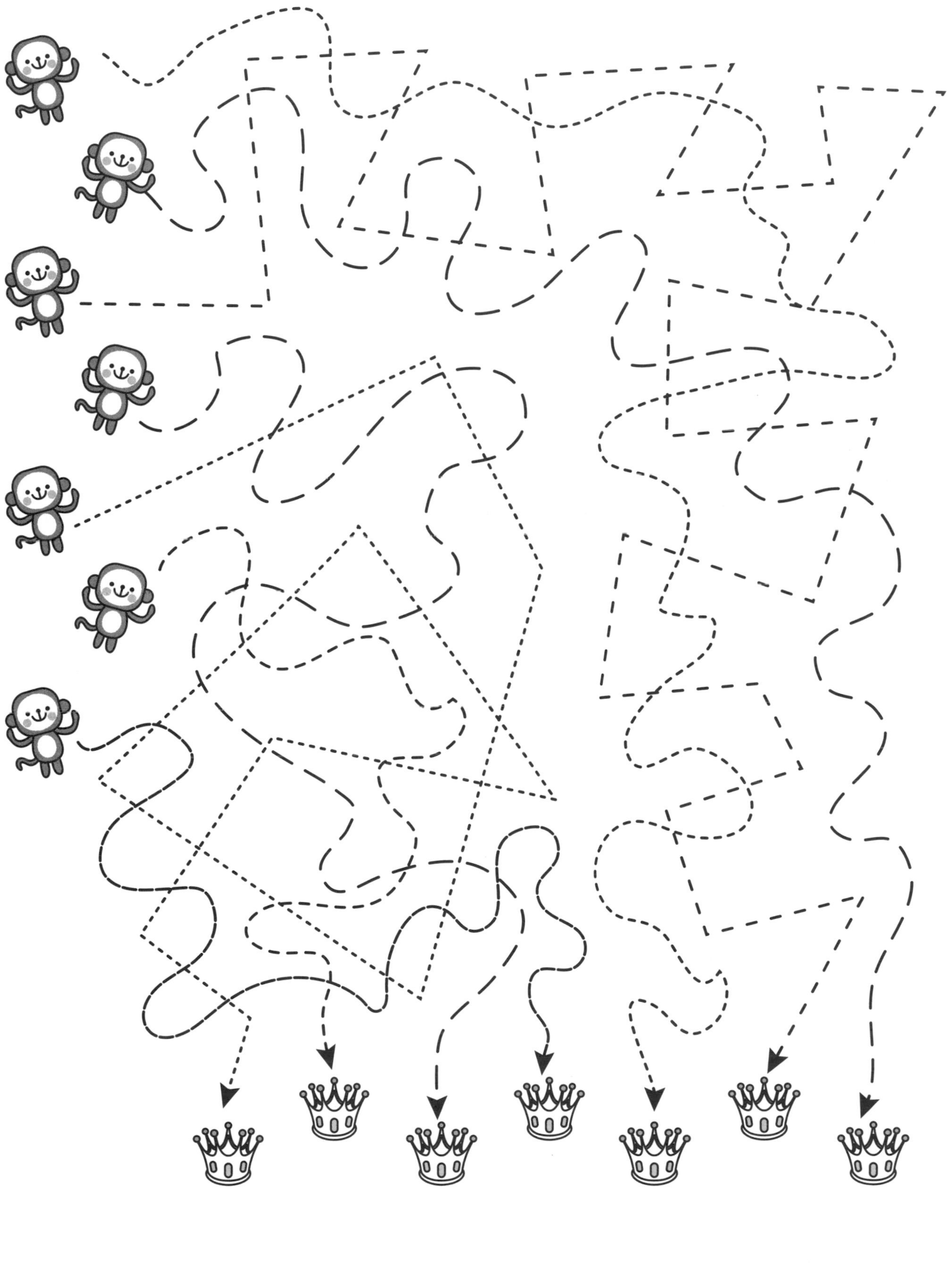

遊戲難度：★★★★★

小朋友，請用手指頭（或用蠟筆），延著虛線走，幫每輛貨車都找到貨物。

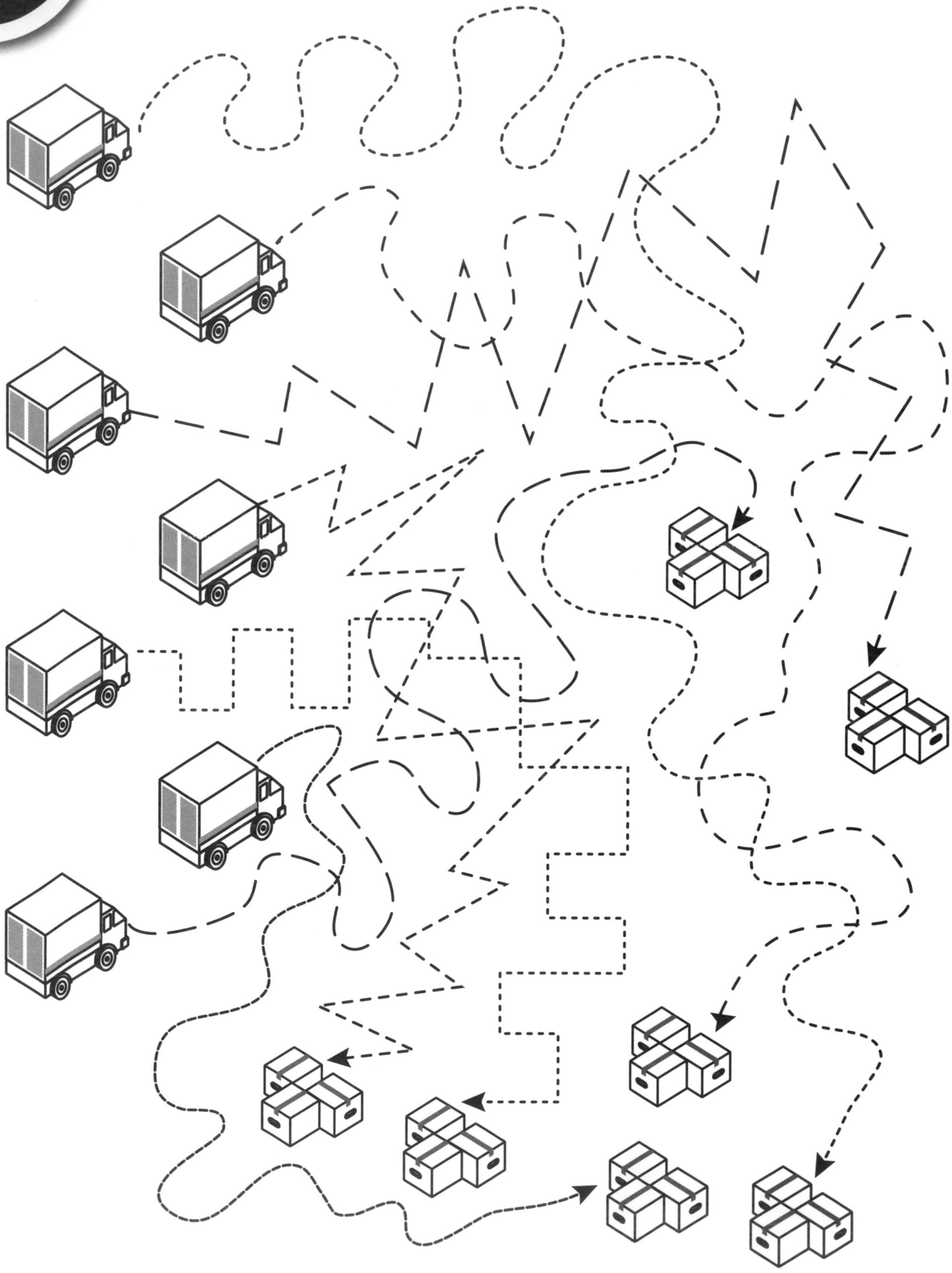

遊戲難度：★★★★★

PART 3

雪花座標

WHAT
可以玩出什麼能力

眾多不同的雪花中，孩子是否可以找到題目要求的目標呢？孩子必須先觀察題目要求的是哪種雪花，將雪花的樣子「記憶」起來，接著在表格中選擇出一樣的雪花，這時訓練的是「選擇性專注力」，當找到雪花時，就要利用「視覺空間」能力找到對應的座標。這一系列的過程，不僅單單訓練專注力，而是把整體需要專注力的「任務」從頭到尾都訓練到，因此也幫助孩子「問題解決能力」的提升！

當孩子能夠順利參與這個遊戲，就表示上述的各項能力都訓練得到，如果孩子進行這個遊戲有困難，除了多給予鼓勵與練習機會外，更需要仔細分析了解孩子在哪個部分的能力出現狀況，進而給予協助！別因為孩子表現不佳就認為孩子「不專心」！

HOW
小朋友應該怎麼玩

先帶著孩子看看每種雪花的特徵，數一數有幾片「花瓣」，每片花瓣是什麼樣子？接著記住題目要找的雪花形狀，在上面的表格中找出相同花樣的雪花，將它所代表的座標紀錄下來。

遊戲時，可以讓孩子利用彩色筆將題目要求的相同圖案塗上同一種顏色，全部塗完後，再讓孩子將每一片雪花的座標記錄下來，紀錄後，可以讓孩子數一數有幾片雪花？答案欄中有幾個答案？藉此作為「驗算」，讓孩子自己判斷是否尋找正確，養成孩子尋找答案的主動性，幫助孩子面對任何情境的獨立性及學習解決問題的能力。

除了題目要求的幾種花樣外，家長可以鼓勵孩子數一數總共有幾種花樣的雪花？並把每一種的雪花座標都找出來，接著比較一下，哪一種雪花最多？哪一種雪花最少？哪一排的雪花最多？每一頁的遊戲並不單單照著題目進行，可以隨著孩子的能力做不同的變化，提升樂趣與挑戰性。如果孩子還不認識文字或數字，可以暫時不必讓孩子念出座標，僅數出有幾片雪花即可，或者畫上孩子熟悉的圖案或是貼上家人的照片，當找到某片雪花時，就可以請孩子說，這片雪花是誰的？

小朋友請用蠟筆將下方題目區裡的圖形分別塗上不同的顏色（如圓形塗上紅色，方形塗上藍色），並將上方遊戲區裡相同的圖形也塗上與題目相同的顏色，接著找出每個圖形的座標，寫在橫線上。

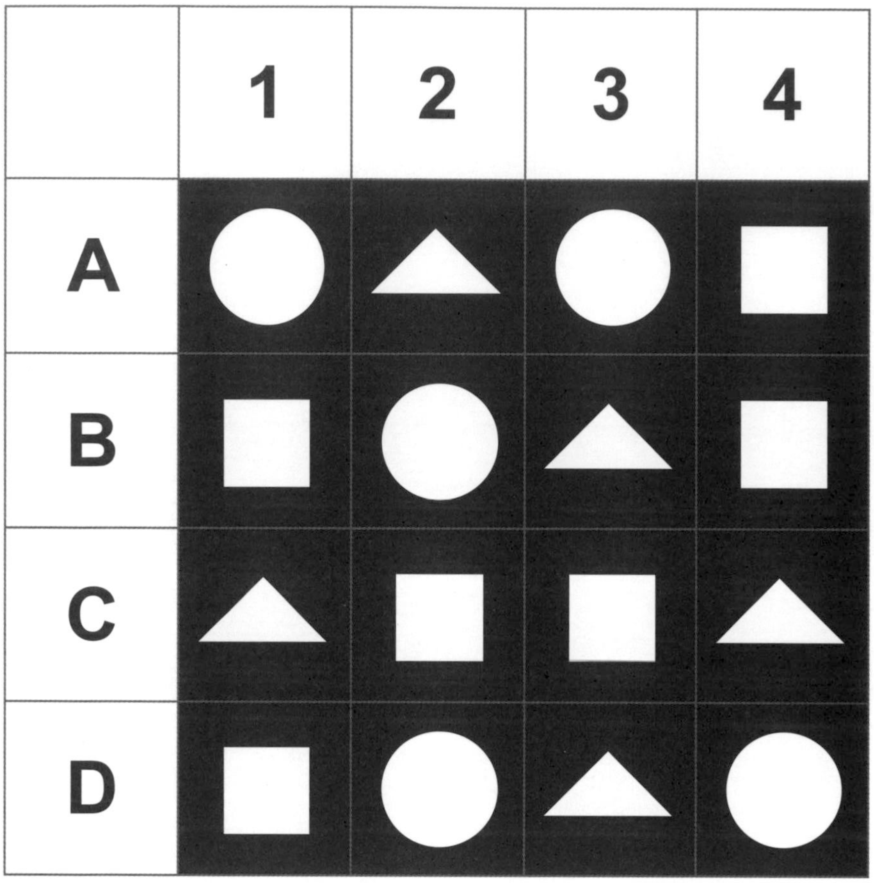

____

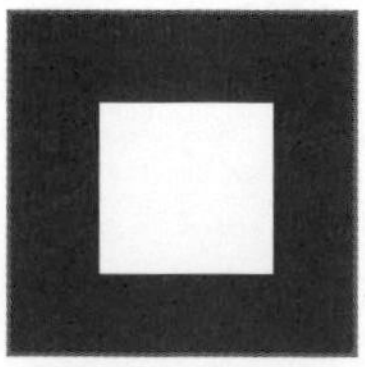

____

____

小朋友請用蠟筆將下方題目區裡的圖形分別塗上不同的顏色，並將上方遊戲區裡相同的圖形也塗上與題目相同的顏色，接著找出每個圖形的座標，寫在橫線上。

POINT 專注力遊戲小提示

別急著要求孩子認識座標，先帶著孩子認識形狀。找一找星星在哪裡，接著帶著孩子看看數字及英文，讓孩子在遊戲中體驗形狀、數字及文字，除了專注力，還可以提升孩子的學習興趣！

	1	2	3	4
A	★	⬡	◆	★
B	⬡	★	⬡	◆
C	◆	⬡	◆	⬡
D	⬡	★	⬡	★

★ ______________________

◆ ______________________

⬡ ______________________

遊戲難度：★

雪花座標

03

小朋友請用蠟筆將下方題目區裡的圖形分別塗上不同的顏色，並將上方遊戲區裡相同的圖形也塗上與題目相同的顏色，接著找出每個圖形的座標，寫在橫線上。

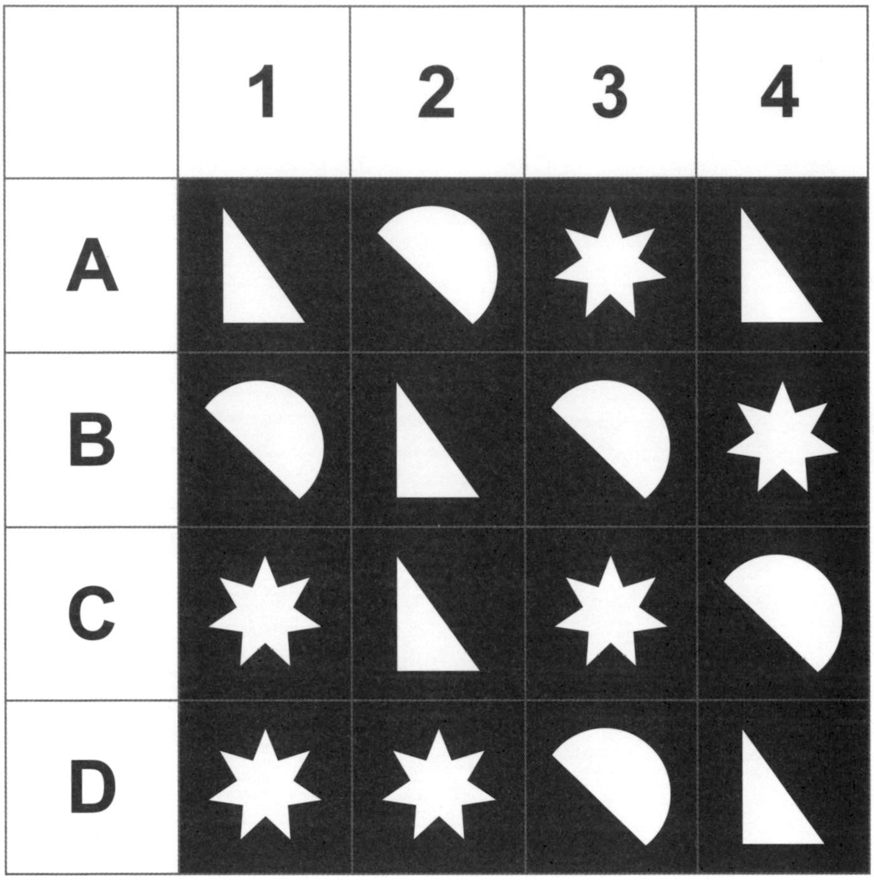

____

____

____

遊戲難度：★

POINT 專注力遊戲小提示

孩子不會辨別座標，並不是專注力的問題，而是因為還沒學到！帶著孩子用手指點出長方形在哪裡，並且帶著孩子數一數有幾個。專注力的提升要從基礎能力建立開始。

小朋友請用蠟筆將下方題目區裡的圖形分別塗上不同的顏色，並將上方遊戲區裡相同的圖形也塗上與題目相同的顏色，接著找出每個圖形的座標，寫在橫線上。

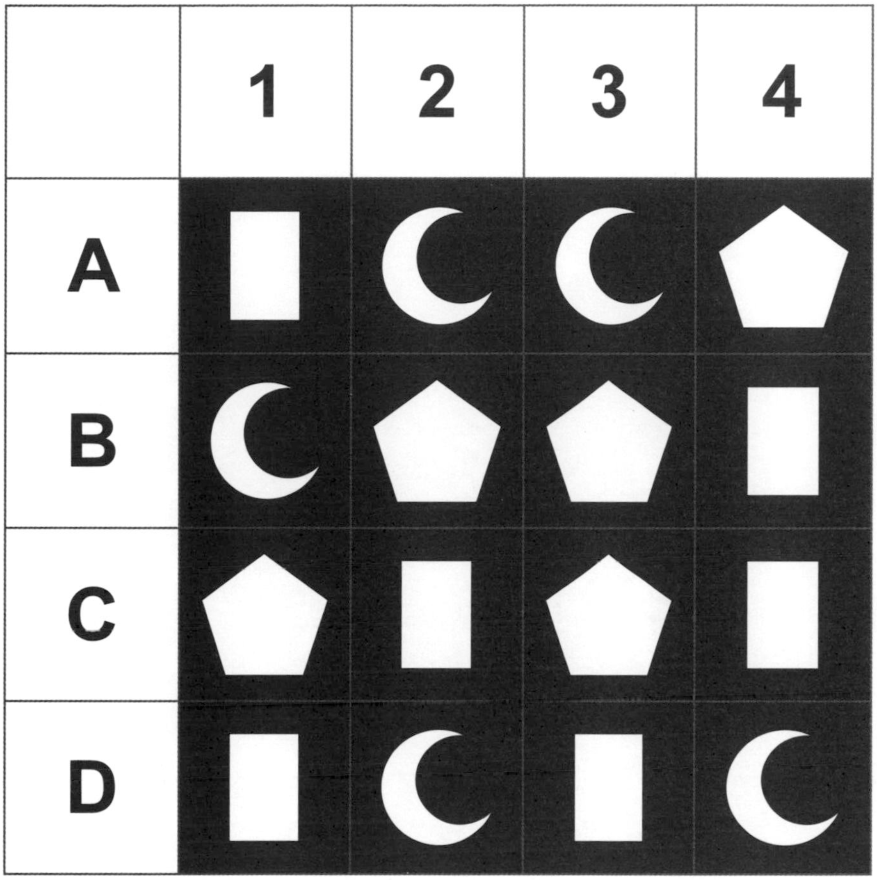

____

____

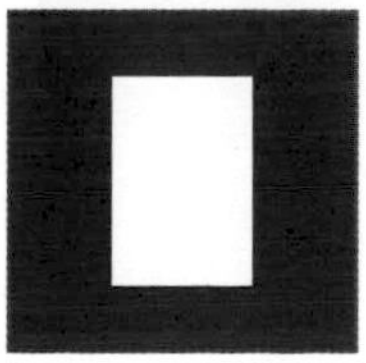
____

遊戲難度：★

小朋友請用蠟筆將下方題目區裡的圖形分別塗上不同的顏色，並將上方遊戲區裡相同的圖形也塗上與題目相同的顏色，接著找出每個圖形的座標，寫在橫線上。

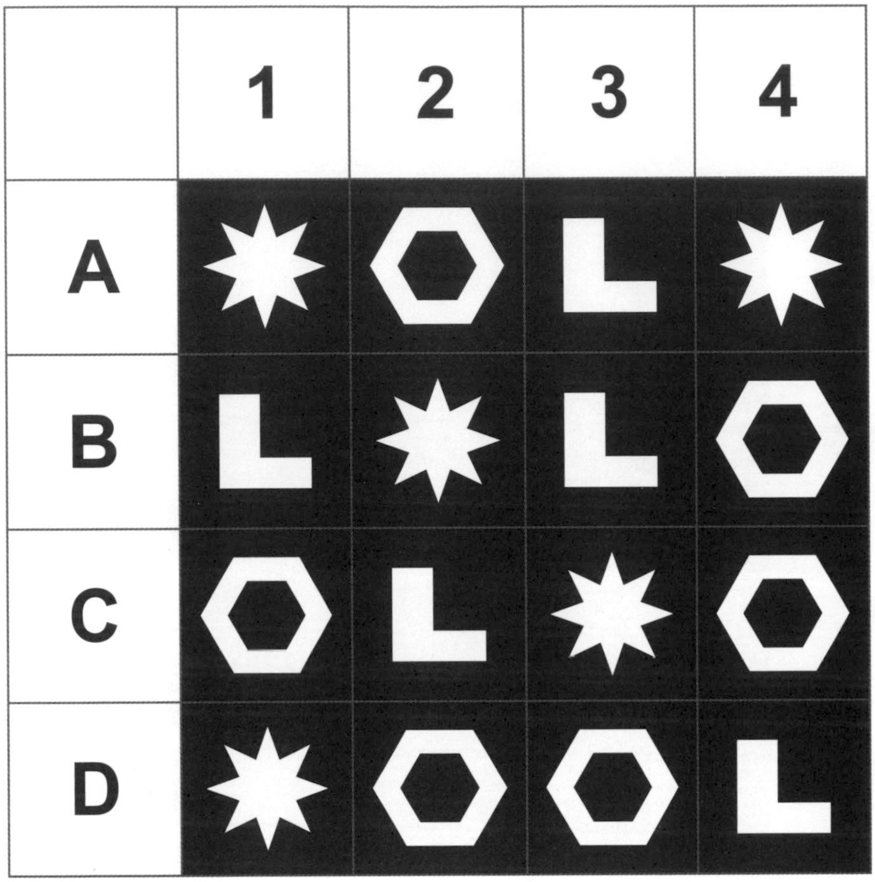

____

____

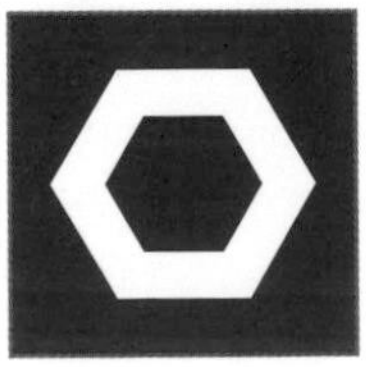
____

遊戲難度：★

POINT 專注力遊戲小提示

從遊戲中教導孩子認識數字是最好的方法，帶著孩子看看數字 1 的那一排有幾架飛機，讓孩子在實際點數的過程中熟悉數字的讀法，並且認識數字的「樣子」。

小朋友請用蠟筆將下方題目區裡的圖形分別塗上不同的顏色，並將上方遊戲區裡相同的圖形也塗上與題目相同的顏色，接著找出每個圖形的座標，寫在橫線上。

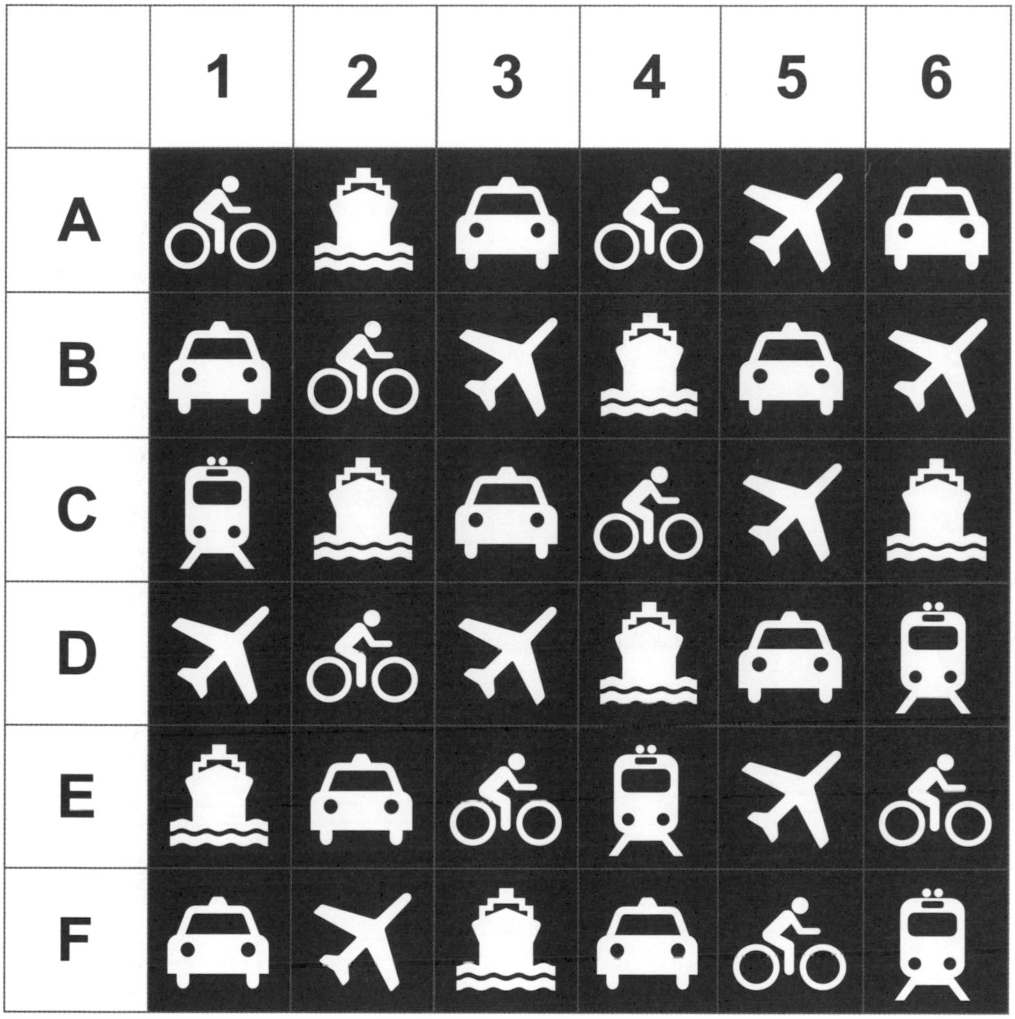

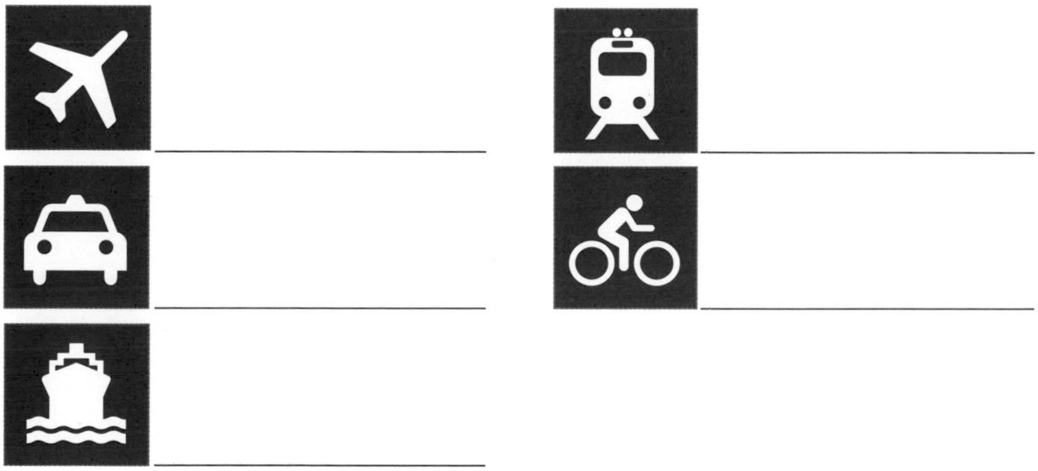

遊戲難度：★★

雪花座標 07

小朋友請用蠟筆將下方題目區裡的圖形分別塗上不同的顏色，並將上方遊戲區裡相同的圖形也塗上與題目相同的顏色，接著找出每個圖形的座標，寫在橫線上。

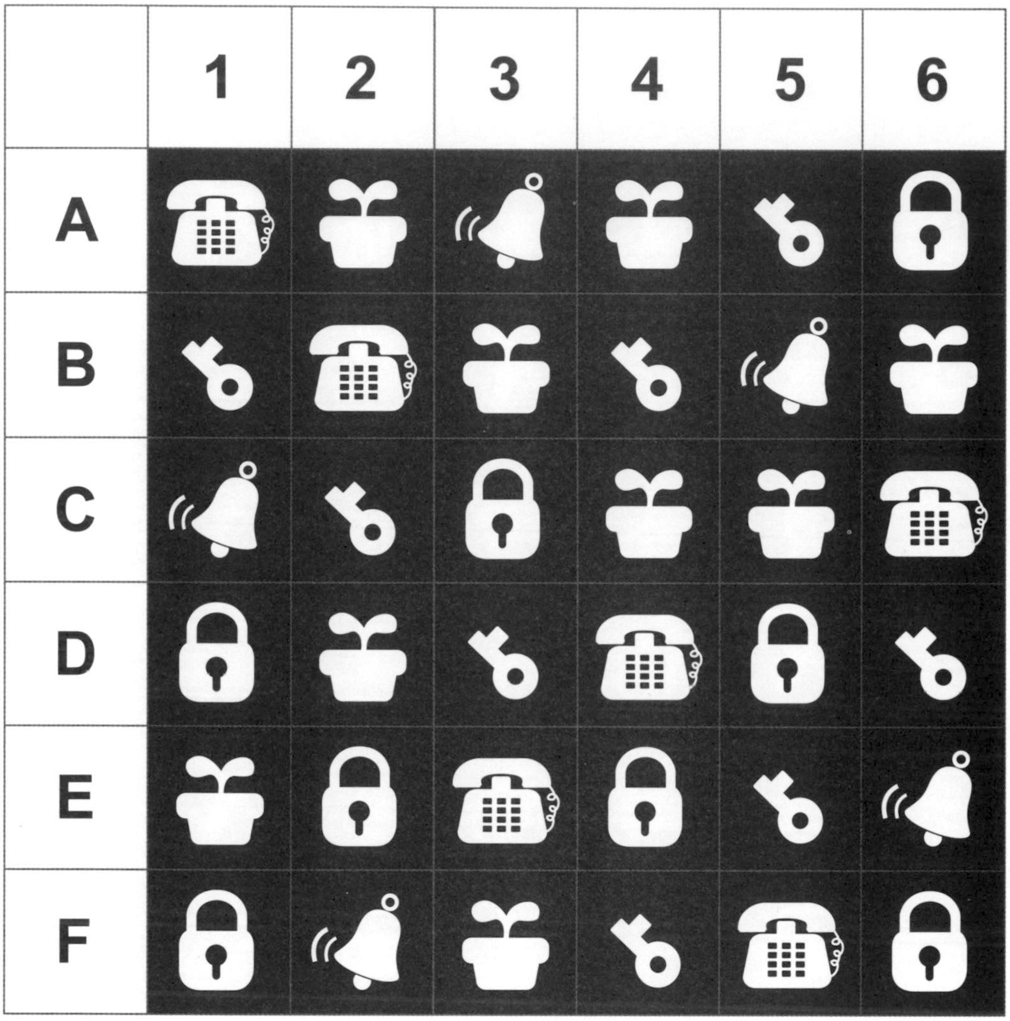

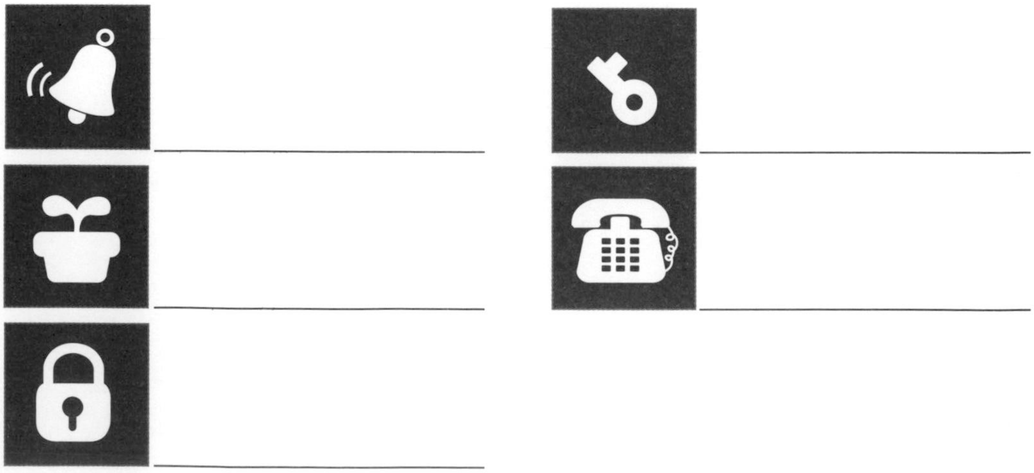

POINT 專注力遊戲小提示

解答題目的方法不只是找出同一圖案的座標有哪些？也可以一格一格帶著孩子念出座標名稱，並且念出圖案內容，這可以幫助孩子眼到口到，更是學習座標的實際操作方法。

小朋友請用蠟筆將下方題目區裡的圖形分別塗上不同的顏色，並將上方遊戲區裡相同的圖形也塗上與題目相同的顏色，接著找出每個圖形的座標，寫在橫線上。

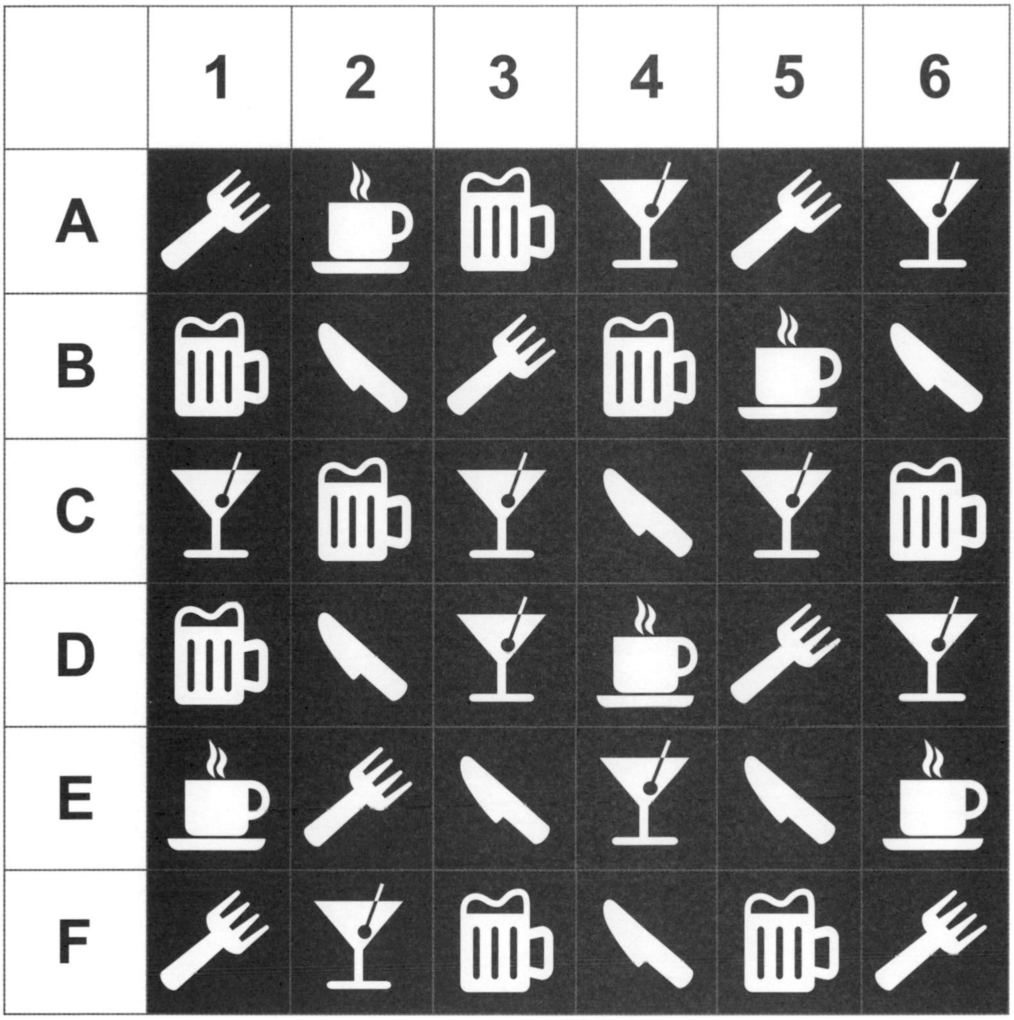

 ____________

 ____________

 ____________

 ____________

 ____________

遊戲難度：★★

雪花座標

09

小朋友請用蠟筆將下方題目區裡的圖形分別塗上不同的顏色，並將上方遊戲區裡相同的圖形也塗上與題目相同的顏色，接著找出每個圖形的座標，寫在橫線上。

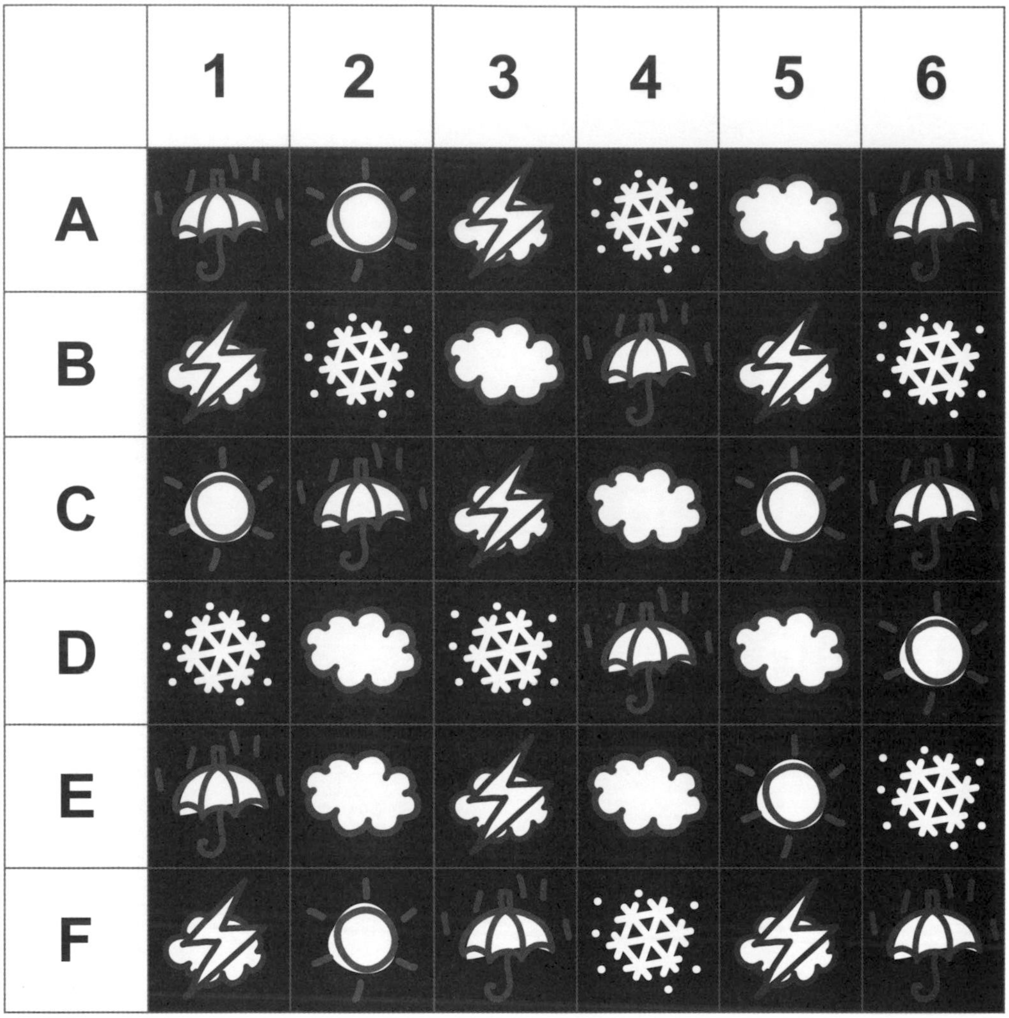

 ____________

 ____________

 ____________

 ____________

 ____________

 遊戲難度：★★

POINT 專注力遊戲小提示

面對類似的圖案，孩子容易混淆，除了帶領孩子認識每個圖案的特徵外，對於年紀較小的孩子，爸媽可以先把每種圖案塗上不同顏色，讓孩子藉由顏色的不同進而辨認圖形的不同。

小朋友請用蠟筆將下方題目區裡的圖形分別塗上不同的顏色，並將上方遊戲區裡相同的圖形也塗上與題目相同的顏色，接著找出每個圖形的座標，寫在橫線上。

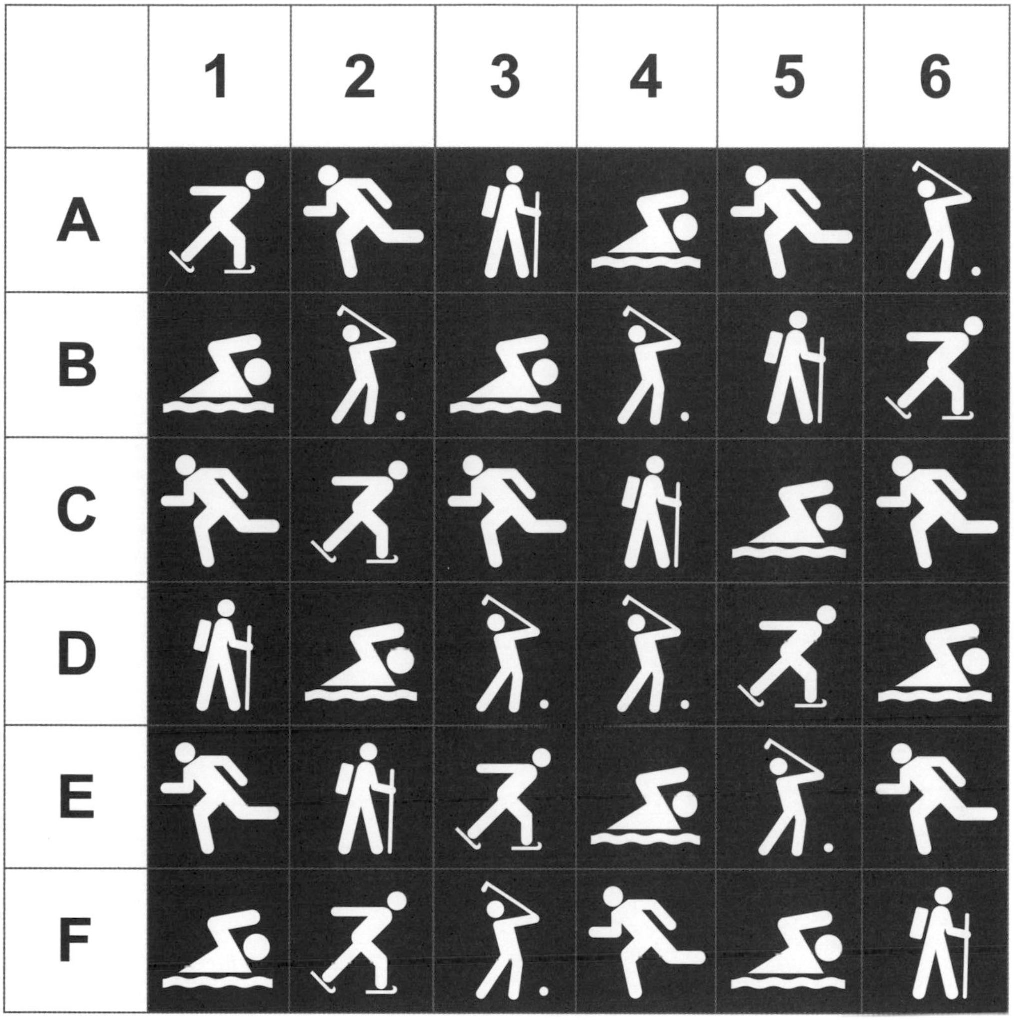

____

____

____

____

____

雪花座標 11

小朋友請用蠟筆將下方題目區裡的圖形分別塗上不同的顏色，並將上方遊戲區裡相同的圖形也塗上與題目相同的顏色，接著找出每個圖形的座標，寫在橫線上。

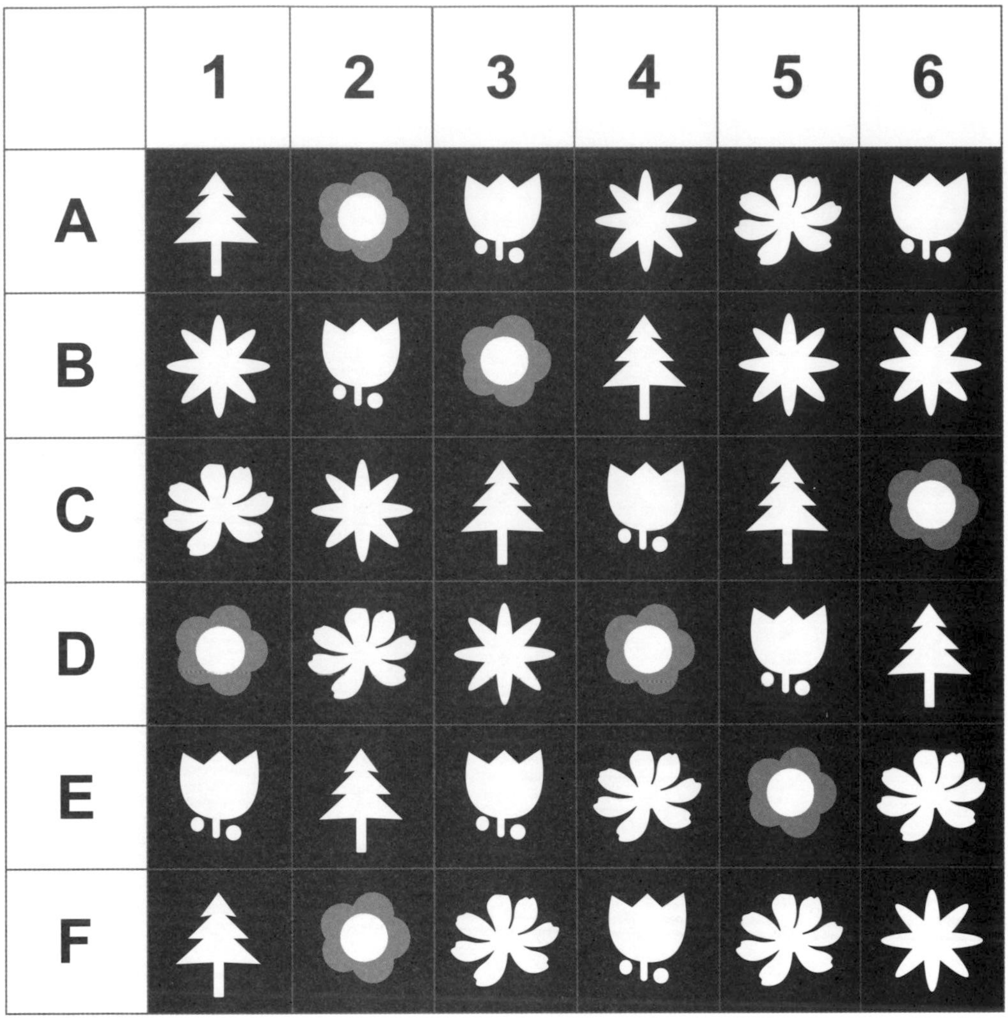

遊戲難度：★★★

POINT
專注力遊戲小提示

座標圖案太多、太複雜了嗎？爸媽可以先遮住部分座標，例如先從 2x2 的座標開始，先引起孩子的動機，並且建立成就感，這樣才能引起孩子願意接受挑戰的動機。

小朋友請用蠟筆將下方題目區裡的圖形分別塗上不同的顏色，並將上方遊戲區裡相同的圖形也塗上與題目相同的顏色，接著找出每個圖形的座標，寫在橫線上。

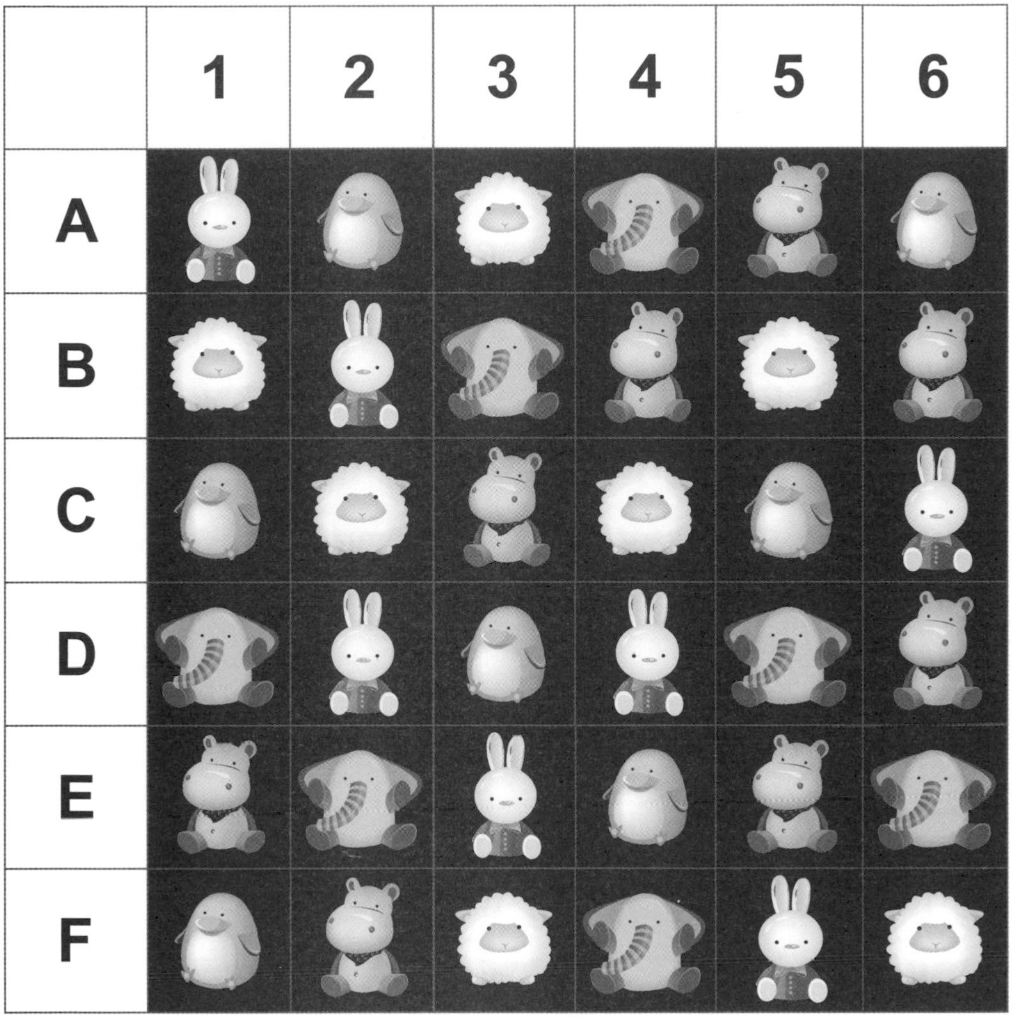

 ______________

 ______________

 ______________

 ______________

 ______________

遊戲難度：★★★

雪花座標 13

小朋友請用蠟筆將下方題目區裡的圖形分別塗上不同的顏色，並將上方遊戲區裡相同的圖形也塗上與題目相同的顏色，接著找出每個圖形的座標，寫在橫線上。

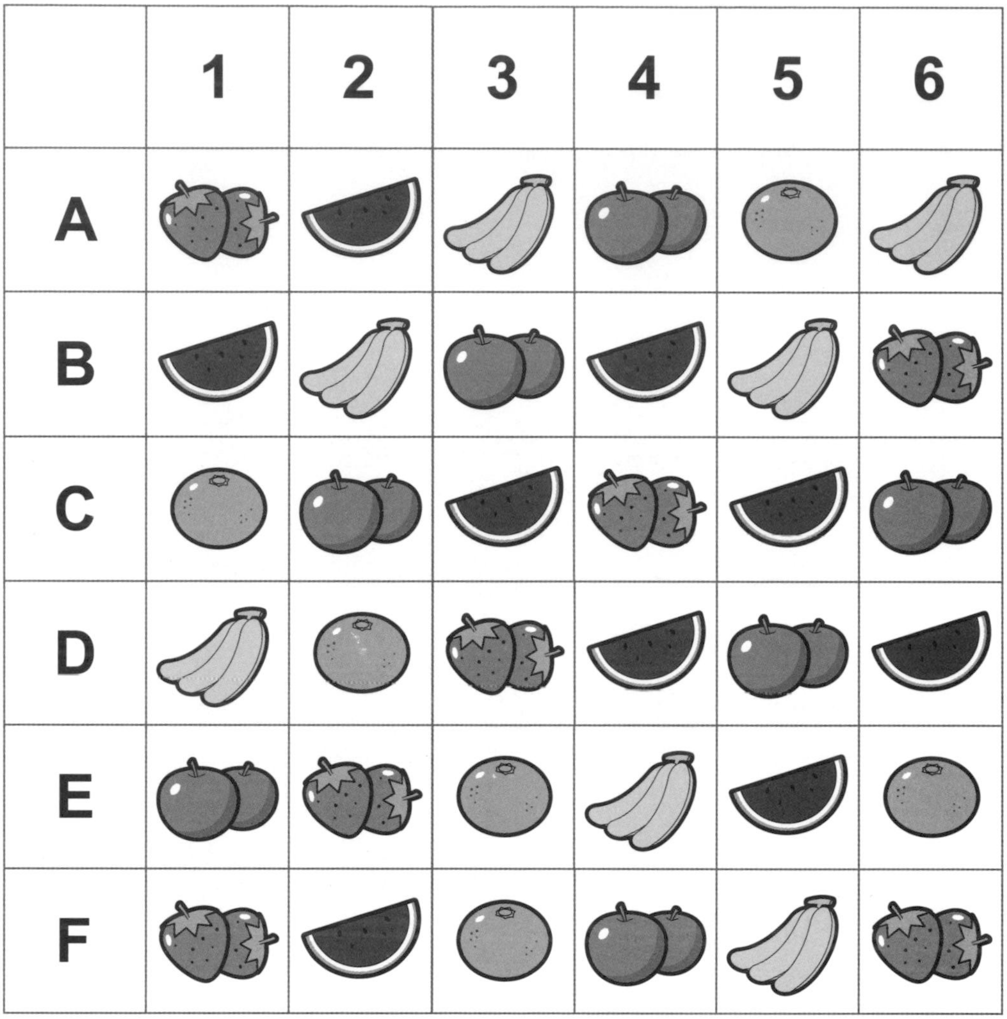

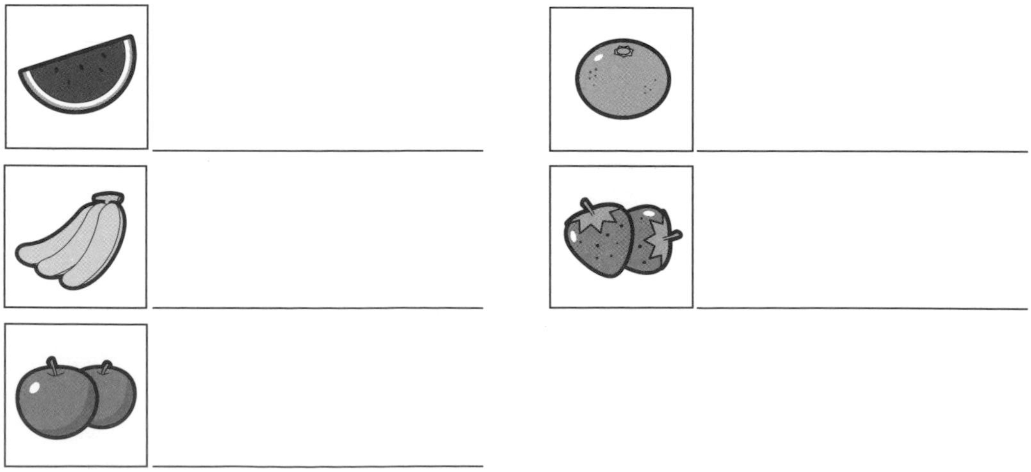

遊戲難度：★★★

POINT 專注力遊戲小提示

座標圖案中如果有實際物品的圖案，像是水果或蔬菜，爸媽可以利用家中已有的教具、繪本，甚至直接拿實物讓孩子認識，讓專注力遊戲也可以幫助孩子認識身邊物品。

小朋友請用蠟筆將下方題目區裡的圖形分別塗上不同的顏色，並將上方遊戲區裡相同的圖形也塗上與題目相同的顏色，接著找出每個圖形的座標，寫在橫線上。

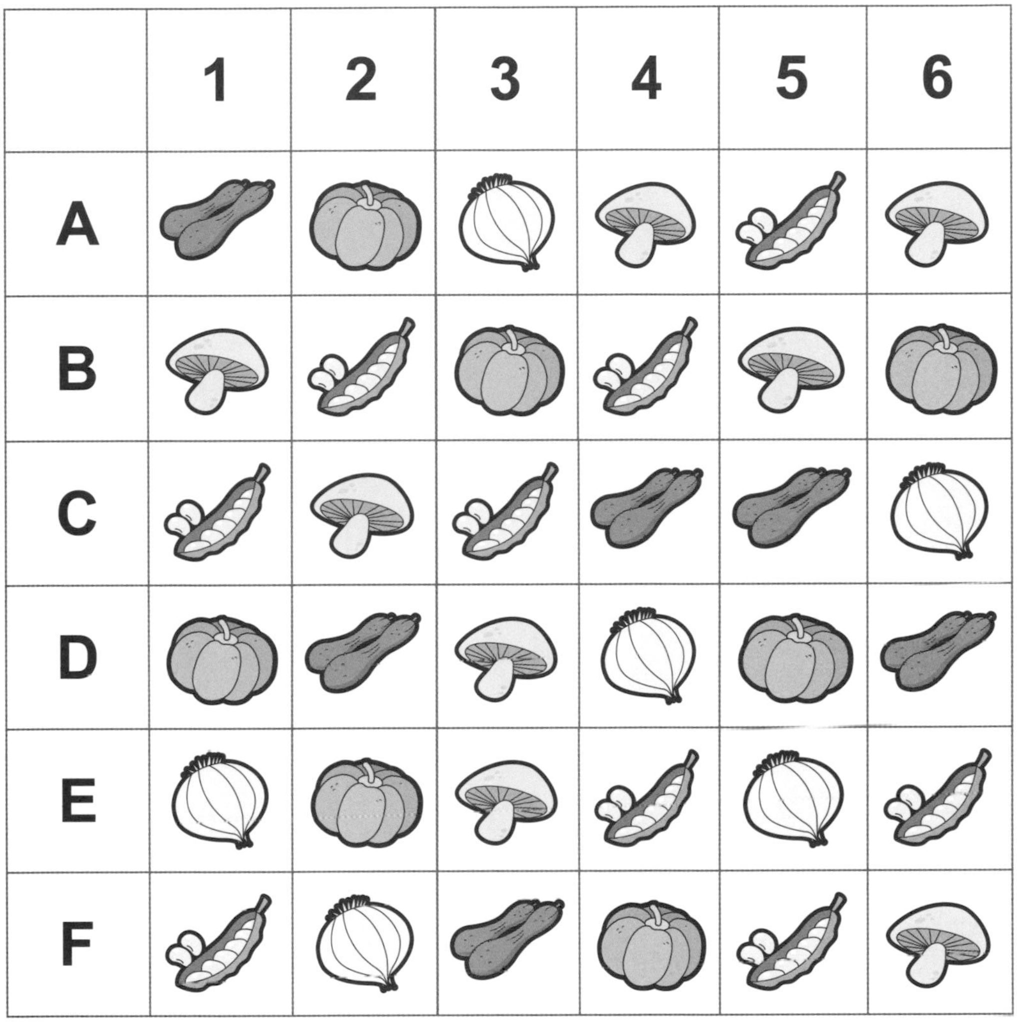

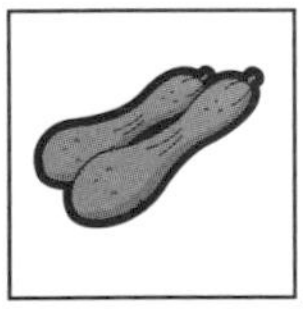 ____________

 ____________

 ____________

 ____________

 ____________

雪花座標 15

小朋友請用蠟筆將下方題目區裡的圖形分別塗上不同的顏色，並將上方遊戲區裡相同的圖形也塗上與題目相同的顏色，接著找出每個圖形的座標，寫在橫線上。

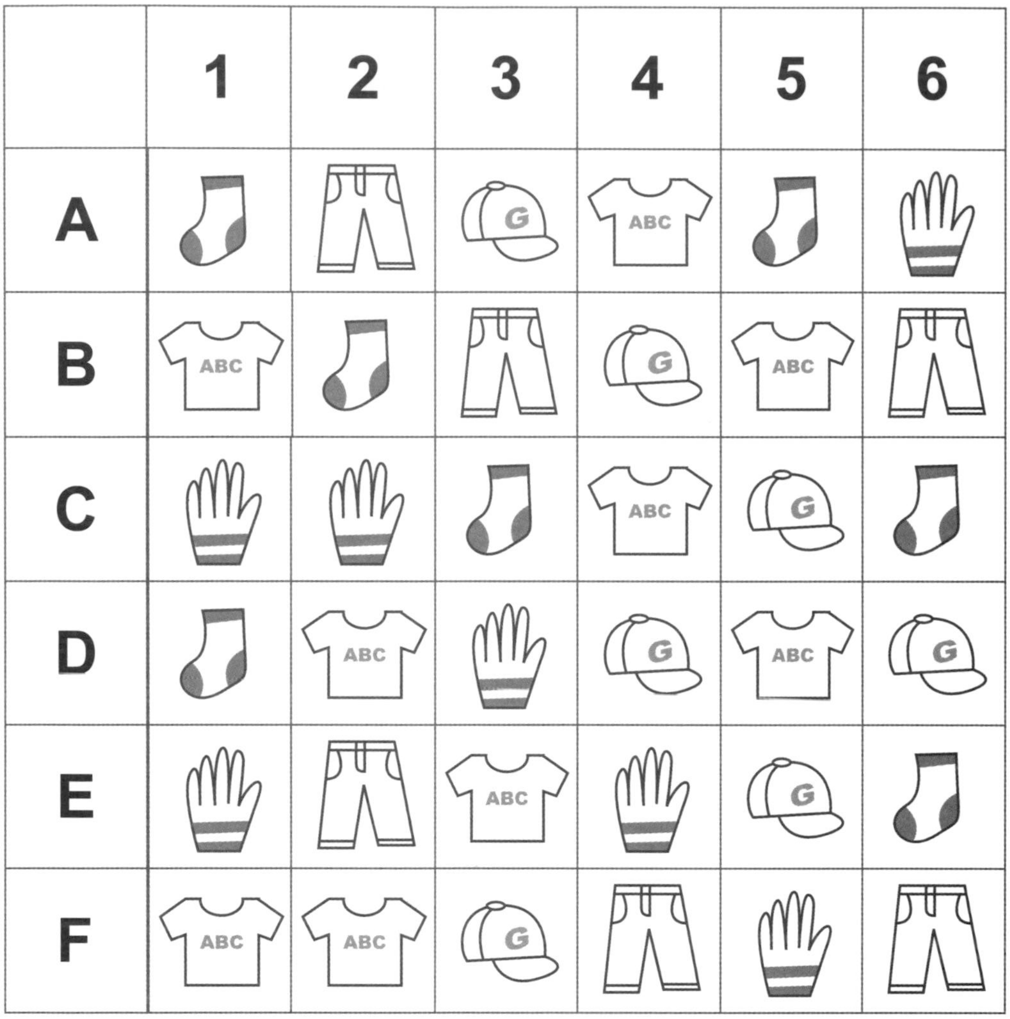

遊戲難度：★★★

POINT 專注力遊戲小提示

座標中有孩子喜歡的圖案嗎？遊戲的進行不一定要跟著題目順序，可先從喜歡的圖案找起，孩子才能體會遊戲的樂趣，進而願意持續進行，孩子願意投入遊戲，專注力才能提升。

小朋友請用蠟筆將下方題目區裡的圖形分別塗上不同的顏色，並將上方遊戲區裡相同的圖形也塗上與題目相同的顏色，接著找出每個圖形的座標，寫在橫線上。

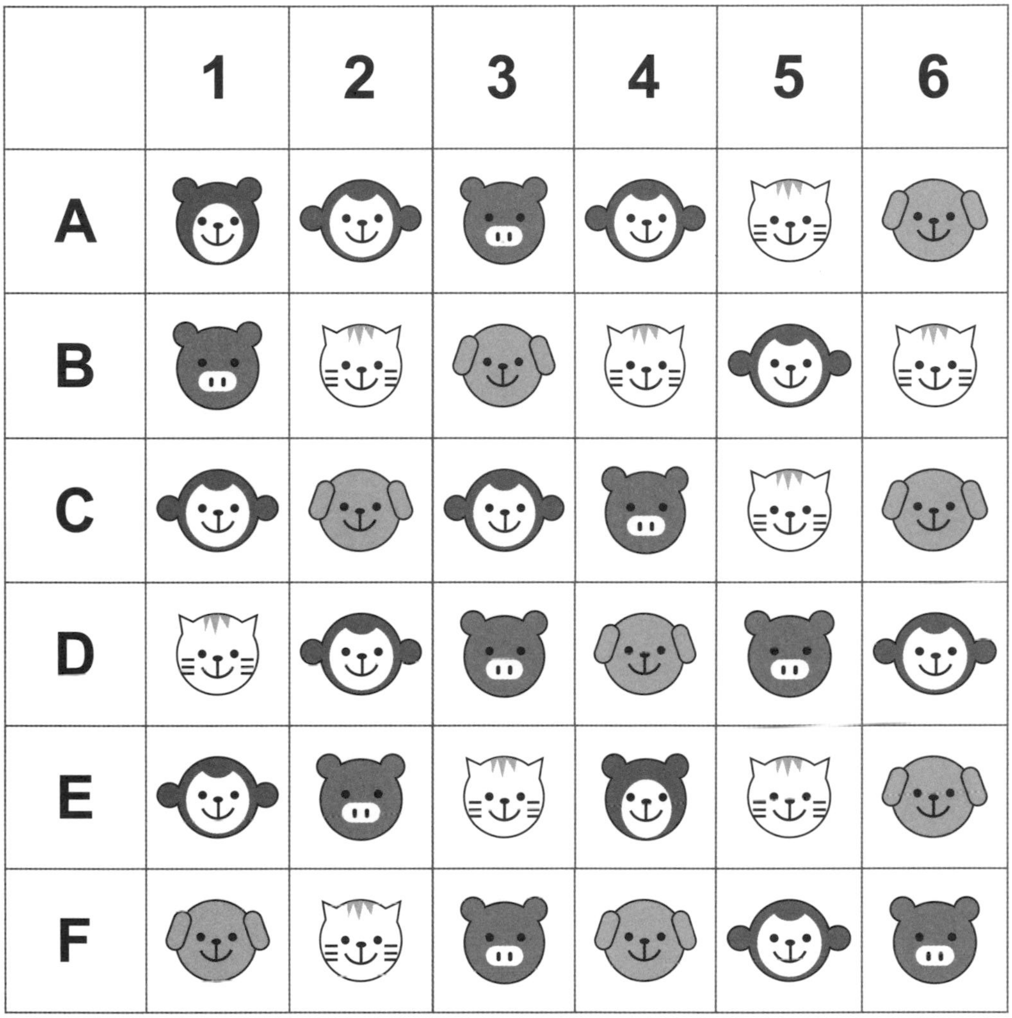

 ____________

 ____________

 ____________

 ____________

 ____________

遊戲難度：★★★★

雪花座標 17

小朋友請用蠟筆將下方題目區裡的圖形分別塗上不同的顏色，並將上方遊戲區裡相同的圖形也塗上與題目相同的顏色，接著找出每個圖形的座標，寫在橫線上。

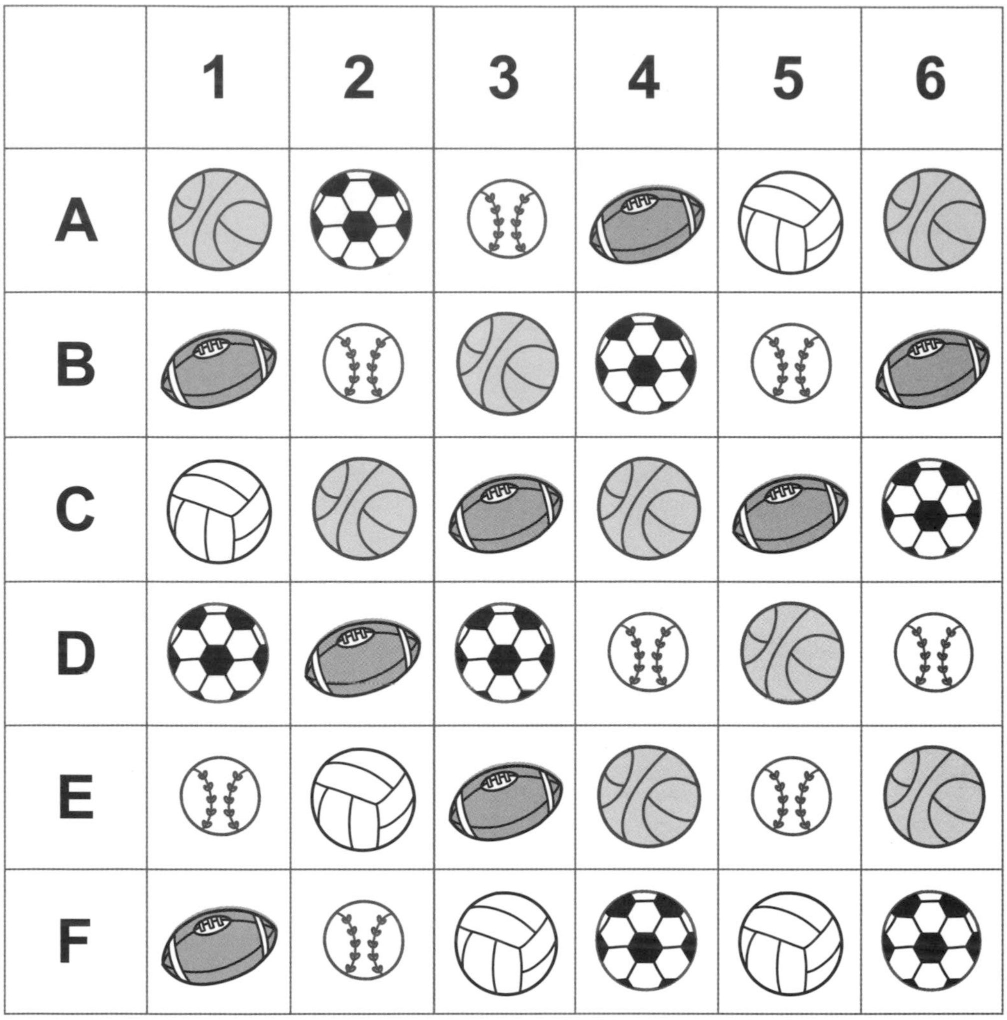

 ________________

 ________________

 ________________

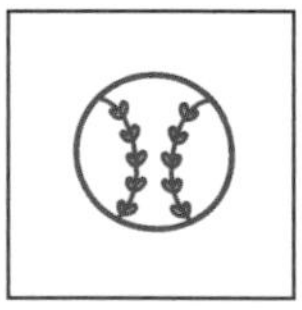 ________________

 ________________

遊戲難度：★★★★

POINT 專注力遊戲小提示

當孩子喜歡拿筆塗鴉，就試著給孩子一支彩色筆，帶著孩子把相同的圖案塗上相同的顏色，然後練習讀出座標名稱。帶著孩子從著色到確認座標，這可以讓孩子學習完整的問題解決方法。

小朋友請用蠟筆將下方題目區裡的圖形分別塗上不同的顏色，並將上方遊戲區裡相同的圖形也塗上與題目相同的顏色，接著找出每個圖形的座標，寫在橫線上。

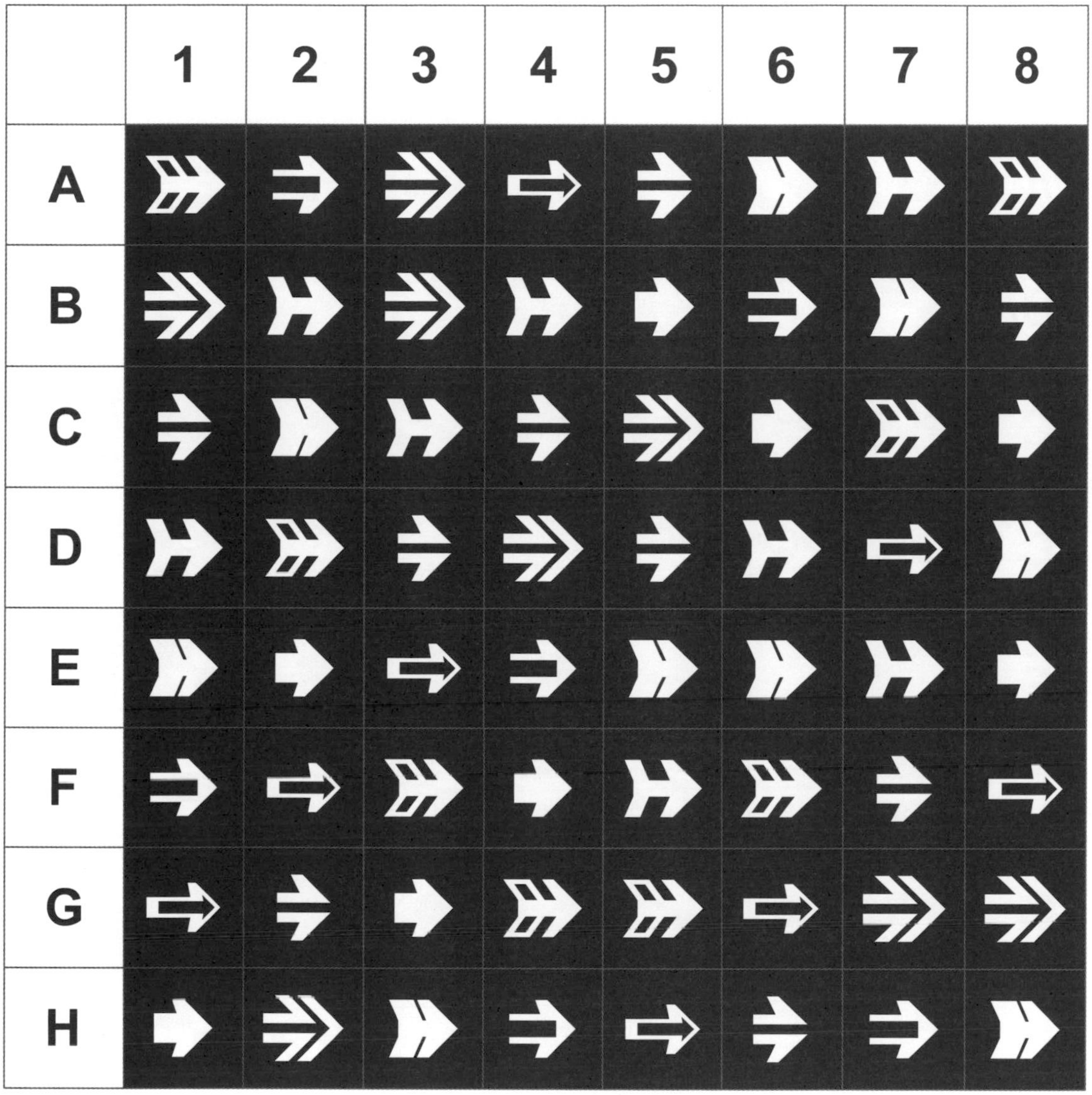

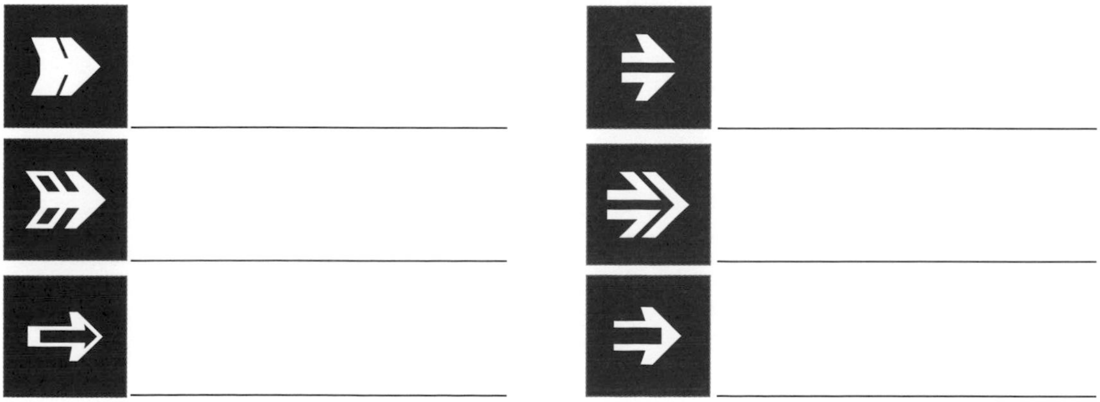

雪花座標 19

小朋友請用蠟筆將下方題目區裡的圖形分別塗上不同的顏色，並將上方遊戲區裡相同的圖形也塗上與題目相同的顏色，接著找出每個圖形的座標，寫在橫線上。

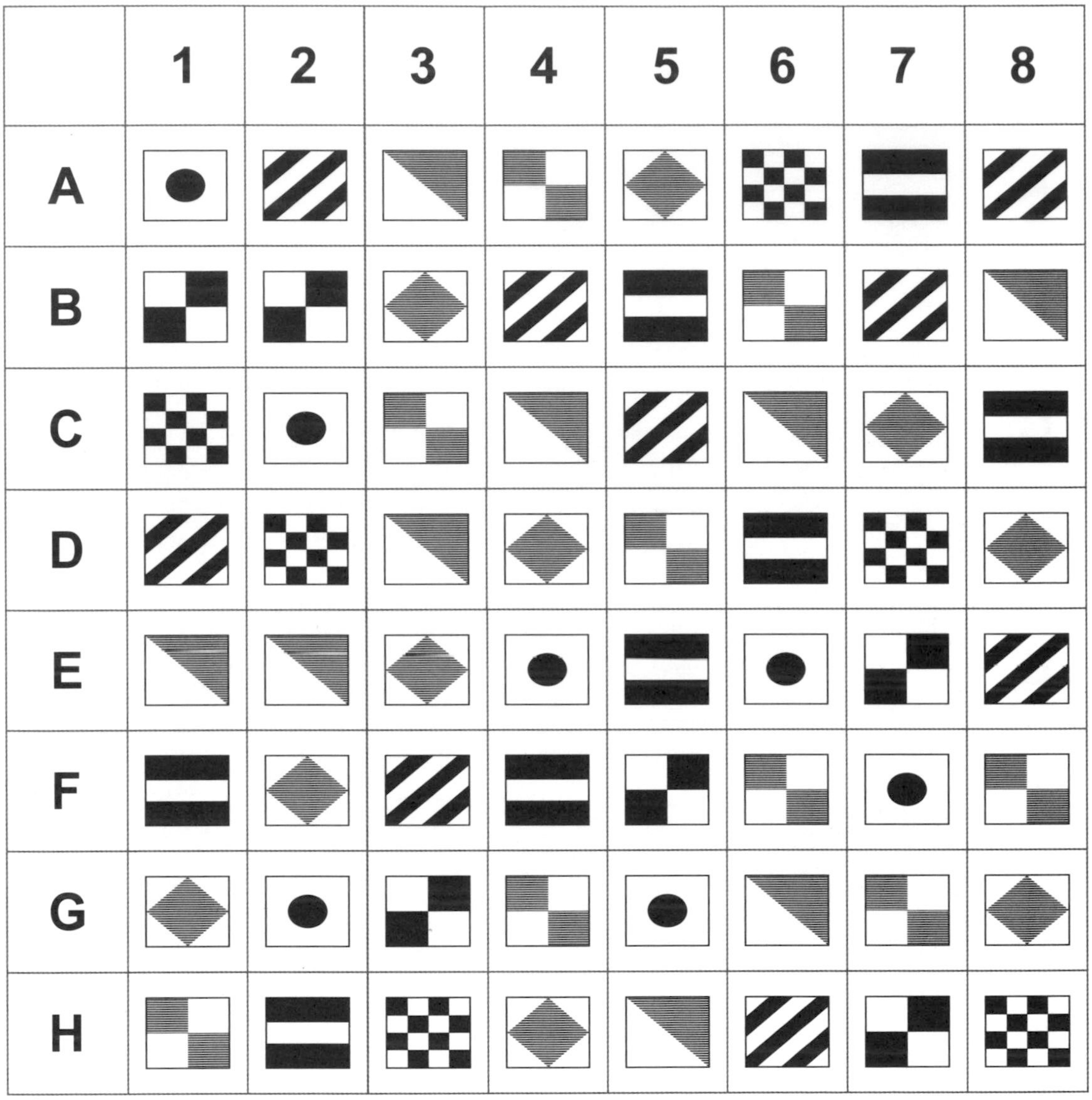

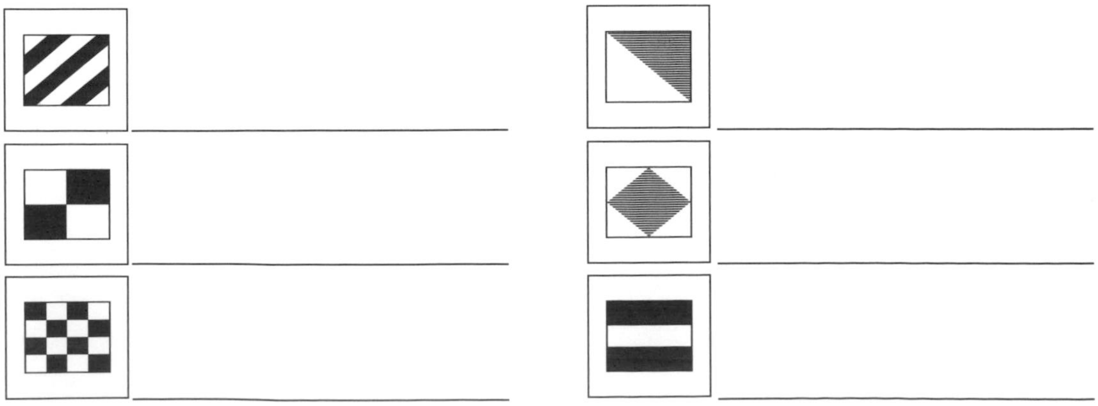

 遊戲難度：★★★★

POINT 專注力遊戲小提示

找完全部的座標需要花很多時間，讓孩子感到不耐煩嗎？別急著一開始就要求孩子把所有座標找出來，可以先找一行，或者先找一種圖案，以循序漸進的方式，孩子才能忍受挫折並接受挑戰。

小朋友請用蠟筆將下方題目區裡的圖形分別塗上不同的顏色，並將上方遊戲區裡相同的圖形也塗上與題目相同的顏色，接著找出每個圖形的座標，寫在橫線上。

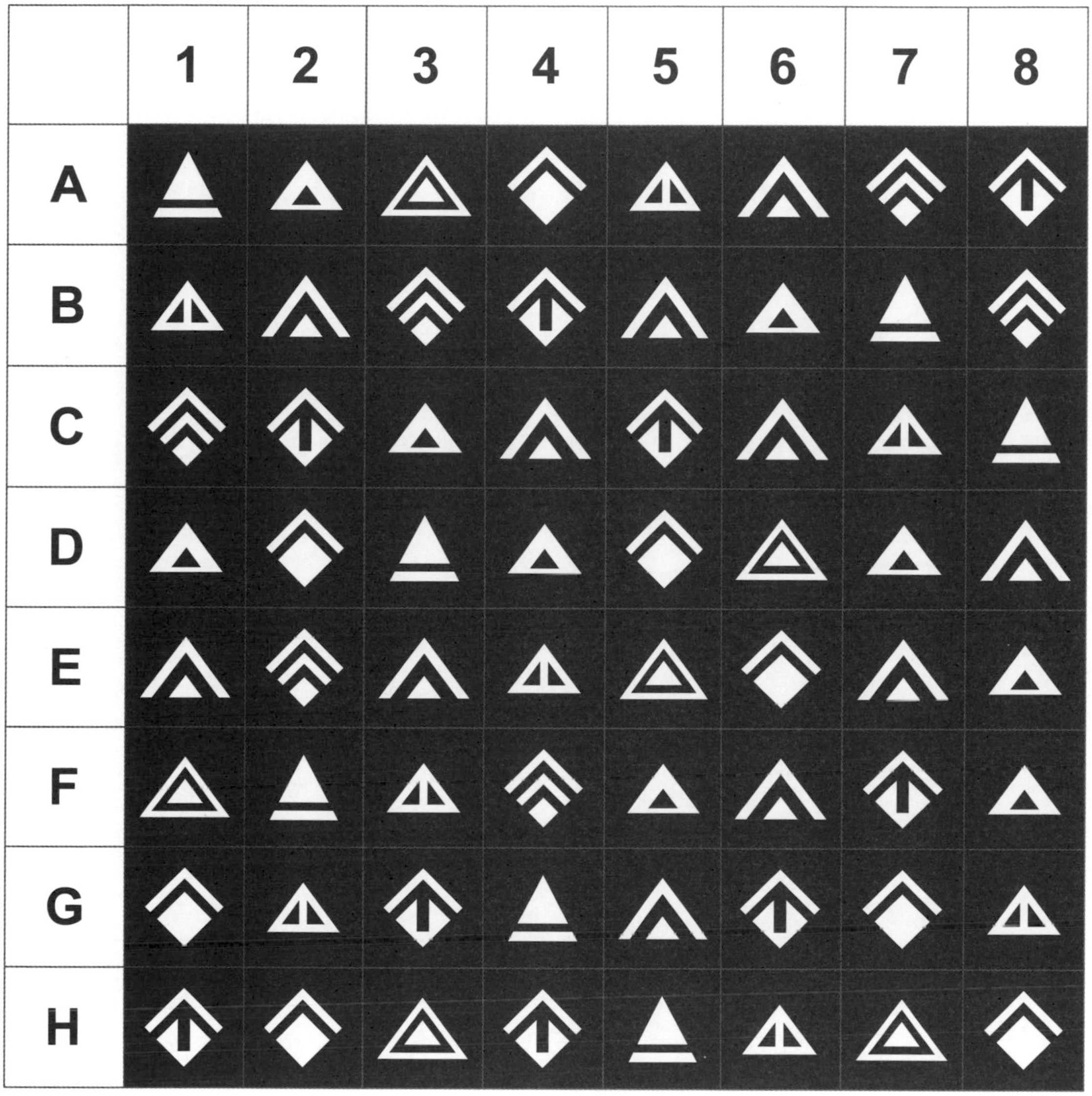

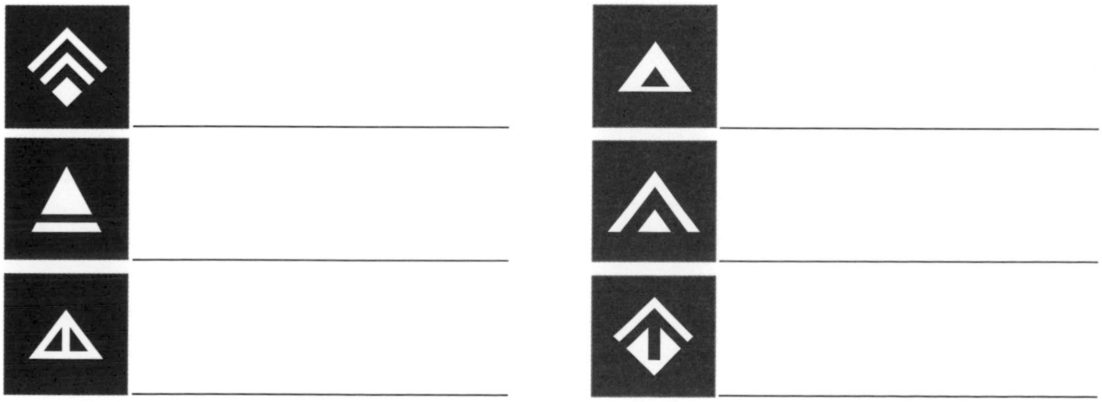

遊戲難度：★★★★

雪花座標 21

小朋友請用蠟筆將下方題目區裡的圖形分別塗上不同的顏色，並將上方遊戲區裡相同的圖形也塗上與題目相同的顏色，接著找出每個圖形的座標，寫在橫線上。

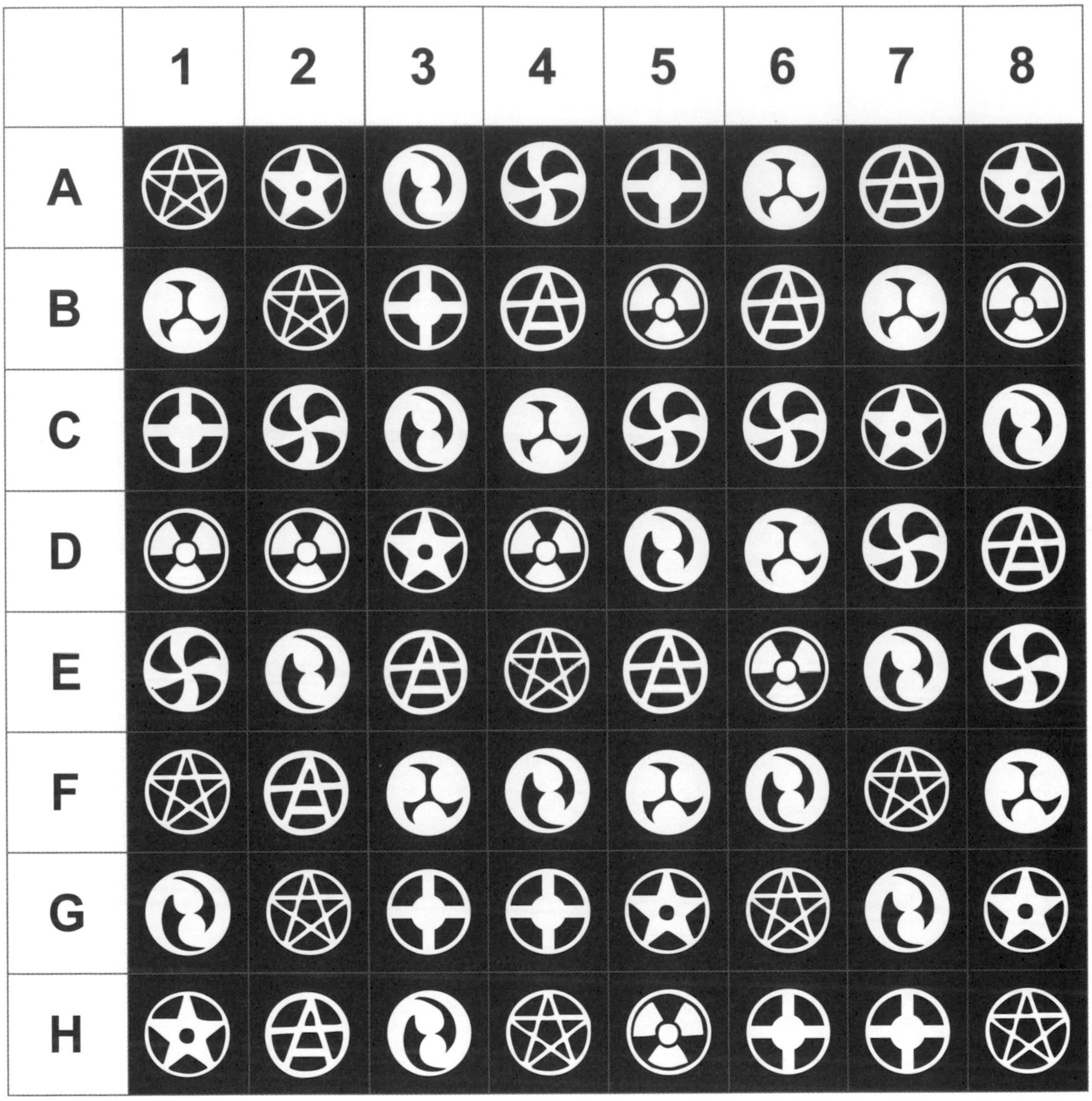

 ____________________

 ____________________

 ____________________

 ____________________

 ____________________

 ____________________

 遊戲難度：★★★★★

POINT 專注力遊戲小提示

除了英文與數字，也可以換成注音符號或是簡單圖案。這個單元主要藉由尋找座標名稱的過程中提升孩子的空間觀察力與交替性專注力，所以座標名稱是什麼不會是重點。

小朋友請用蠟筆將下方題目區裡的圖形分別塗上不同的顏色，並將上方遊戲區裡相同的圖形也塗上與題目相同的顏色，接著找出每個圖形的座標，寫在橫線上。

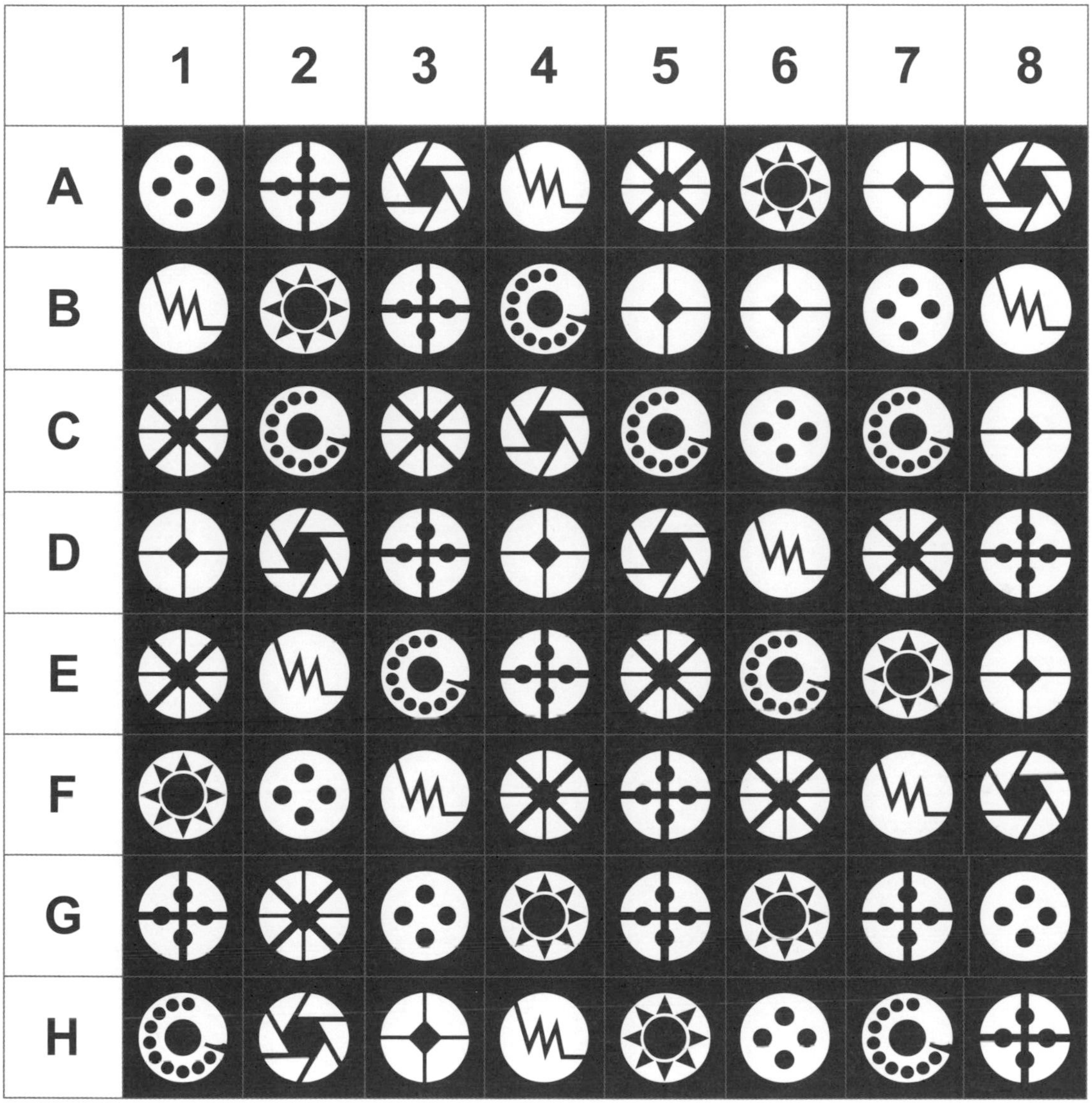

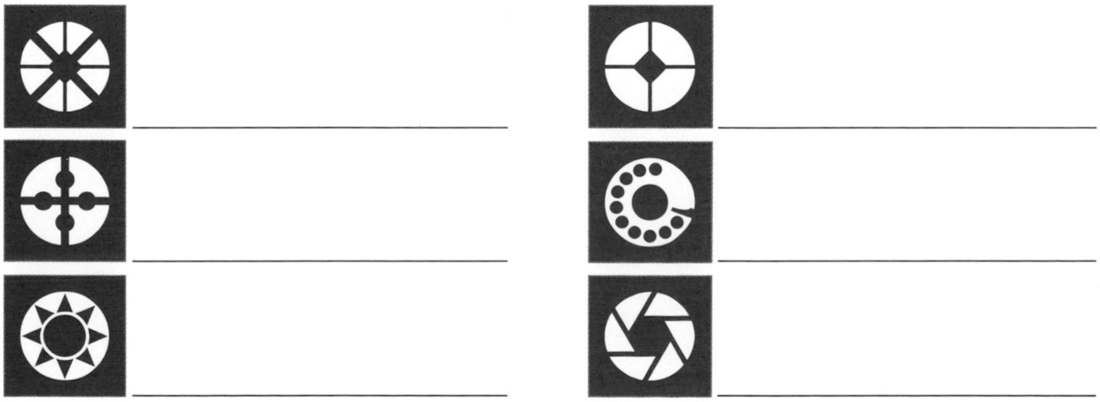

遊戲難度：★★★★★

雪花座標 23

小朋友請用蠟筆將下方題目區裡的圖形分別塗上不同的顏色，並將上方遊戲區裡相同的圖形也塗上與題目相同的顏色，接著找出每個圖形的座標，寫在橫線上。

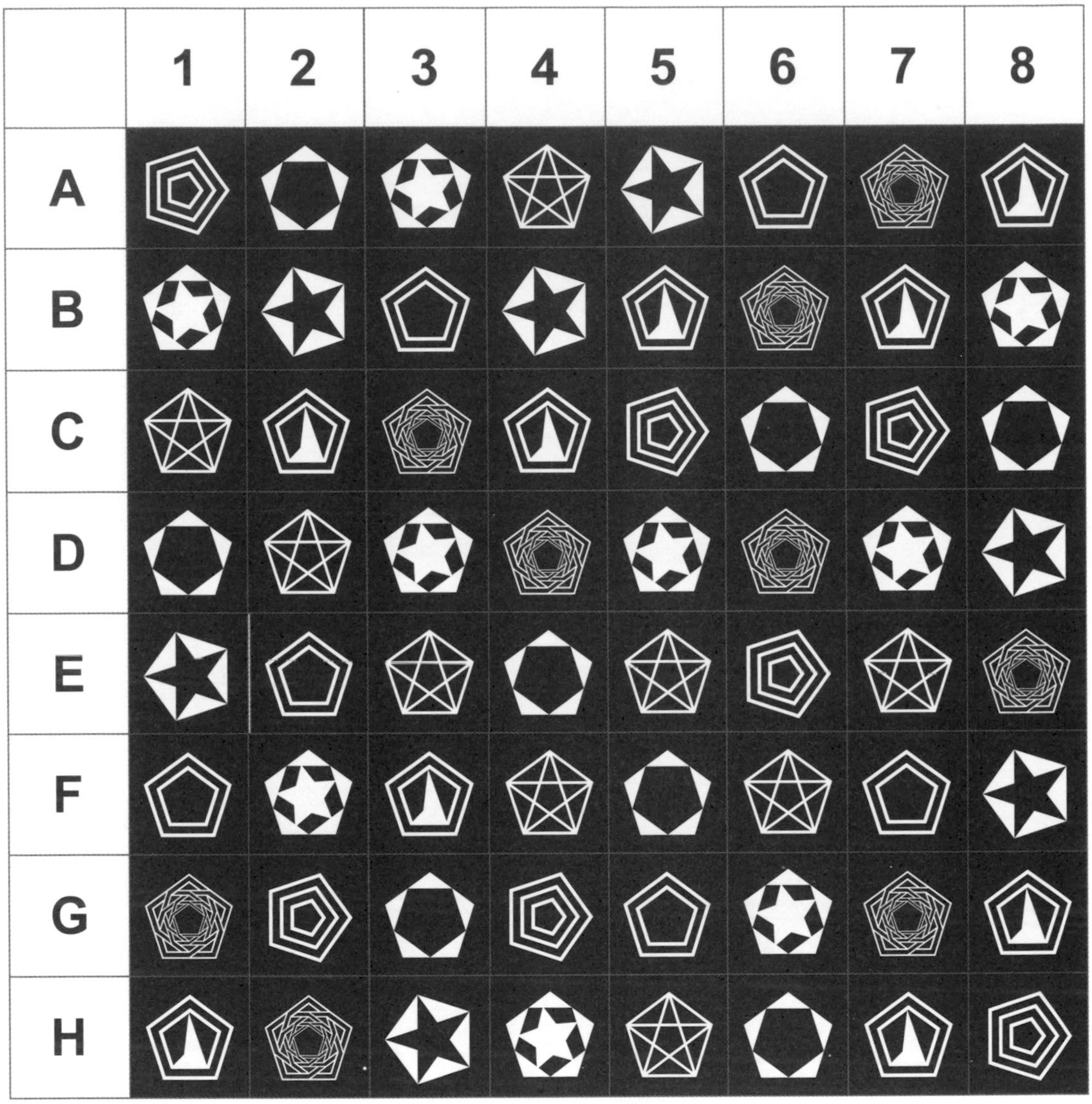

遊戲難度：★★★★★

雪花座標 24

POINT 專注力遊戲小提示

找出孩子平時塗鴉的圖案，剪下來後複印，爸媽再寫下座標名稱，讓孩子練習自己設計的遊戲，這會讓孩子感到新鮮，並且可以重複使用，孩子的專注力在親子互動中自然進步。

小朋友請用蠟筆將下方題目區裡的圖形分別塗上不同的顏色，並將上方遊戲區裡相同的圖形也塗上與題目相同的顏色，接著找出每個圖形的座標，寫在橫線上。

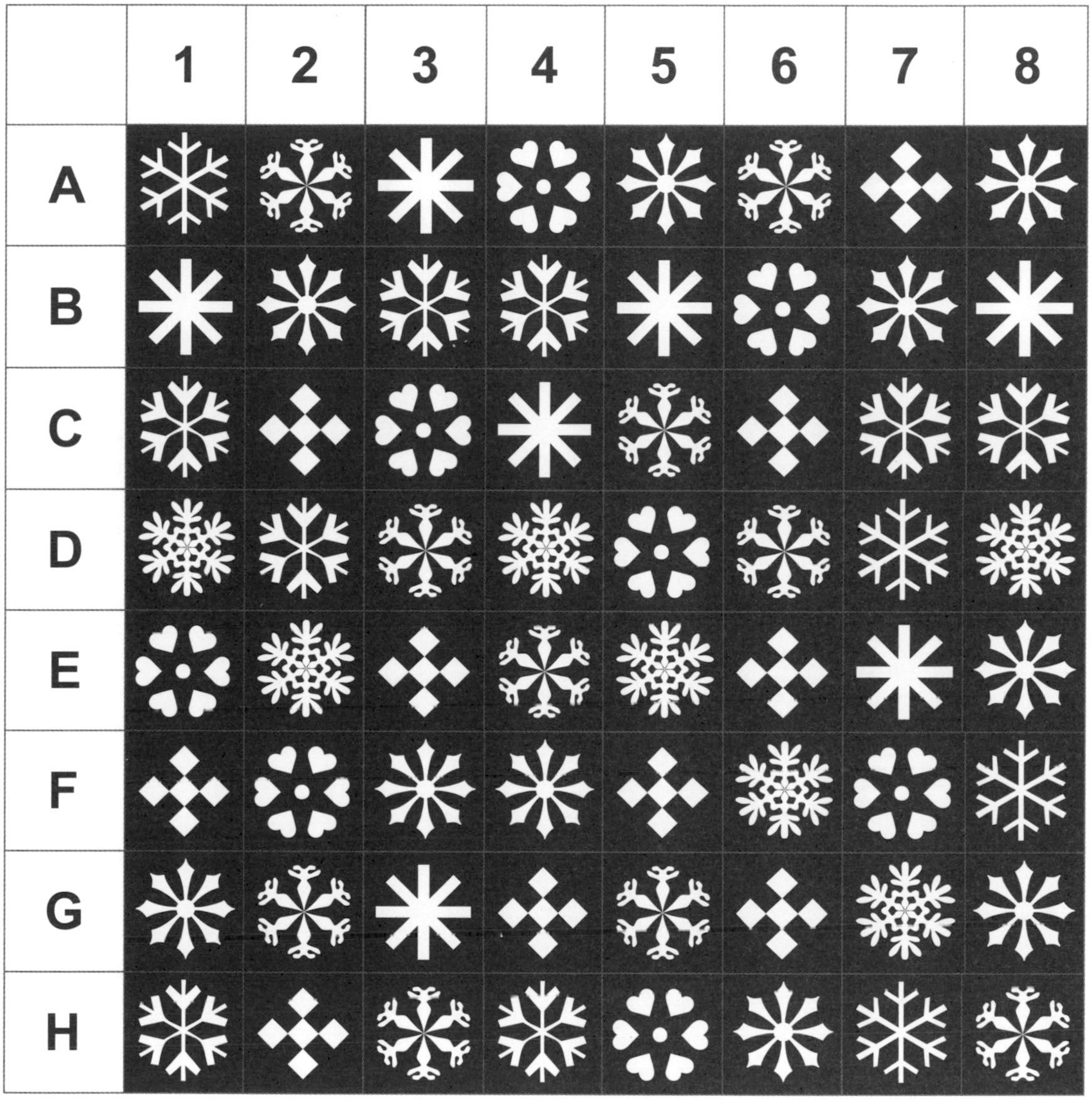

遊戲難度：★★★★★

25 雪花座標

小朋友請用蠟筆將下方題目區裡的圖形分別塗上不同的顏色，並將上方遊戲區裡相同的圖形也塗上與題目相同的顏色，接著找出每個圖形的座標，寫在橫線上。

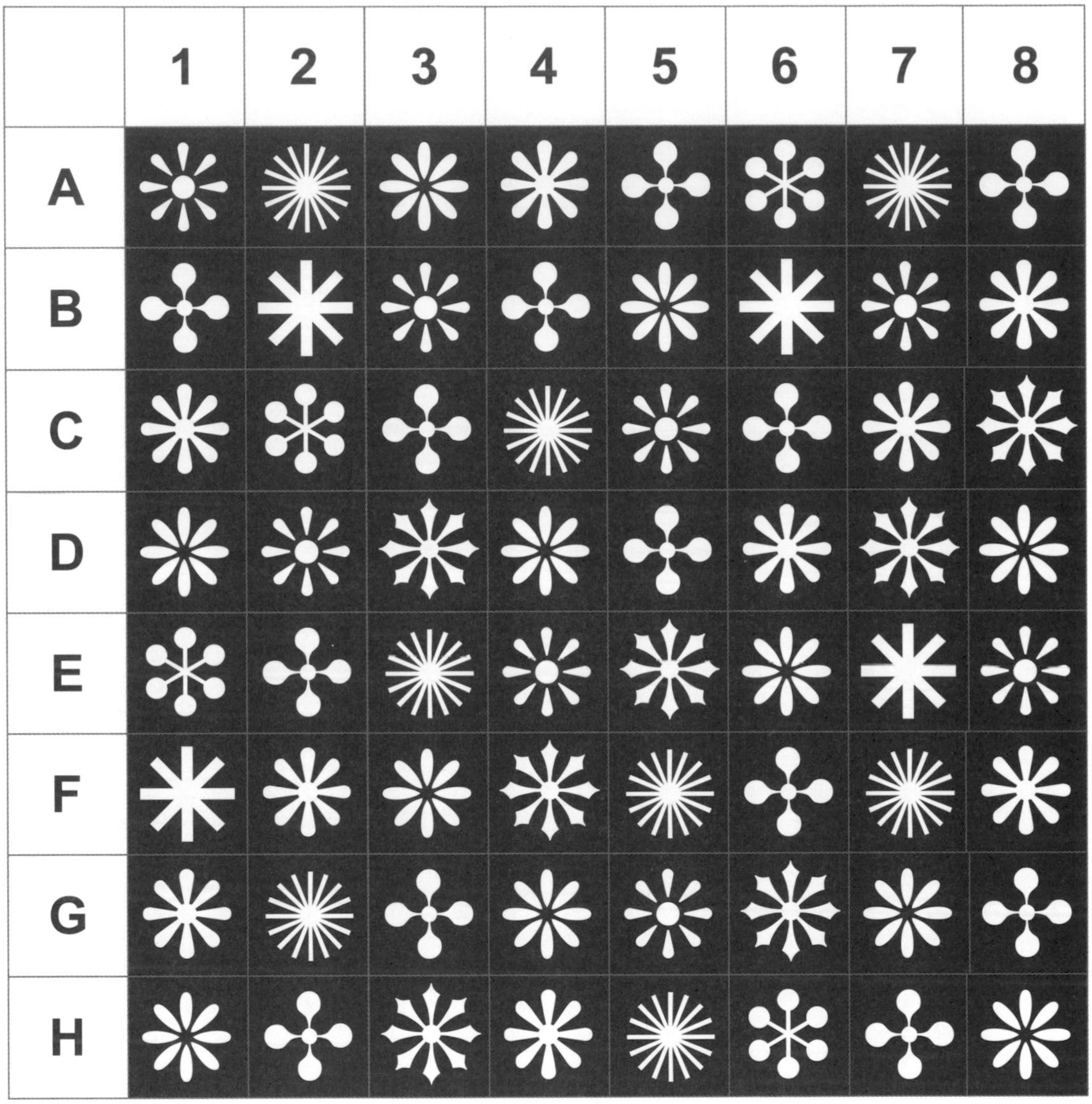

遊戲難度：★★★★★

PART 4

踩地雷

WHAT 可以玩出什麼能力

遊戲中有不同的圖案，有灰旗、黑色炸彈、灰色方塊及白色空格，孩子該數哪個圖案的數量？該把數字填在哪裡？遊戲進行中訓練了孩子的「選擇性專注力」，灰旗通常是最吸引孩子目光的顏色，然而題目卻是要點數黑色的炸彈，因此灰旗成為干擾孩子專注的「雜訊」，所以這個遊戲訓練孩子的大腦能夠排除不必要的感覺訊息，只留下題目要求的條件，進而進行點數找出答案。一旦孩子養成習慣，上課就能專注看著老師、寫作業自然會集中在課本當中。

遊戲中尋找相關的炸彈時，孩子必須不斷地與中心的空格比對位置，因此「交替性專注力」也獲得訓練，一下子看中心空格、一下子看上面的格子中是否有炸彈，然後回到空格再尋找旁邊的其他炸彈，這樣的過程幫助孩子在閱讀中快速地比對上下文的關係，不僅幫助孩子唸得對，同時理解文句的意義。

HOW 小朋友應該怎麼玩

先讓孩子選擇一個白色空格，請孩子以此空格為中心，數一數圍著這個空格的八個格子中有幾個炸彈，將答案寫入空格中。這個遊戲的進行不僅需要專注力，同時要具有相當的認知能力：必須懂得「九宮格」的概念、能夠辨認各種圖案的不同、能夠點數及記憶數量、還要能夠把數字精確地寫入格子內，並非每個孩子一開始都可以快速完成的，因此除了循序漸進完成每一題外，開始進行遊戲時，父母可以將每個九宮格切割下來或者塗上顏色，幫助孩子懂得要專注的範圍。

孩子如果無法懂得題目的意思，因而無法參與遊戲，父母不妨先讓孩子數一數整面題目有幾個炸彈？幾面灰旗？甚至數一數有幾個空格？並且將每個空格塗上顏色，這樣的玩法同樣地也訓練到孩子的專注力！

父母們可以會覺得這樣的遊戲在電腦中不就有了嗎？為什麼要特別用紙本方式讓孩子遊戲？一方面電腦「踩地雷」進行的節奏較快，孩子還不清楚「為什麼」時遊戲就結束了！孩子開始亂按，只享受所有格子「打開」的那一瞬間，因此對專注力幫助不大，藉由紙本讓孩子熟悉規則，才能好好玩遊戲。另一方面，平板電腦的流行，孩子沉溺於電子資訊的快速傳遞，因此面對書本就無法專心，利用電腦與紙本的「共同遊戲」，讓孩子發現紙本也可以玩出樂趣，將來才會願意面對課本的文字，上課才能專心！

POINT 專注力遊戲小提示

專注力的提升需要父母的協助，別一開始就把整本書交給孩子，面對複雜的題目，學齡前幼兒是無法馬上了解題意的，需要爸媽耐心帶領，一題一題與孩子共玩，專注力才能提升。

小朋友請用蠟筆，將以白色空格為中心的周圍八個格子塗上顏色，並數一數這八個格子中有幾個炸彈，並將答案寫入空格中。

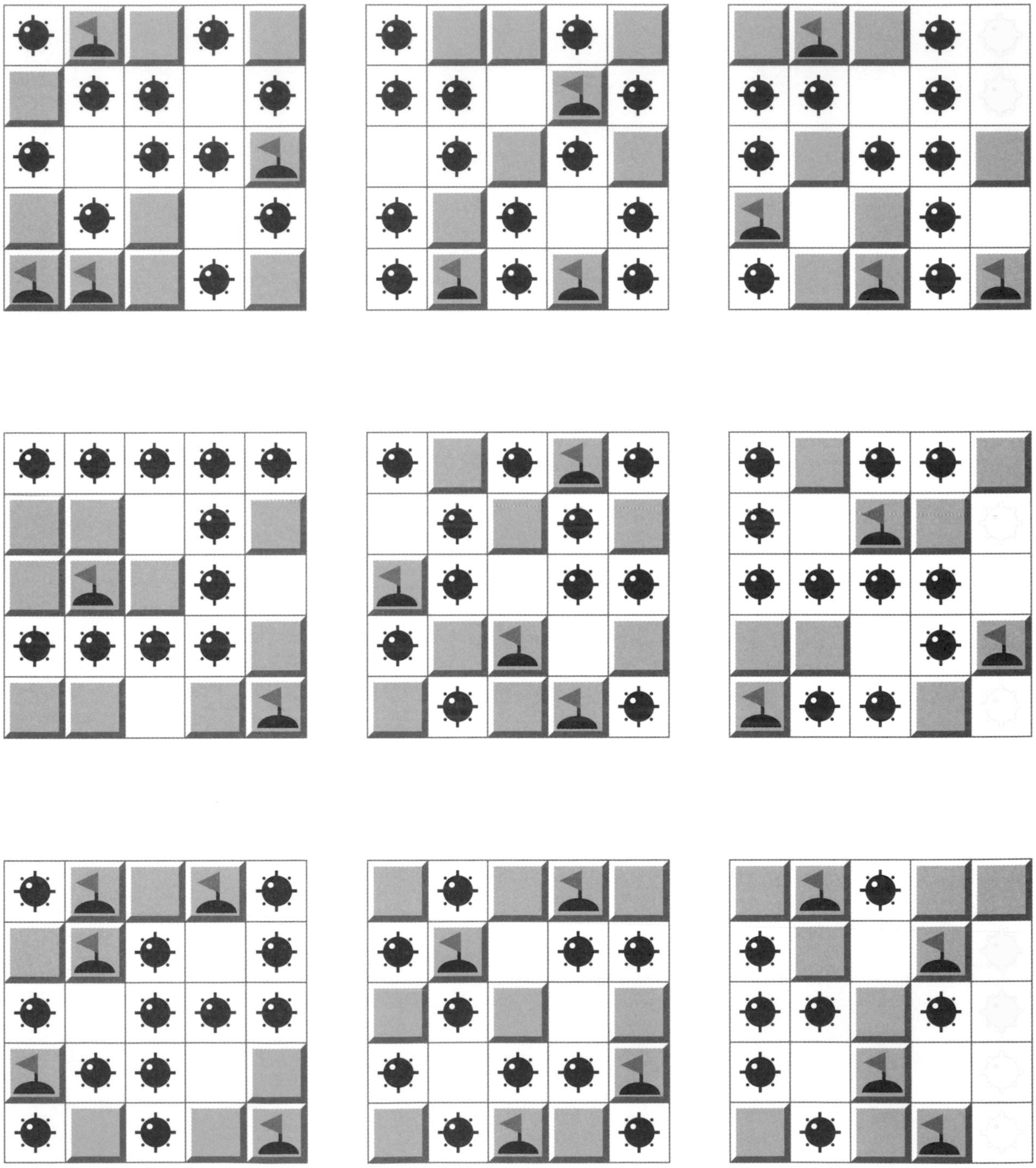

遊戲難度：★

小朋友請用蠟筆，將以白色空格為中心的周圍八個格子塗上顏色，並數一數這八個格子中有幾個炸彈，並將答案寫入空格中。

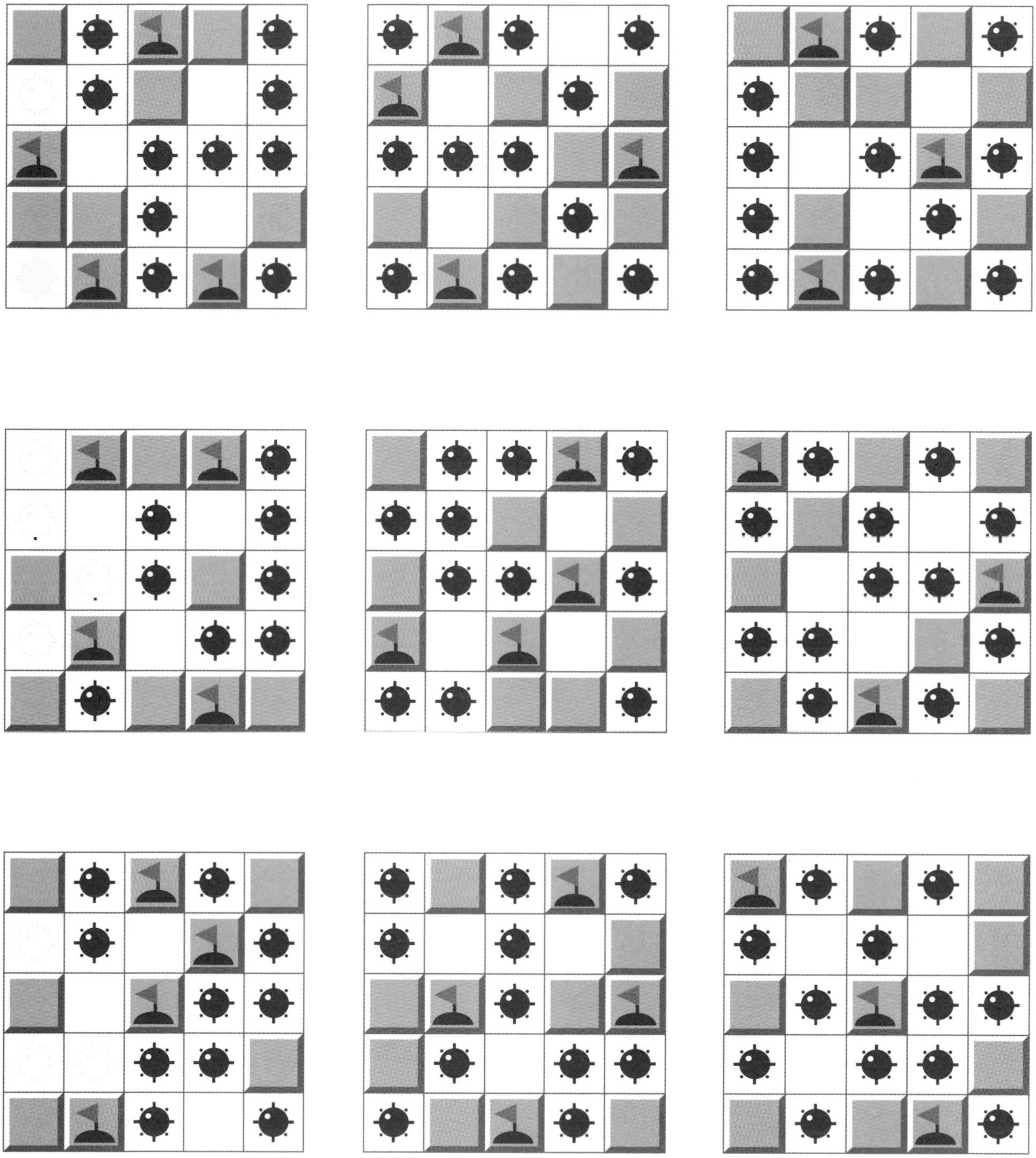

遊戲難度：★

POINT 專注力遊戲小提示

如果孩子無法理解題目的意思，請爸媽協助用蠟筆以將白色空格為中心的周圍八個格子塗上顏色，並且帶領孩子點數有幾顆炸彈，藉由實際操作，孩子才能了解遊戲的規則與進行方法。

小朋友請用蠟筆，將以白色空格為中心的周圍八個格子塗上顏色，並數一數這八個格子中有幾個炸彈，並將答案寫入空格中。

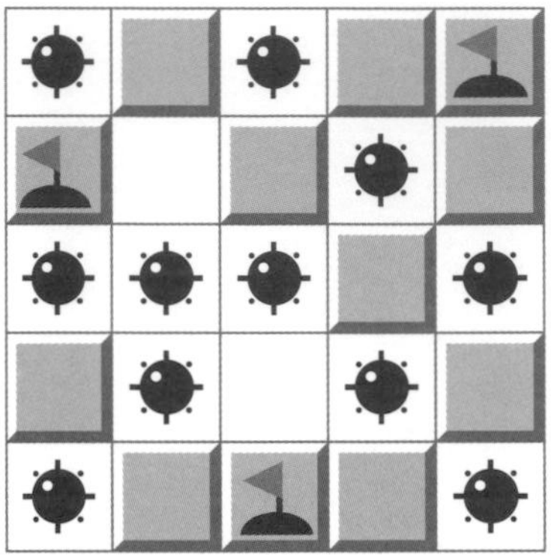
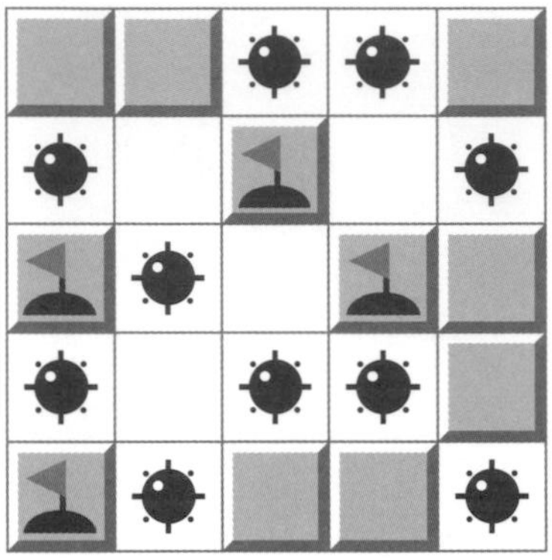
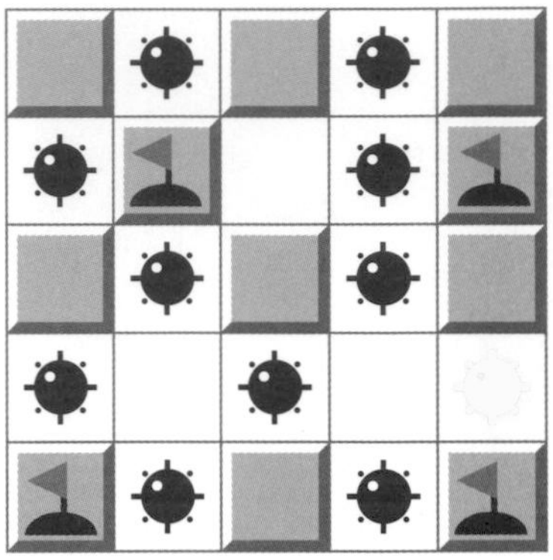
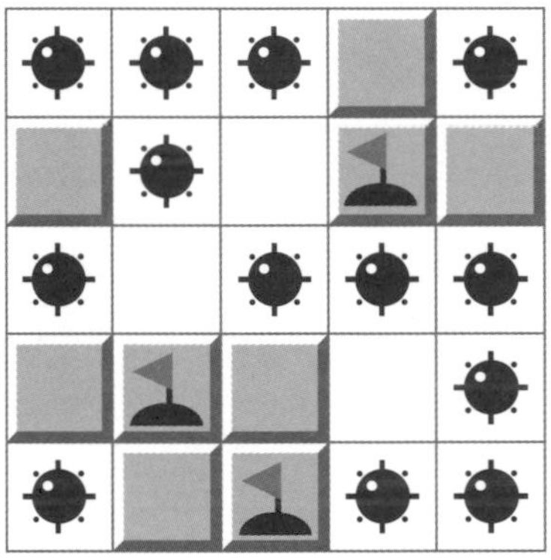
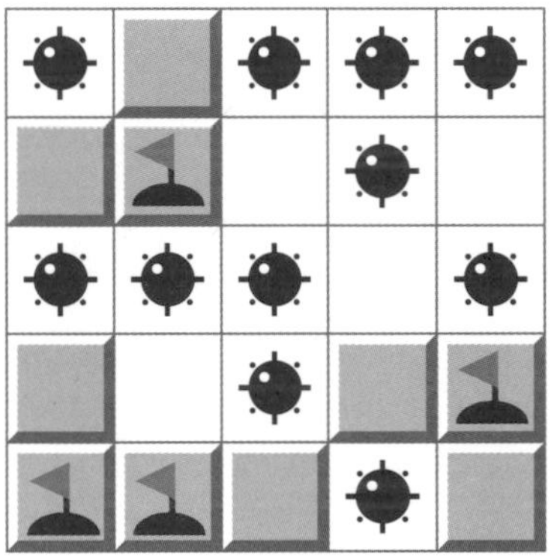
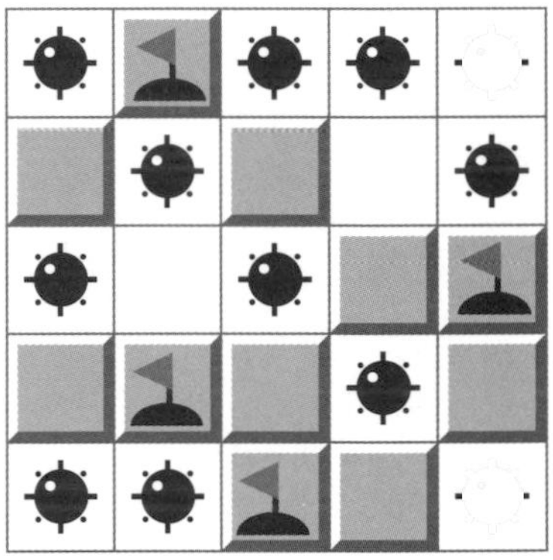
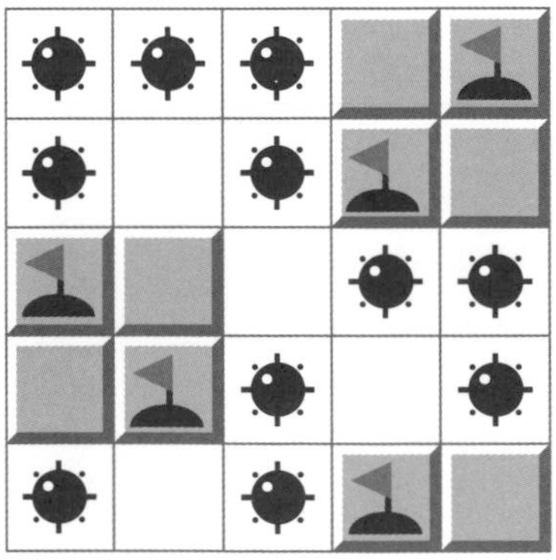
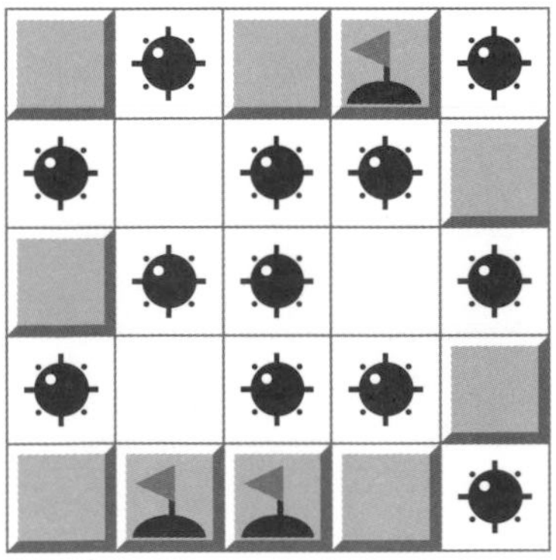
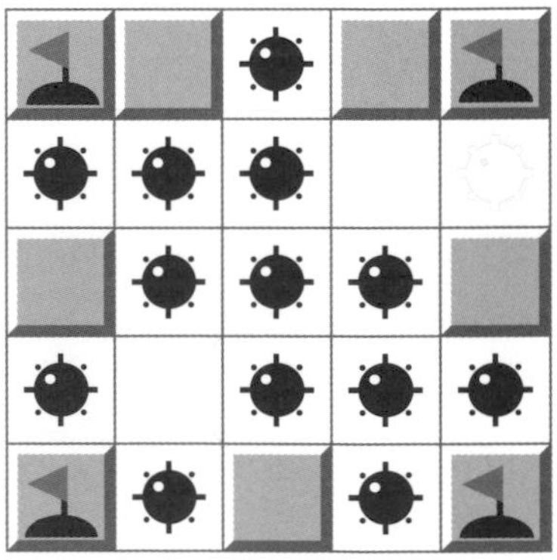

遊戲難度：★

小朋友請用蠟筆，將以白色空格為中心的周圍八個格子塗上顏色，並數一數這八個格子中有幾個炸彈，並將答案寫入空格中。

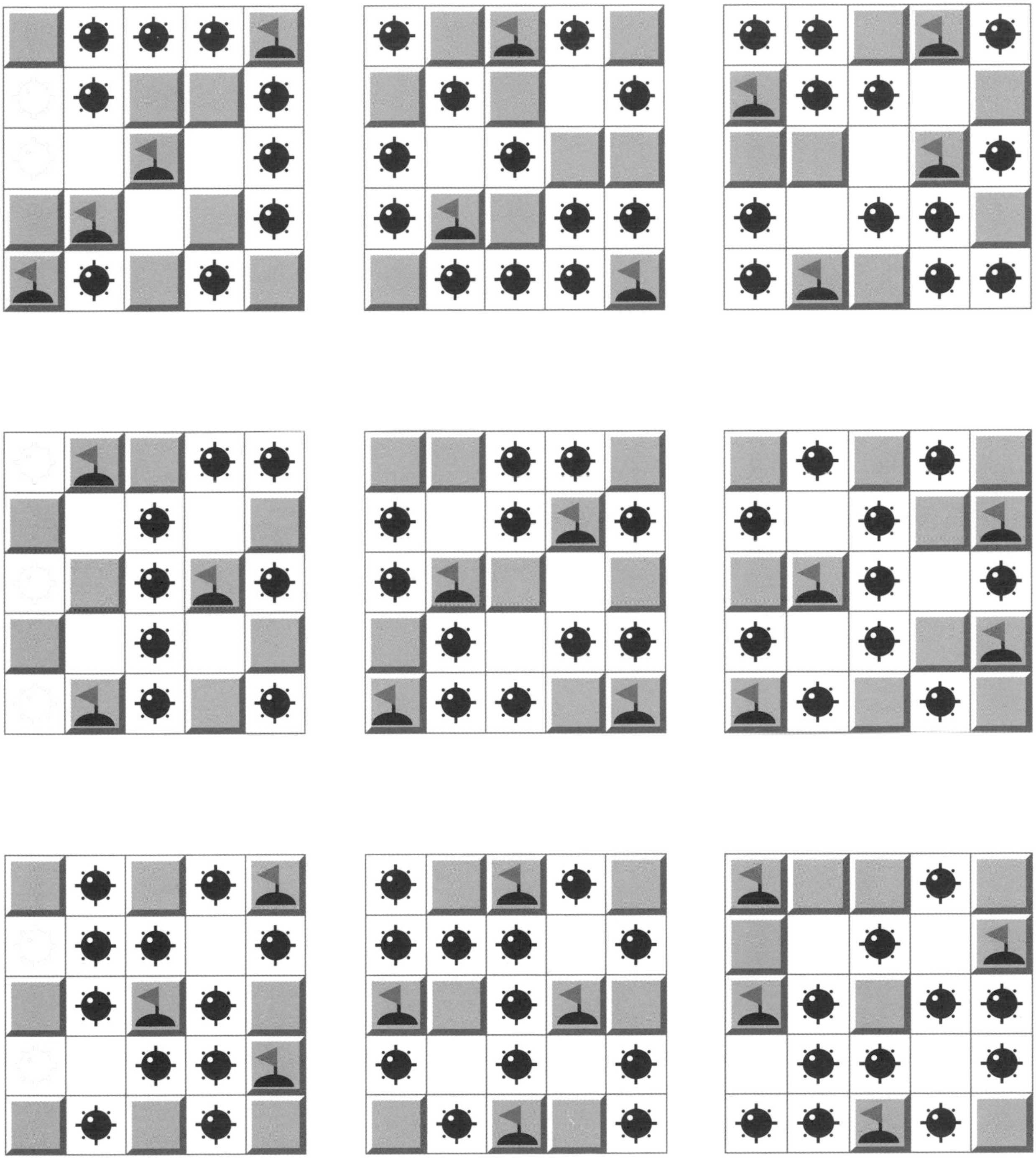

遊戲難度：★

POINT 專注力遊戲小提示

題目中有炸彈、旗幟、白色與灰色的格子，這都會影響孩子的視覺判斷，因此可以先讓孩子數一數每一小題（5x5）中總共有幾顆炸彈？有幾面旗幟？然後再縮小範圍點數以空格為中心的炸彈數量。

小朋友請用蠟筆，將以白色空格為中心的周圍八個格子塗上顏色，並數一數這八個格子中有幾個炸彈，並將答案寫入空格中。

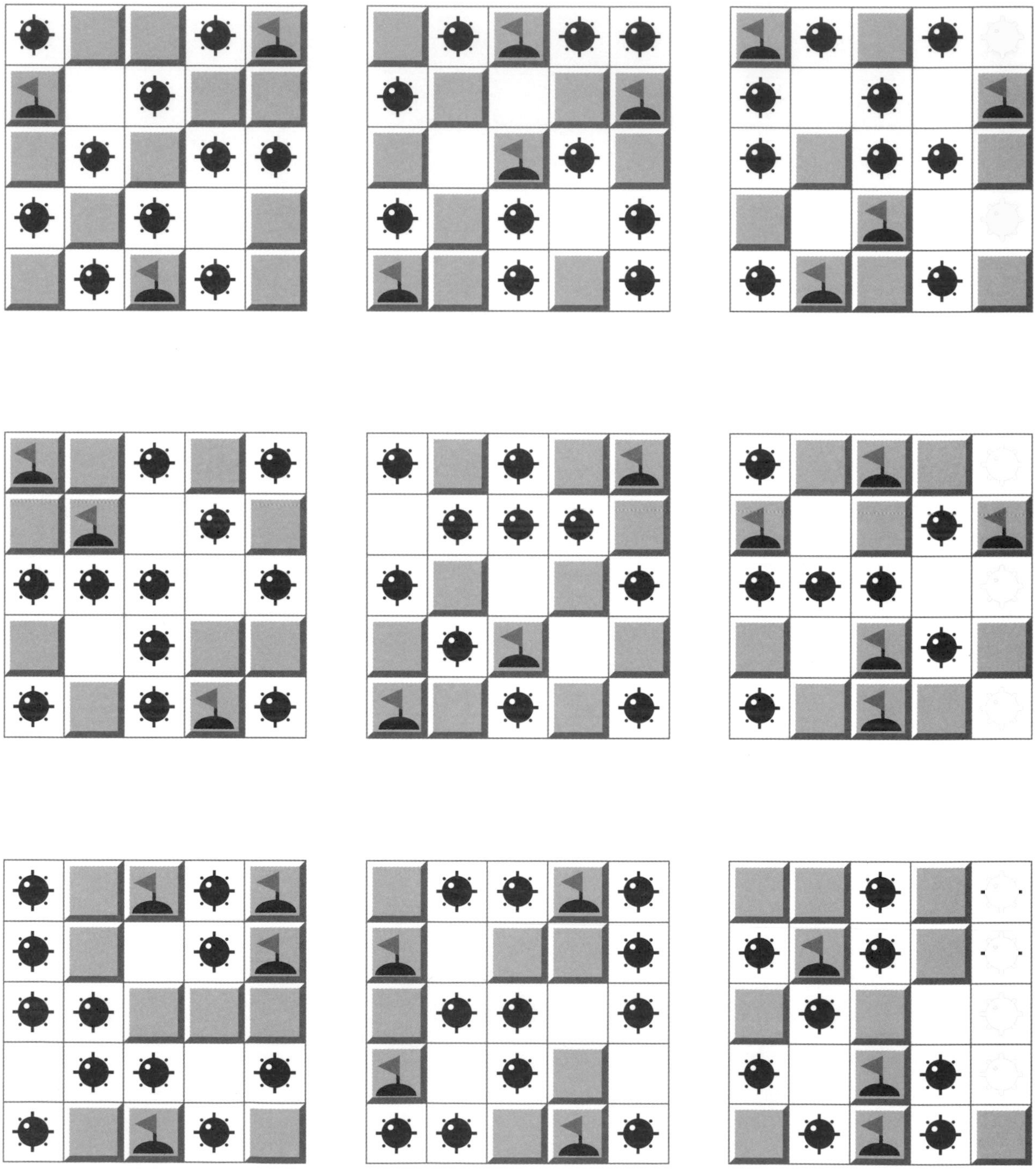

遊戲難度：★

小朋友請用蠟筆，將以白色空格為中心的周圍八個格子塗上顏色，並數一數這八個格子中有幾個炸彈，並將答案寫入空格中。

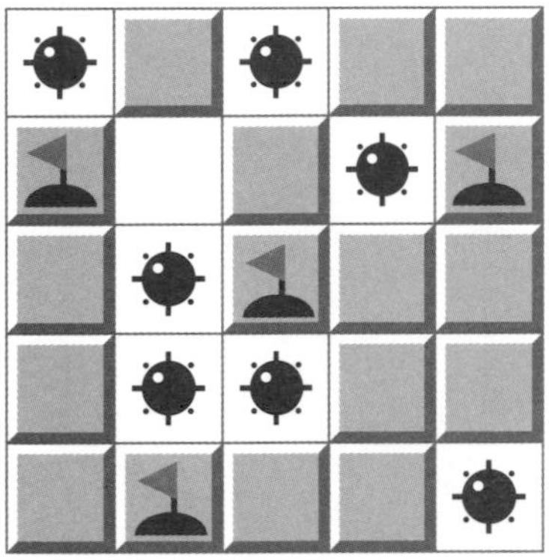
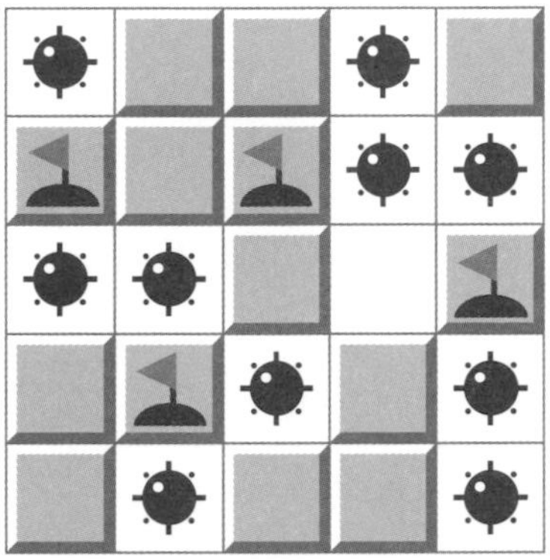
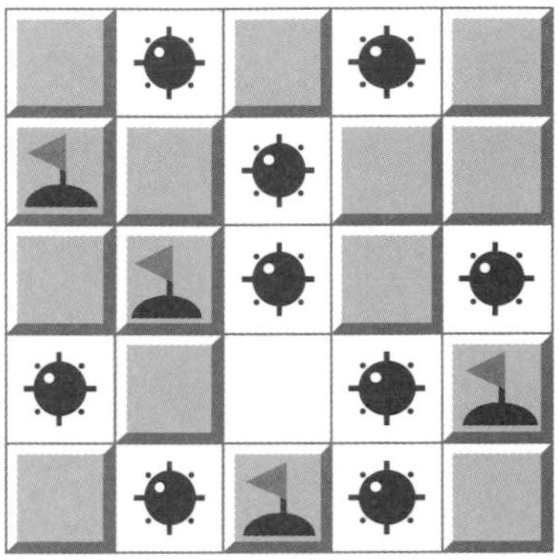
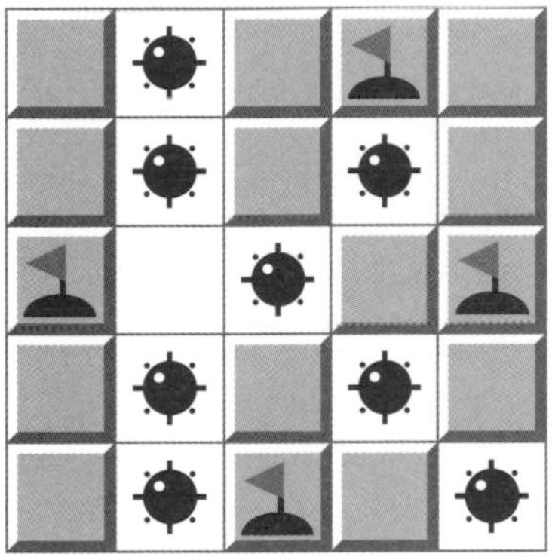
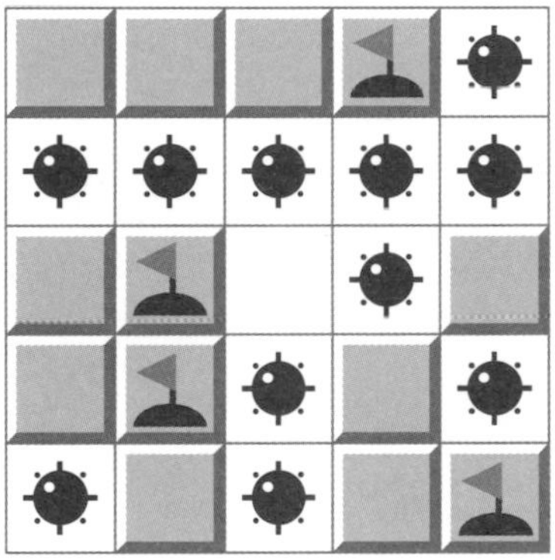
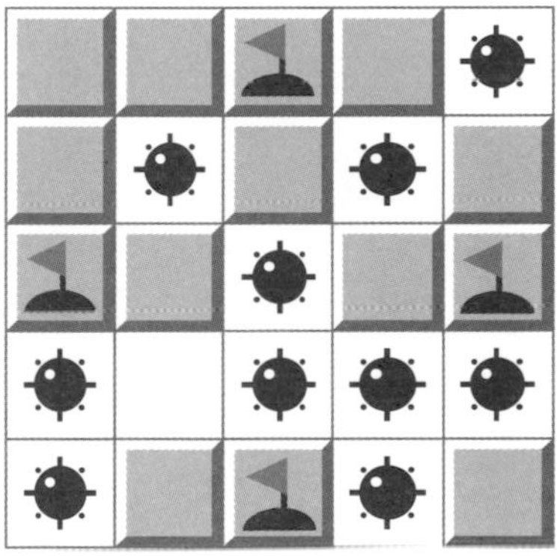
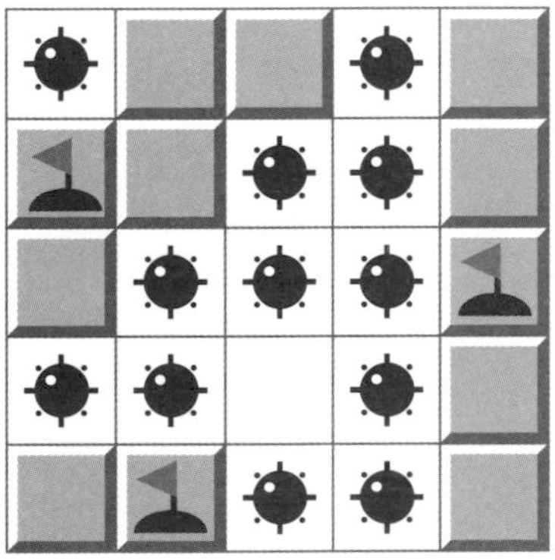
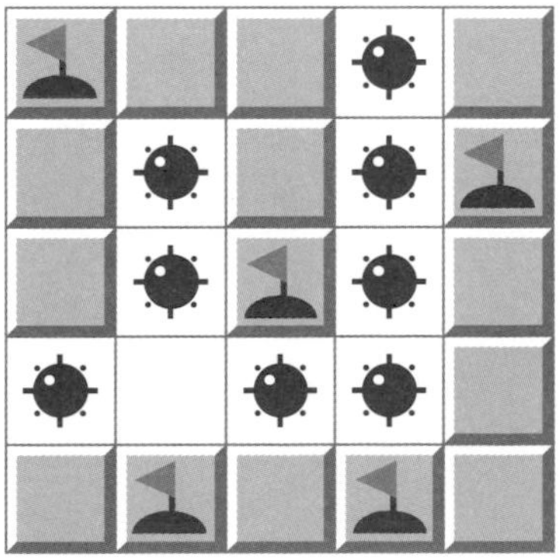
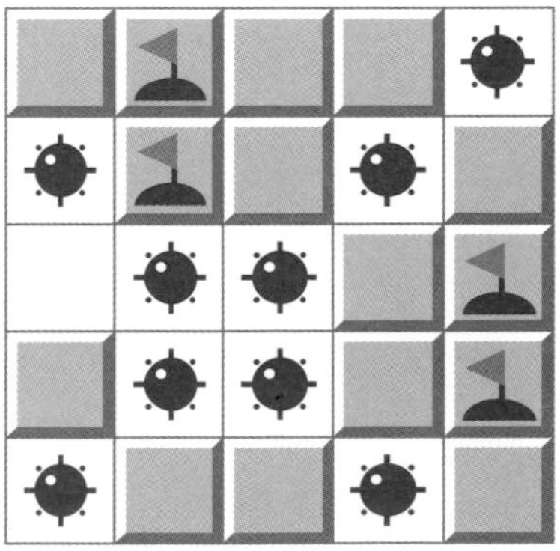

遊戲難度：★★

POINT
專注力遊戲小提示

找不到空格在哪裡嗎？爸媽可以先將所有空格塗上顏色，幫助孩子以空格為中心，仔細點數炸彈數量。利用適當的視覺提示，可以幫助孩子專注力更為集中，反應速度也會提升。

小朋友請用蠟筆，將以白色空格為中心的周圍八個格子塗上顏色，並數一數這八個格子中有幾個炸彈，並將答案寫入空格中。

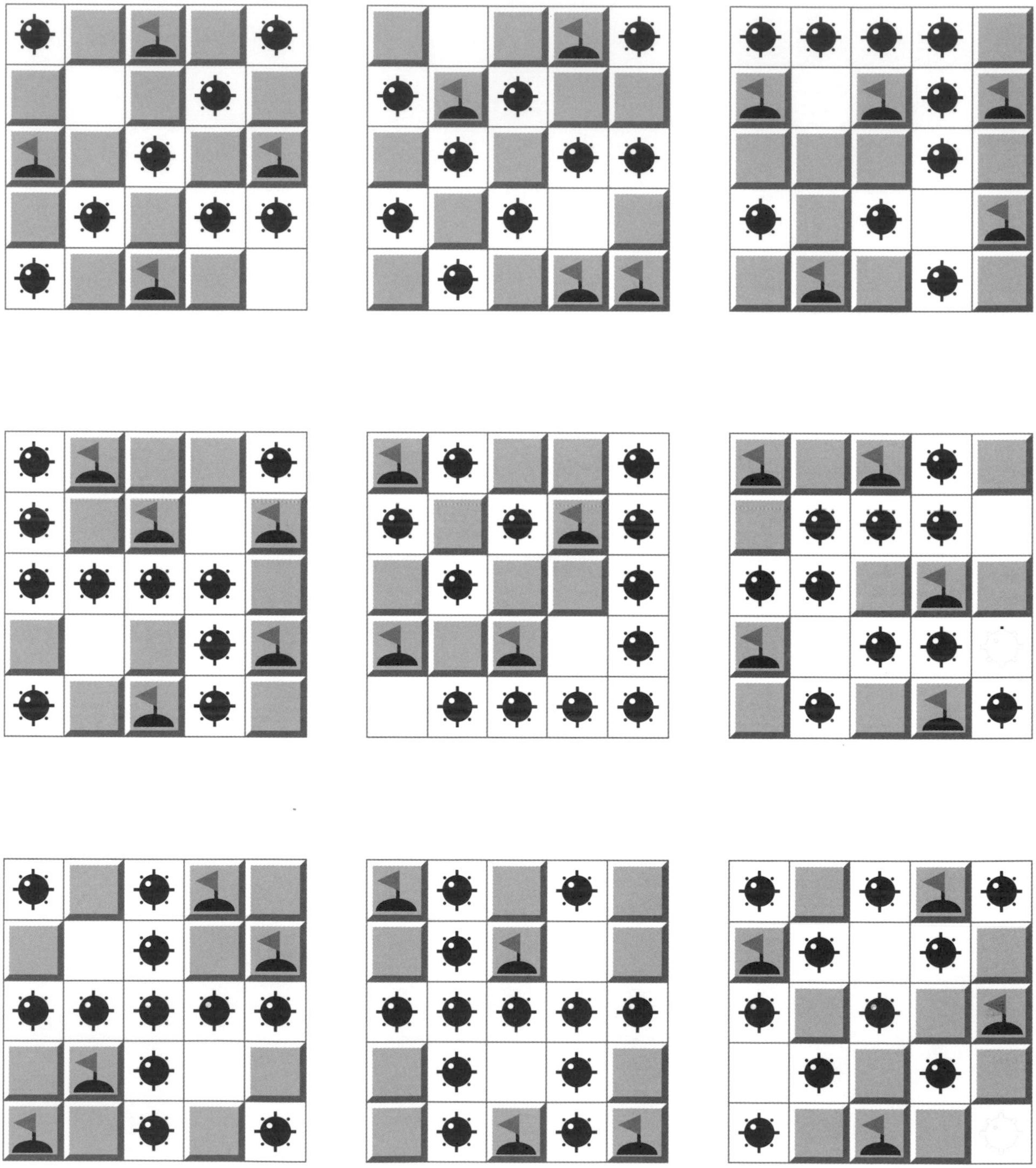

 遊戲難度：★★

小朋友請用蠟筆，將以白色空格為中心的周圍八個格子塗上顏色，並數一數這八個格子中有幾個炸彈，並將答案寫入空格中。

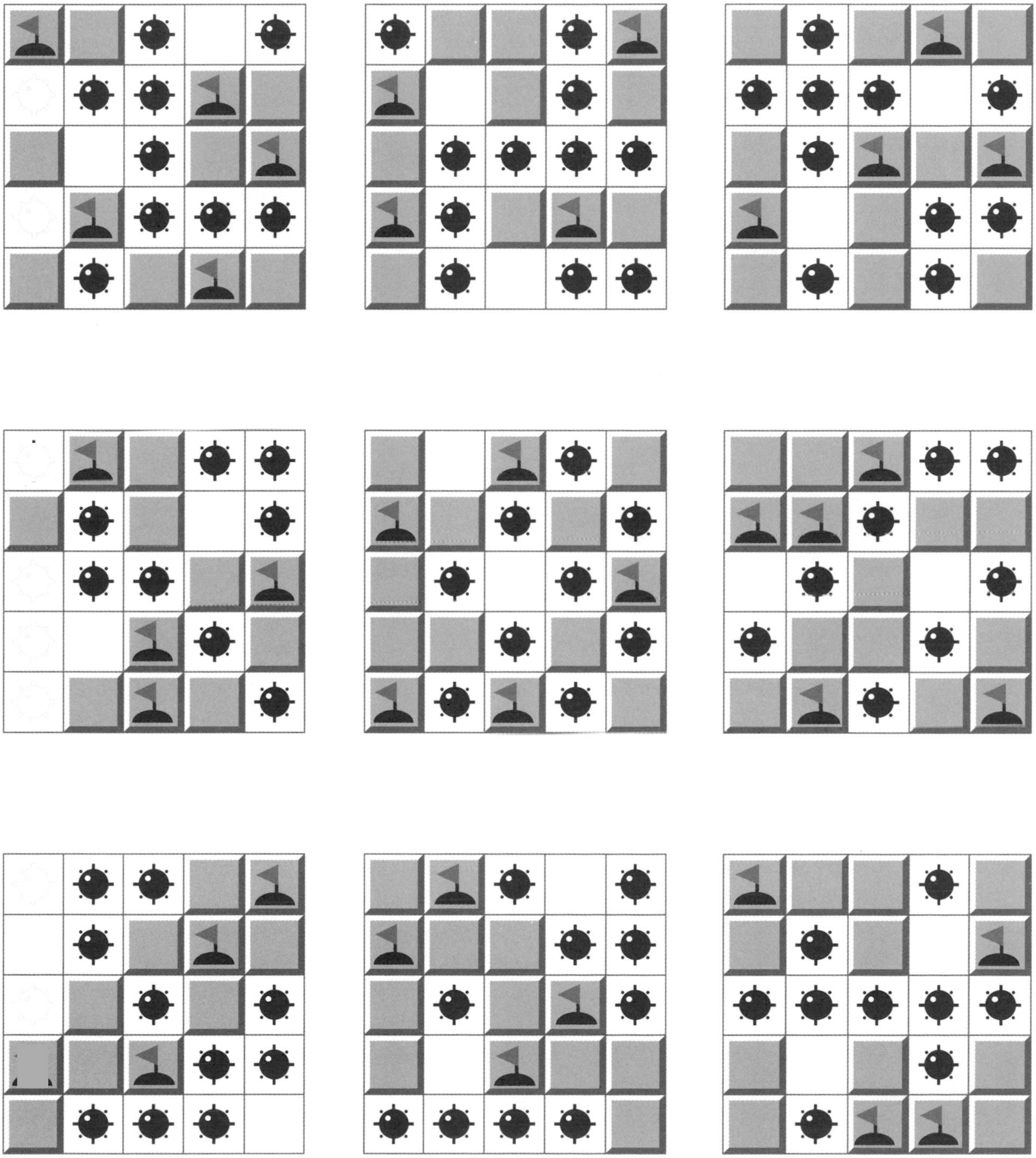

遊戲難度：★★

POINT
專注力遊戲小提示

爸媽可以準備圓點貼紙，讓孩子自己把點數過的炸彈用貼紙貼上，避免孩子重複點數，同時也訓練孩子的手眼協調與精細動作靈巧度，更提高孩子參與遊戲的動機。

小朋友請用蠟筆，將以白色空格為中心的周圍八個格子塗上顏色，並數一數這八個格子中有幾個炸彈，並將答案寫入空格中。

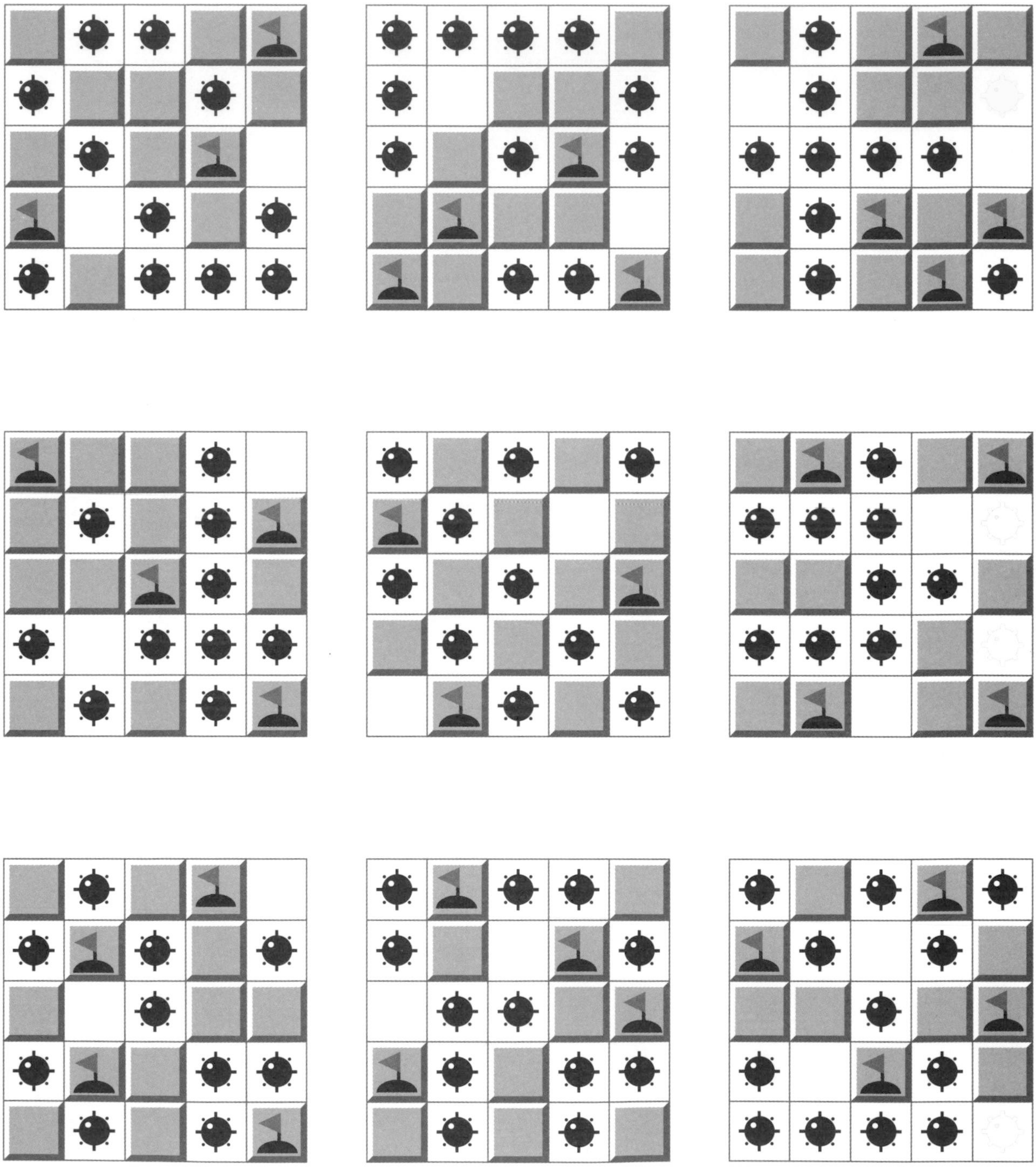

遊戲難度：★★

小朋友請用蠟筆，將以白色空格為中心的周圍八個格子塗上顏色，並數一數這八個格子中有幾個炸彈，並將答案寫入空格中。

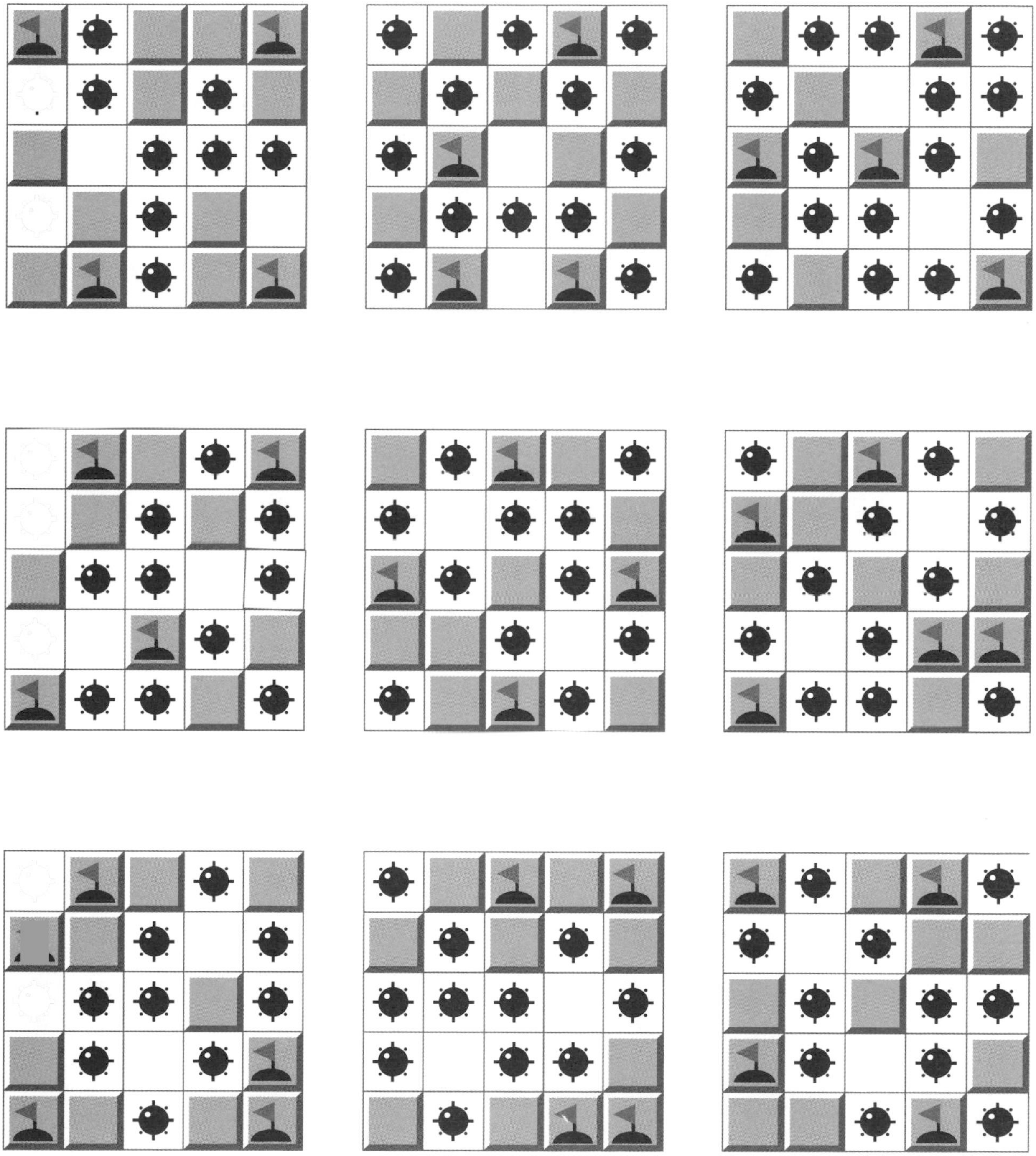

POINT 專注力遊戲小提示

孩子的生活經驗中是否會害怕「炸彈」呢？爸媽可以告訴孩子那是「圓形星星」以降低孩子的焦慮。孩子的專注表現不應該建立在情緒緊張的情況下，因為這會讓專注力的持續度降低。

小朋友請用蠟筆，將以白色空格為中心的周圍八個格子塗上顏色，並數一數這八個格子中有幾個炸彈，並將答案寫入空格中。

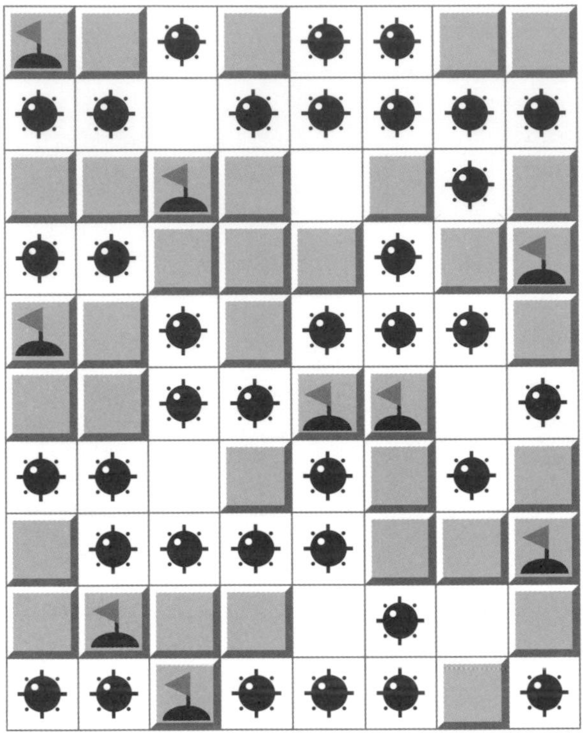

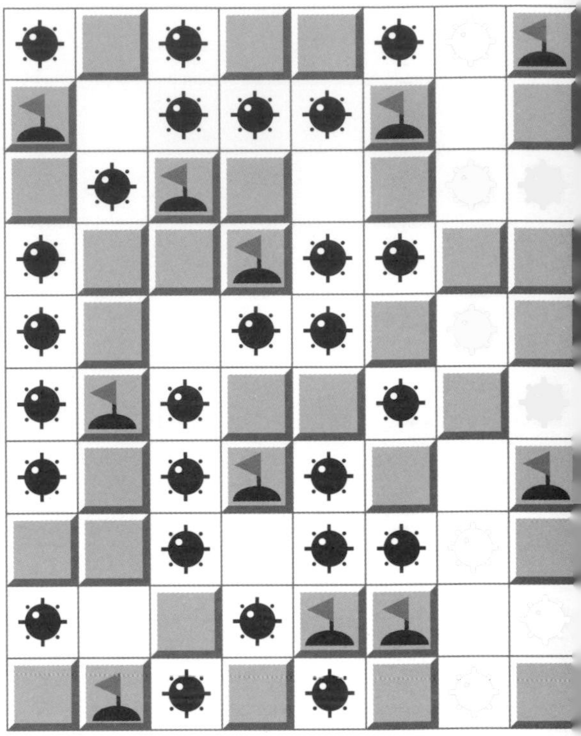

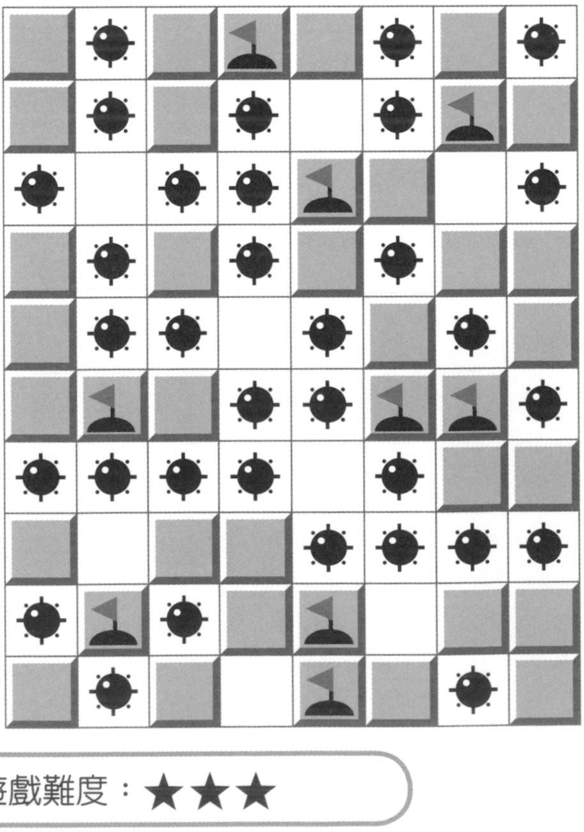

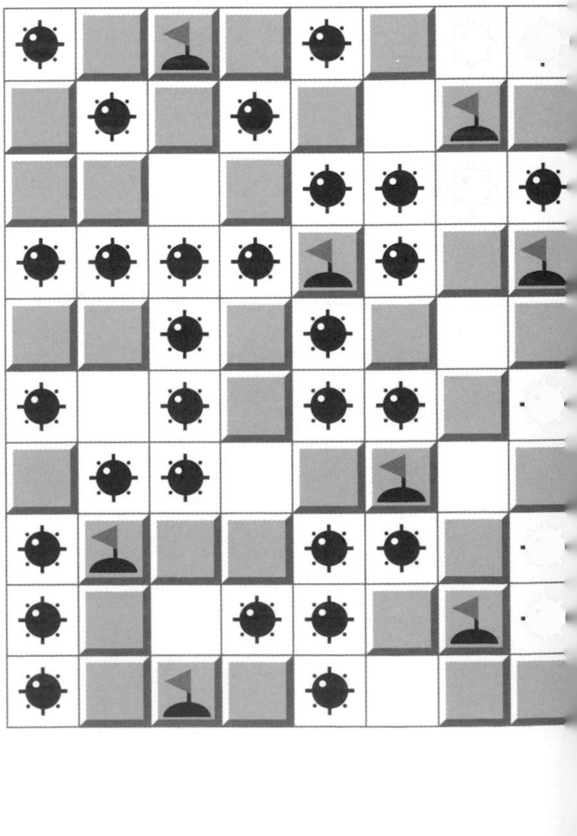

遊戲難度：★★★

小朋友請用蠟筆，將以白色空格為中心的周圍八個格子塗上顏色，並數一數這八個格子中有幾個炸彈，並將答案寫入空格中。

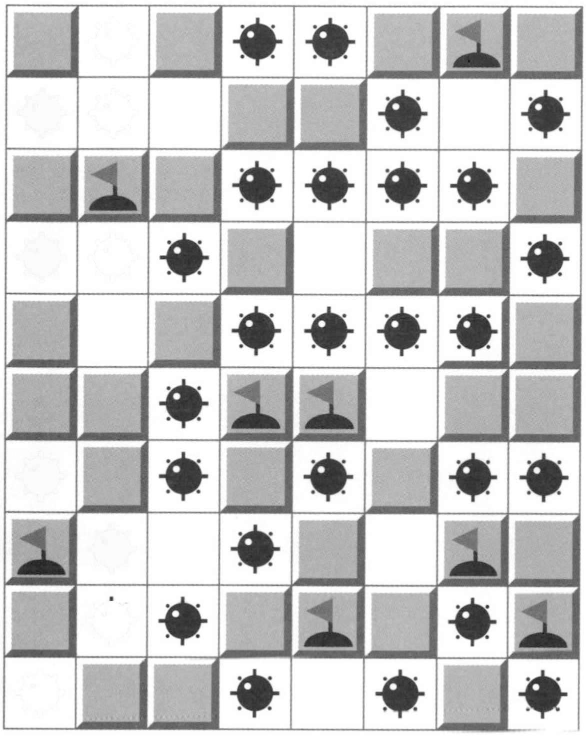

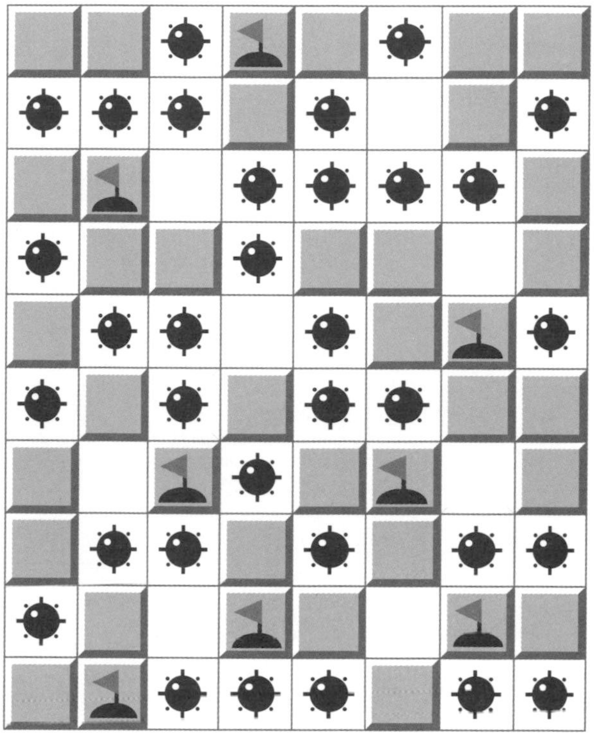

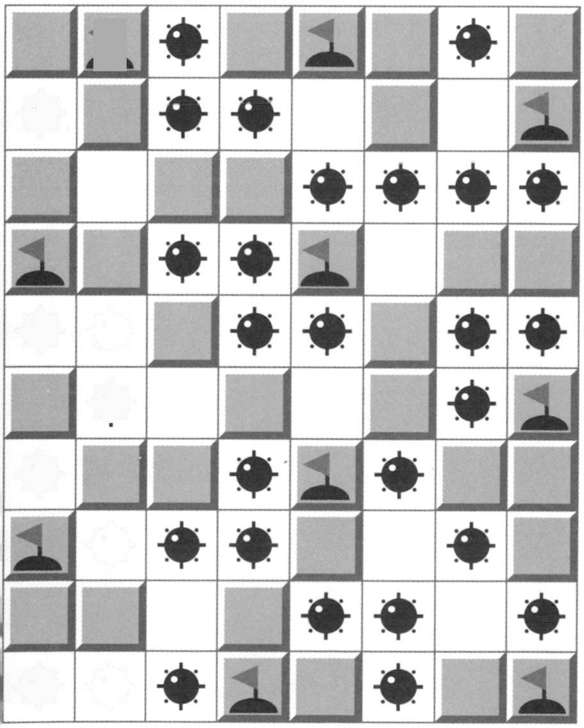

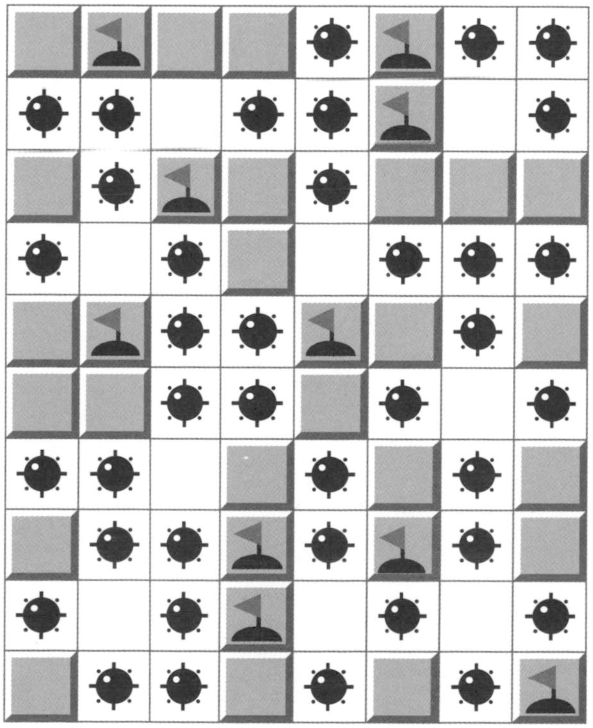

遊戲難度：★★★

13

POINT 專注力遊戲小提示

較小的圖案辨識容易讓孩子的視覺感到疲勞，我們可以用 5 分鐘為一階段，時間一到就該看看遠方休息，爸媽可以藉由每 5 分鐘的題目完成量來判斷孩子的專注力表現。

小朋友請用蠟筆，將以白色空格為中心的周圍八個格子塗上顏色，並數一數這八個格子中有幾個炸彈，並將答案寫入空格中。

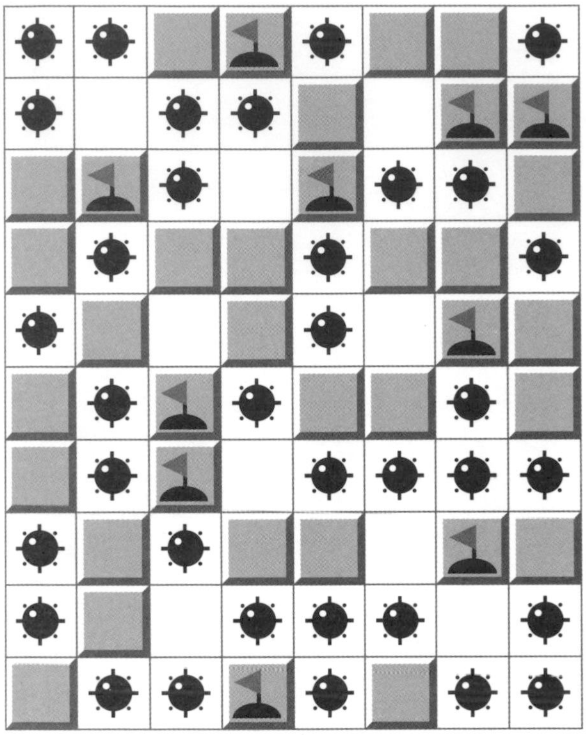

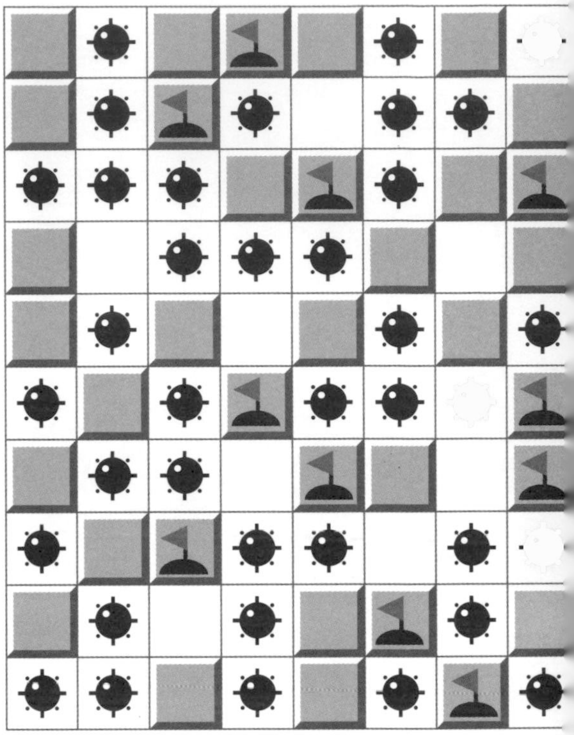

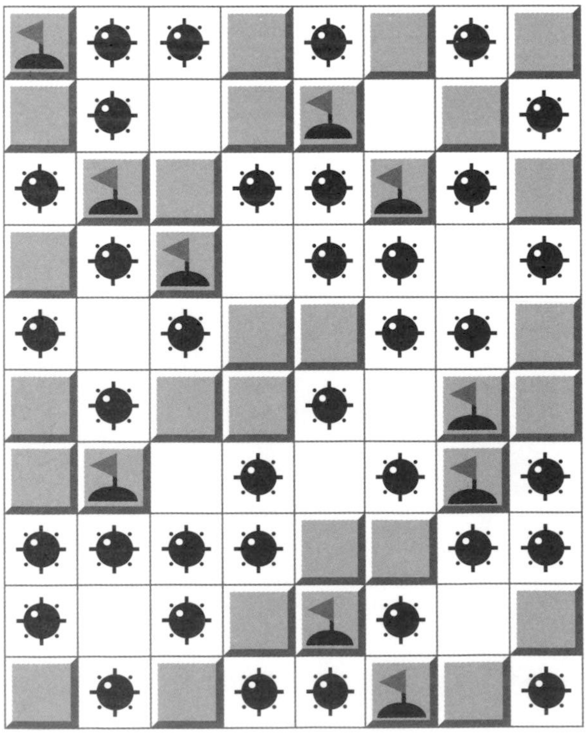

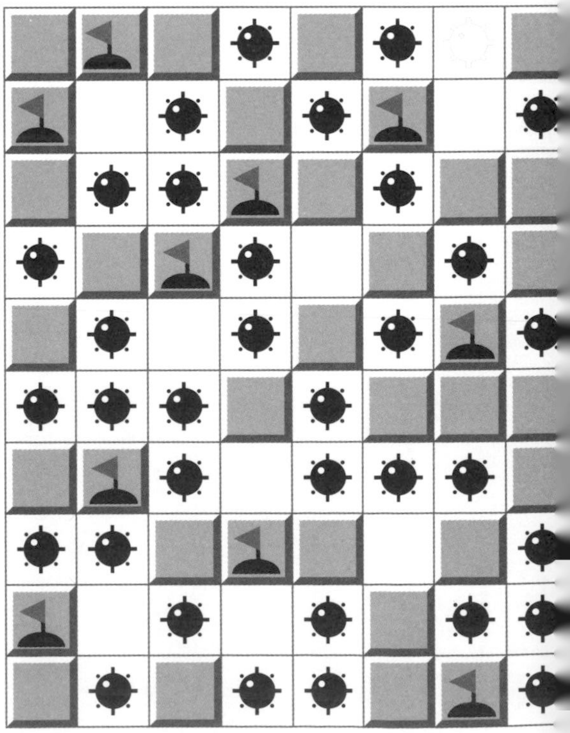

遊戲難度：★★★

小朋友請用蠟筆，將以白色空格為中心的周圍八個格子塗上顏色，並數一數這八個格子中有幾個炸彈，並將答案寫入空格中。

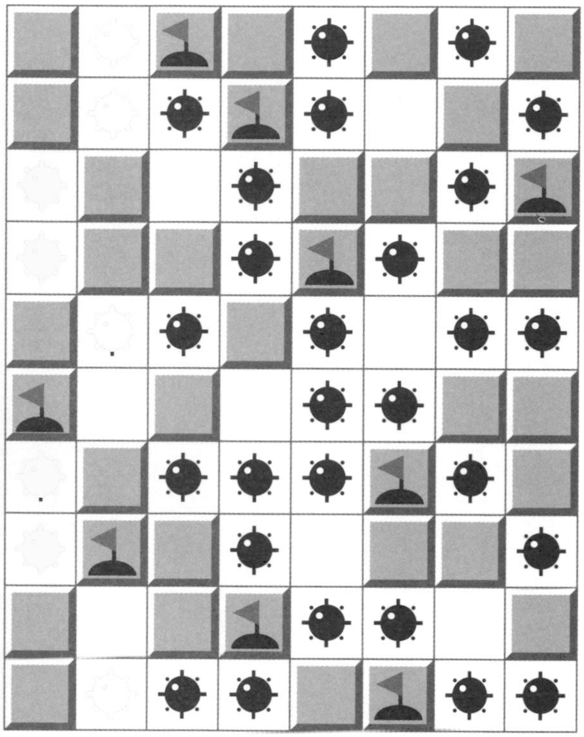

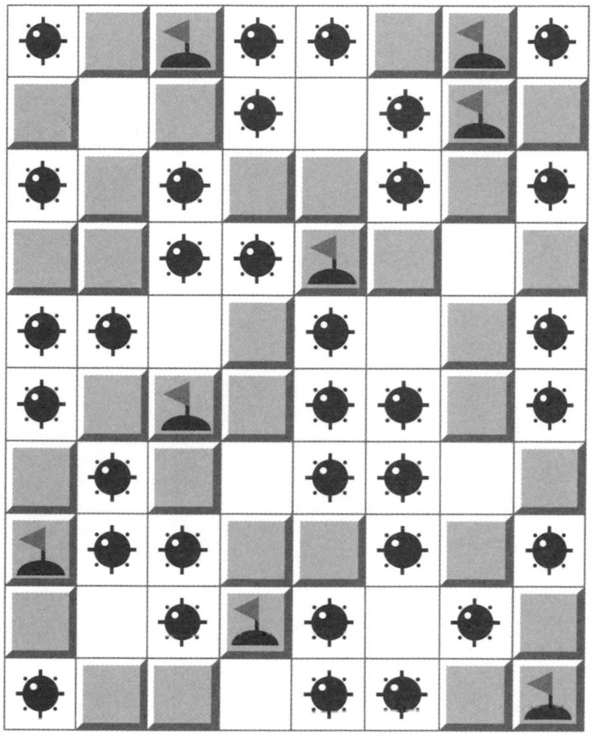

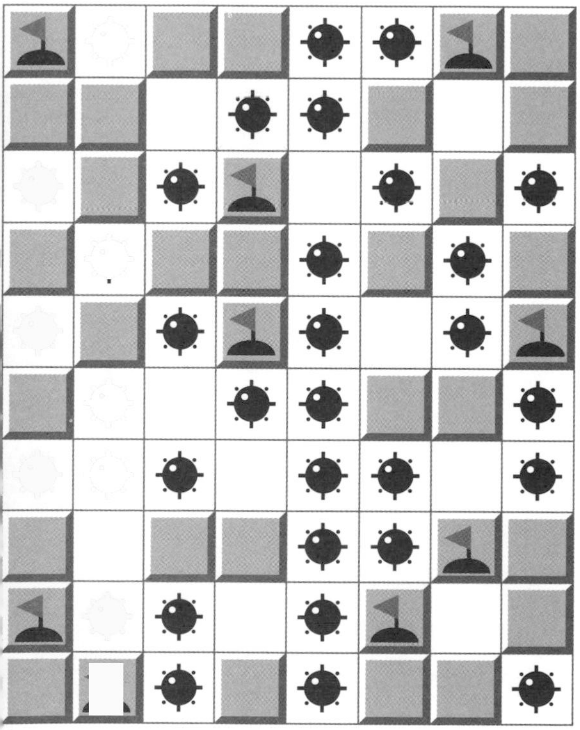

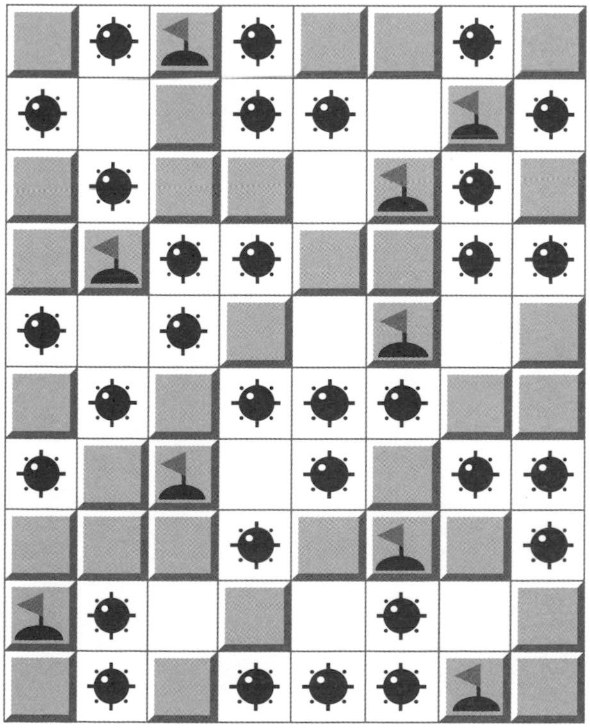

遊戲難度：★★★

踩地雷 15

小朋友請用蠟筆，將以白色空格為中心的周圍八個格子塗上顏色，並數一數這八個格子中有幾個炸彈，並將答案寫入空格中。

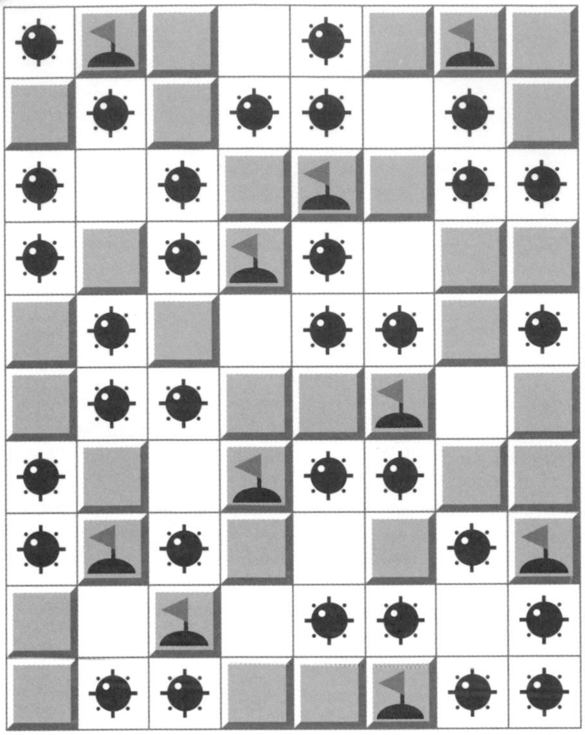

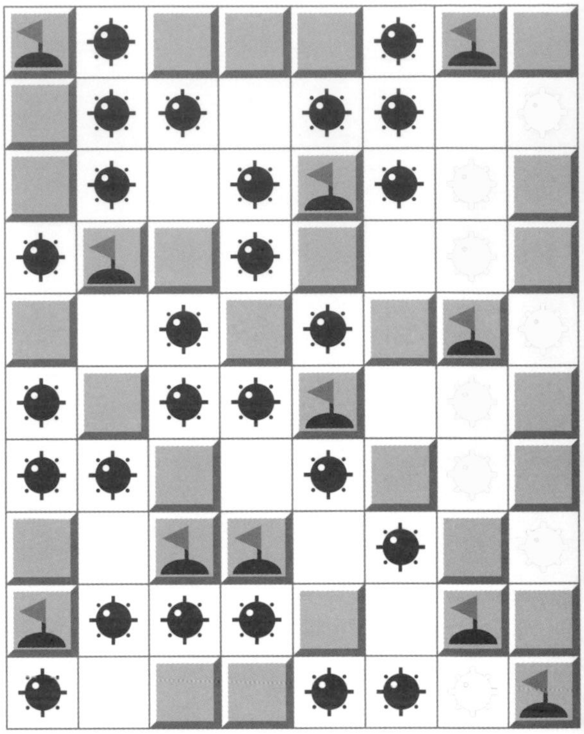

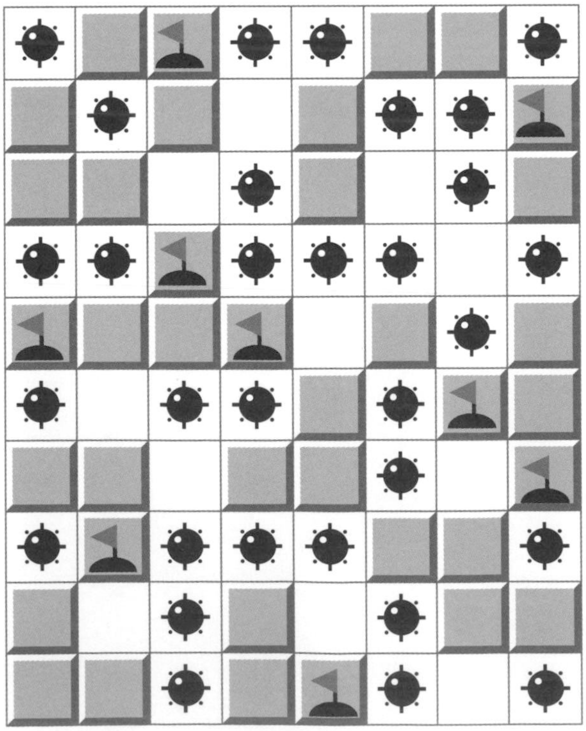

遊戲難度：★★★

POINT
專注力遊戲小提示

面對整頁的題目可能造成孩子的壓力，爸媽可以根據孩子的能力，將頁面對摺或遮住部分，讓孩子先完成一部分後，再進行另一部分的遊戲，幫助孩子學習按部就班的參與態度。

小朋友請用蠟筆，將以白色空格為中心的周圍八個格子塗上顏色，並數一數這八個格子中有幾個炸彈，並將答案寫入空格中。

遊戲難度：★★★★

POINT 專注力遊戲小提示

開始進行點數之前，可以讓孩子先把每個炸彈的方塊塗上相同顏色，藉由顏色的提示幫助孩子能夠更精確地點數出炸彈數量，從建立解題成就感開始，孩子才能夠更專注於遊戲。

小朋友請用蠟筆，將以白色空格為中心的周圍八個格子塗上顏色，並數一數這八個格子中有幾個炸彈，並將答案寫入空格中。

遊戲難度：★★★★

小朋友請用蠟筆，將以白色空格為中心的周圍八個格子塗上顏色，並數一數這八個格子中有幾個炸彈，並將答案寫入空格中。

遊戲難度：★★★★

19

POINT 專注力遊戲小提示

當孩子點數錯誤時並不代表孩子的專注力不夠，可能是不了解題目意義或是判斷錯誤，爸媽可以請孩子再數一次，並且確認錯誤的原因給予建議，孩子才能學會專注學習的技巧。

小朋友請用蠟筆，將以白色空格為中心的周圍八個格子塗上顏色，並數一數這八個格子中有幾個炸彈，並將答案寫入空格中。

遊戲難度：★★★★

小朋友請用蠟筆，將以白色空格為中心的周圍八個格子塗上顏色，並數一數這八個格子中有幾個炸彈，並將答案寫入空格中。

遊戲難度：★★★★

踩地雷

21

POINT
專注力遊戲小提示

爸媽可與孩子比賽，輪流指定一個空格，看誰最快數出炸彈數量。藉由競賽式的進行方式，孩子才能更有動機地進行這個單元，並且才能有助於專注力的提升。

小朋友請用蠟筆，將以白色空格為中心的周圍八個格子塗上顏色，並數一數這八個格子中有幾個炸彈，並將答案寫入空格中。

遊戲難度：★★★★★

小朋友請用蠟筆，將以白色空格為中心的周圍八個格子塗上顏色，並數一數這八個格子中有幾個炸彈，並將答案寫入空格中。

遊戲難度：★★★★★

踩地雷 23

POINT 專注力遊戲小提示

電腦遊戲經過特別設計與教導，也有助於孩子專注。經過本單元的練習，爸媽可以陪同孩子進行電腦踩地雷遊戲的進行，但是仍要注意每 5 分鐘就要休息，並且每天不超過 20 分鐘。

小朋友請用蠟筆，將以白色空格為中心的周圍八個格子塗上顏色，並數一數這八個格子中有幾個炸彈，並將答案寫入空格中。

遊戲難度：★★★★★

小朋友請用蠟筆，將以白色空格為中心的周圍八個格子塗上顏色，並數一數這八個格子中有幾個炸彈，並將答案寫入空格中。

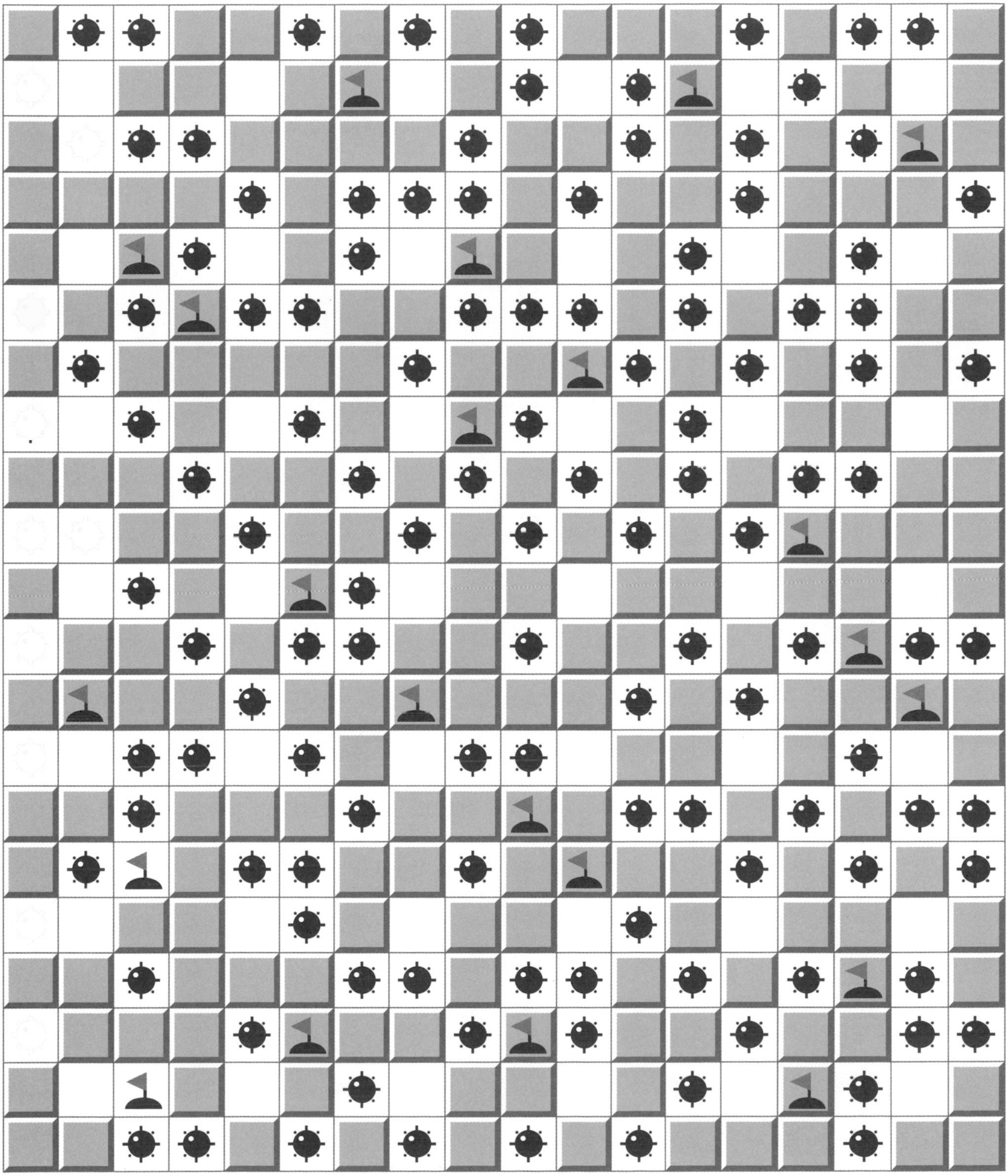

遊戲難度：★★★★★

小朋友請用蠟筆，將以白色空格為中心的周圍八個格子塗上顏色，並數一數這八個格子中有幾個炸彈，並將答案寫入空格中。

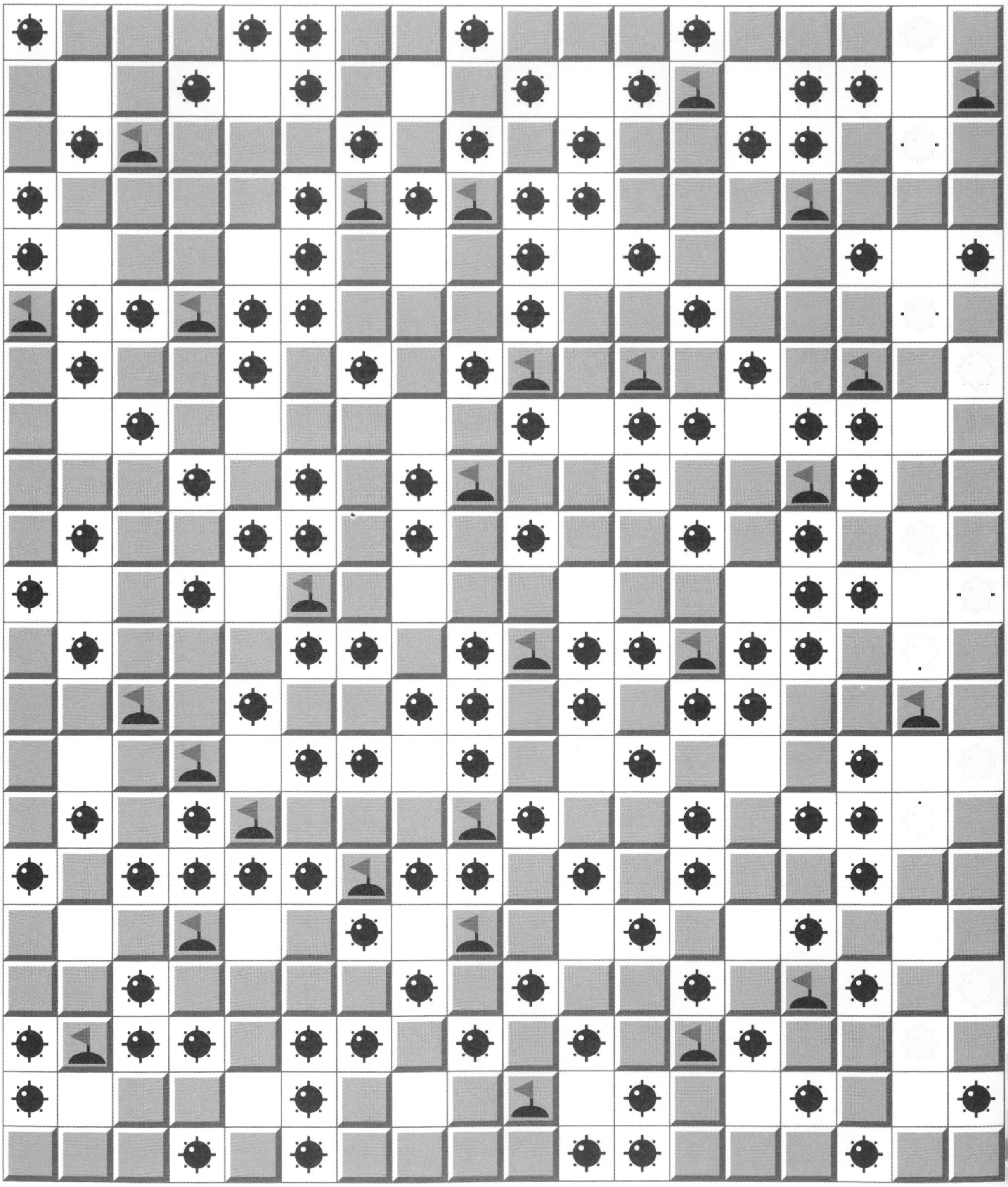

遊戲難度：★★★★★

雲中小鳥

WHAT 可以玩出什麼能力

面對雜亂的玩具堆，孩子是否常常找不到他的玩具，而這個玩具就正在他的面前，只不過被其他玩具「稍微」遮住而已？這時候我們總認爲孩子「不專心」，事實上，這除了「集中性專注力」及「選擇性專注力」的因素外，更牽涉到孩子的視知覺「背景搜尋」能力。

遊戲中孩子要根據被遮住的部分圖案想像完整的圖案模樣，判斷不同圖案之間的關係，才能數出正確的圖案數量，因此除了專注力、視知覺，孩子更可以學習到「問題解決」技巧，該把每個圖案圈起來？塗上顏色？或是劃掉？數過的圖案該畫上記號？還是編寫數字？都讓孩子玩玩看吧！解決問題並非只有一種標準答案，當孩子學到的技巧越多，將來面對問題也可以越快妥善處理！

HOW 小朋友應該怎麼玩

先確認孩子是否了解要尋找的目標，不論有沒有被遮住，數一數總共有幾個。對於年齡較小的孩子，不必急著要求孩子要數出正確答案，父母可以先帶著孩子用手指頭點數，確認孩子能夠每點一個圖案數一個數字，這表是孩子點數能力、手眼協調能力在這個遊戲中已經及格了！

如果孩子一開始無法判斷被遮住的圖案是被要求尋找的圖案，父母可以協助先將完整的圖案描繪出來，帶著孩子點數出全部的圖案，接著利用白紙剪出遮住圖案的圖形，帶著孩子實地操作將圖案遮住，最後再重新點數一次。經過實作的過程，孩子懂得物體彼此之間的相對關係，同時建立視覺空間概念，這才能把下方的圖案視爲「遮住」，而不是「刪除」，也才能夠看出部分圖案的「完整性」，對於將來快速找到眼前的物品才有幫助！

黑白的圖案需要孩子更爲細心的觀察，當孩子因爲尋找而感到疲累、缺乏興趣，可以讓孩子把上方的遮蔽物塗上顏色，塗色的過程是轉移孩子過度集中的觀察，除了讓眼睛獲得暫時的休息，也讓眼睛接受其他色彩的刺激，幫助等會兒的尋找能夠更爲專注！孩子專心固然是件好事，但是無法專心投入遊戲，而只是張大眼睛裝作仔細看，這樣對孩子的發展及親子關係會有負面影響，因此適當的休息是必要的！

小朋友請數看看下面的漱口杯裡有幾支牙刷？並將答案寫在方框內。

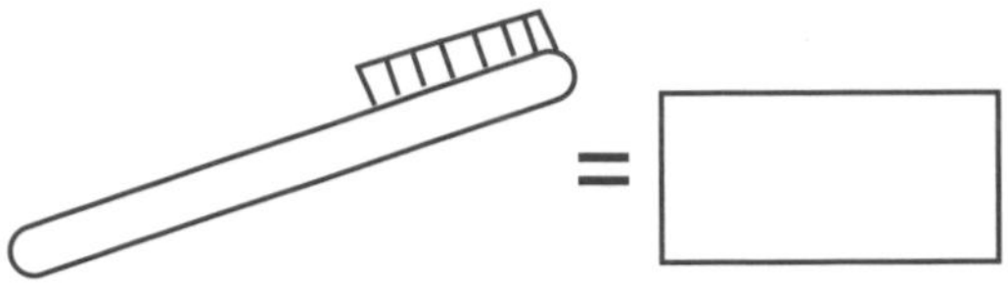

遊戲難度：★

POINT 專注力遊戲小提示

孩子找不到目標，可能是認為要看到整個目標才算數。先帶著孩子看看搜尋目標的特徵，例如毛毛蟲的頭有眼睛、有觸角，尾巴有好幾個圓形組成，先帶孩子找一遍，孩子才會更了解題目的意思。

小朋友請數數看看下面的蘋果裡有幾隻毛毛蟲？並將答案寫在方框內。

 = ☐

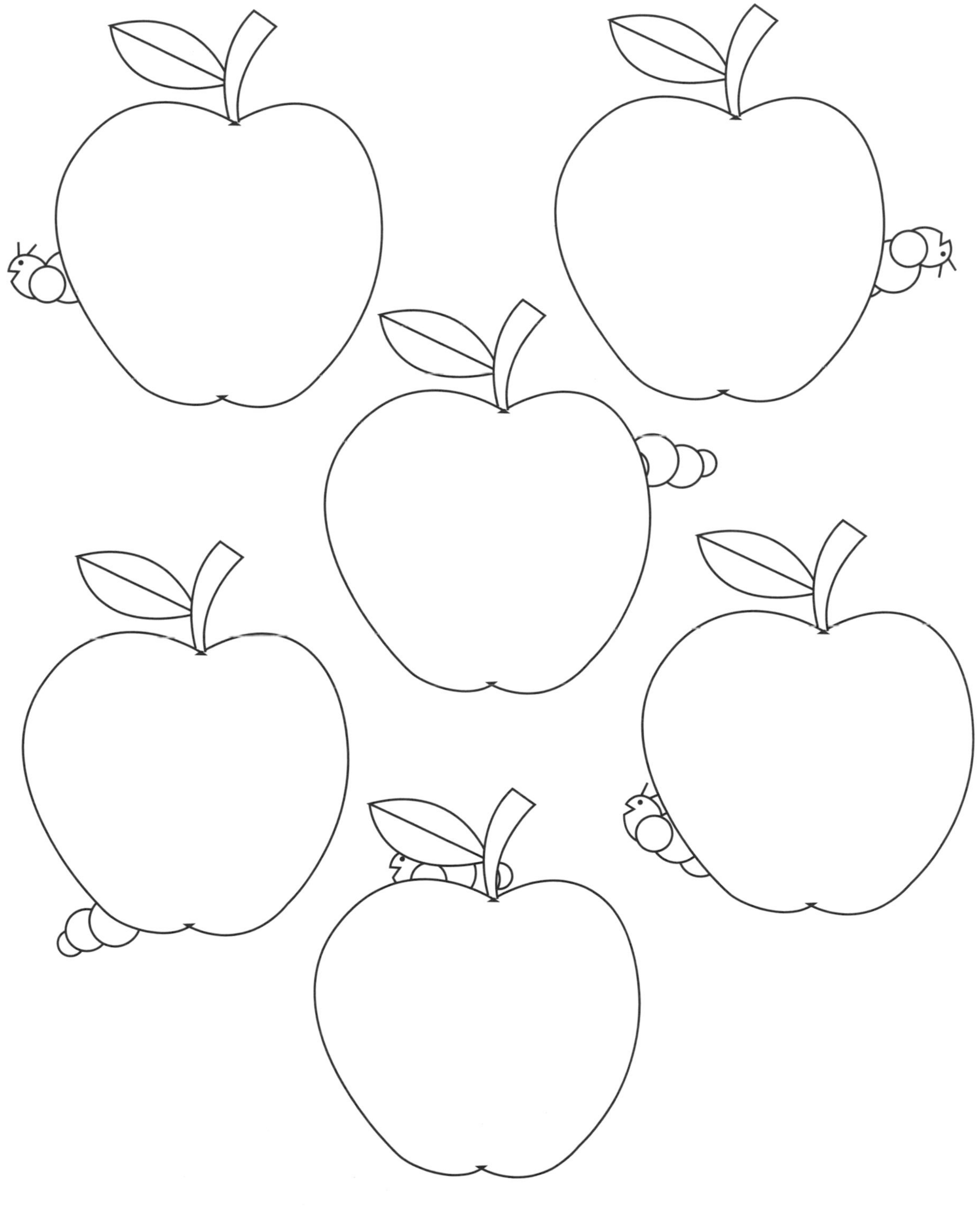

遊戲難度：★

小朋友請數看看下面的毛毯裡躲了幾隻小狗？並將答案寫在方框內。

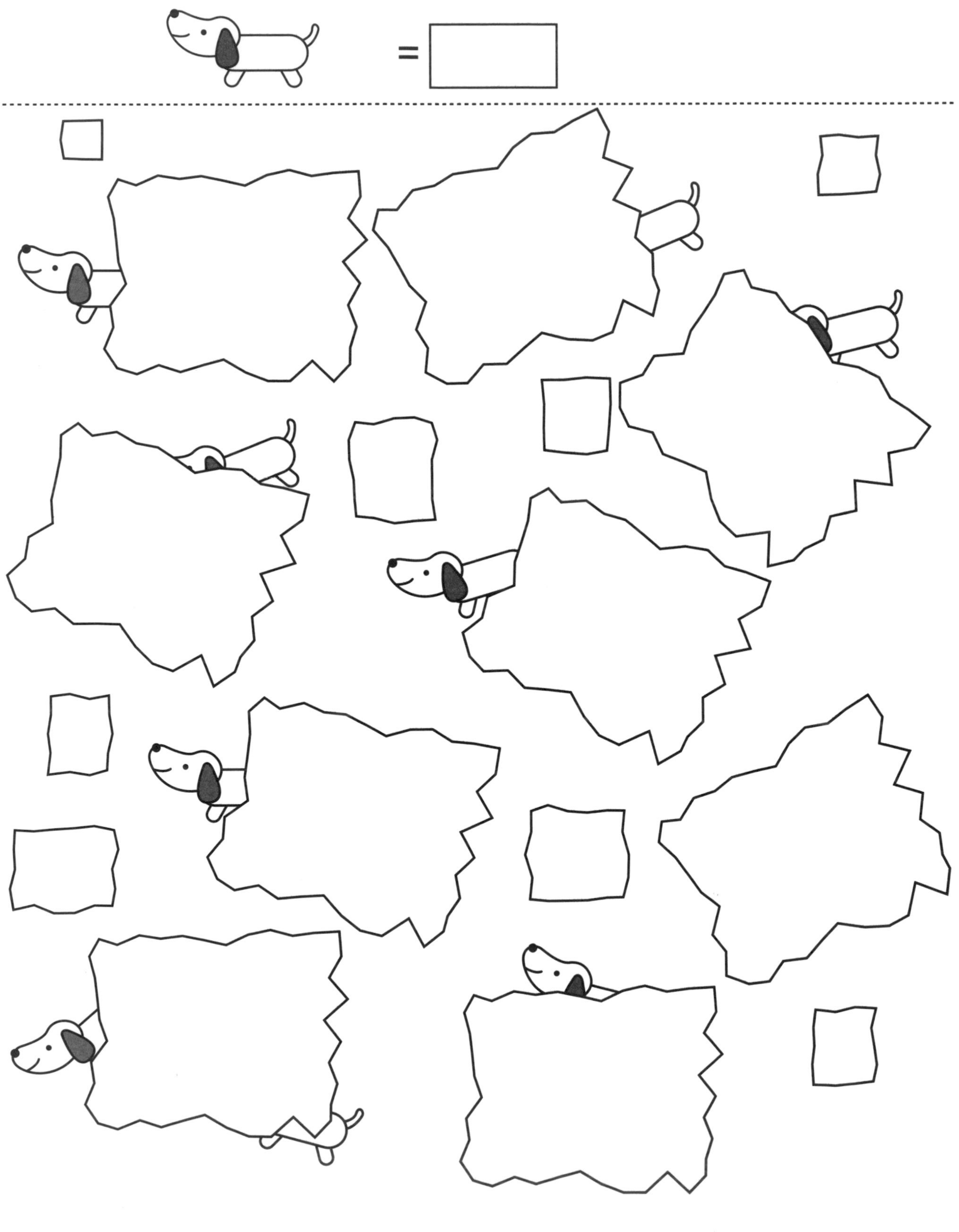

遊戲難度：★

小朋友請數看看下面的花朵裡有幾隻蜜蜂？並將答案寫在方框內。

遊戲難度：★

POINT
專注力遊戲小提示

純線條的構圖容易讓孩子分不清楚搜尋目標，因此如果有黑色區塊，則更容易幫助孩子搜尋。搜尋上如果還有困難，可以帶著孩子把不是目標的區域（如蜜蜂的翅膀）塗上其他顏色，目標物自然會突顯出來。

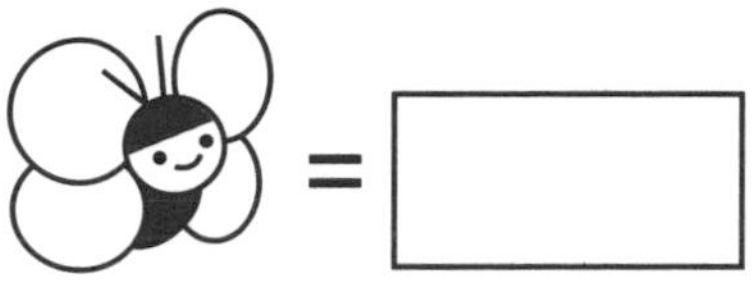

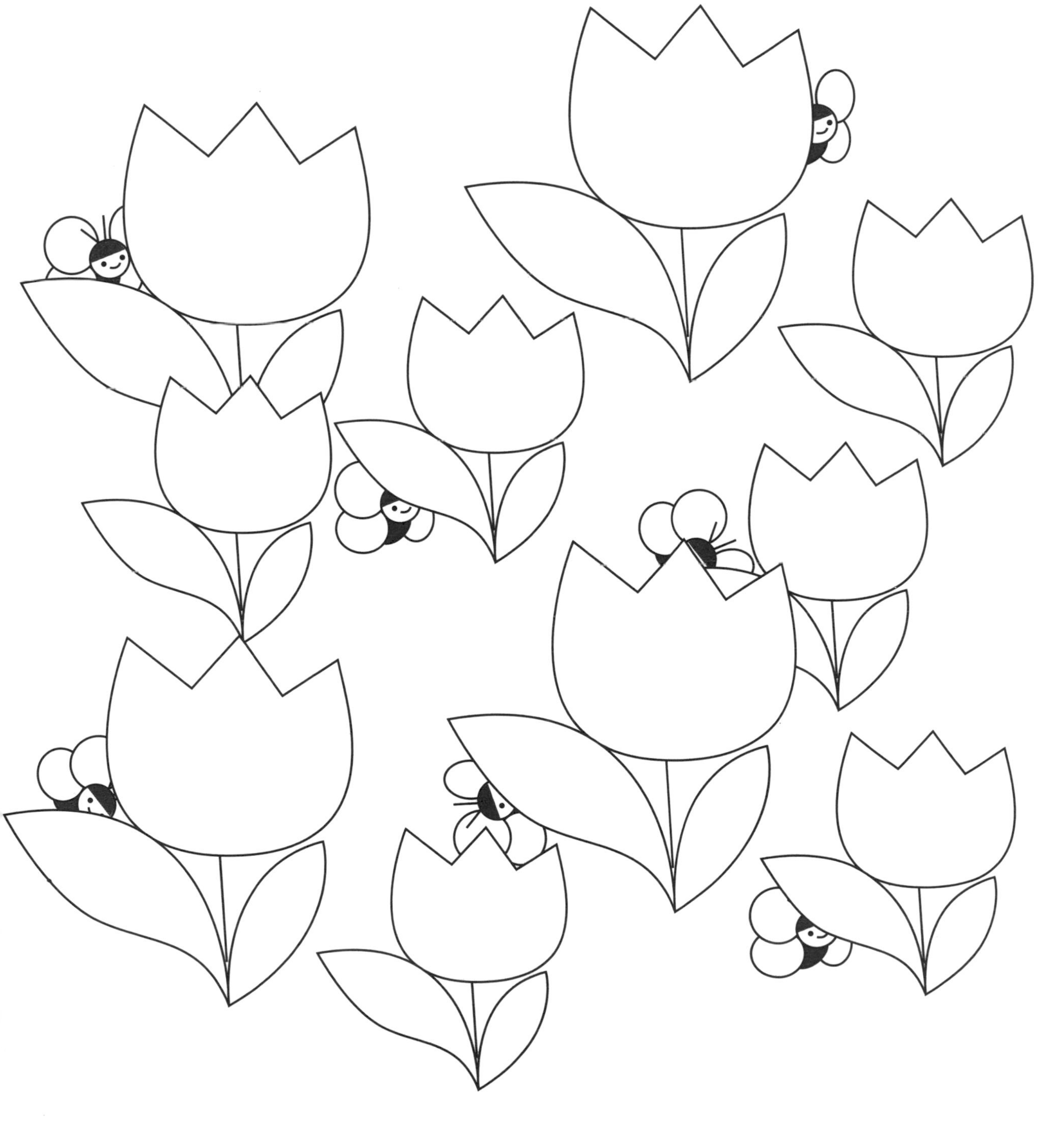

小朋友請數看看下面的書籍裡藏了幾隻鉛筆？並將答案寫在方框內。

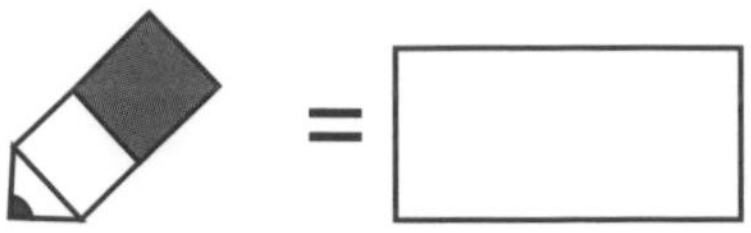

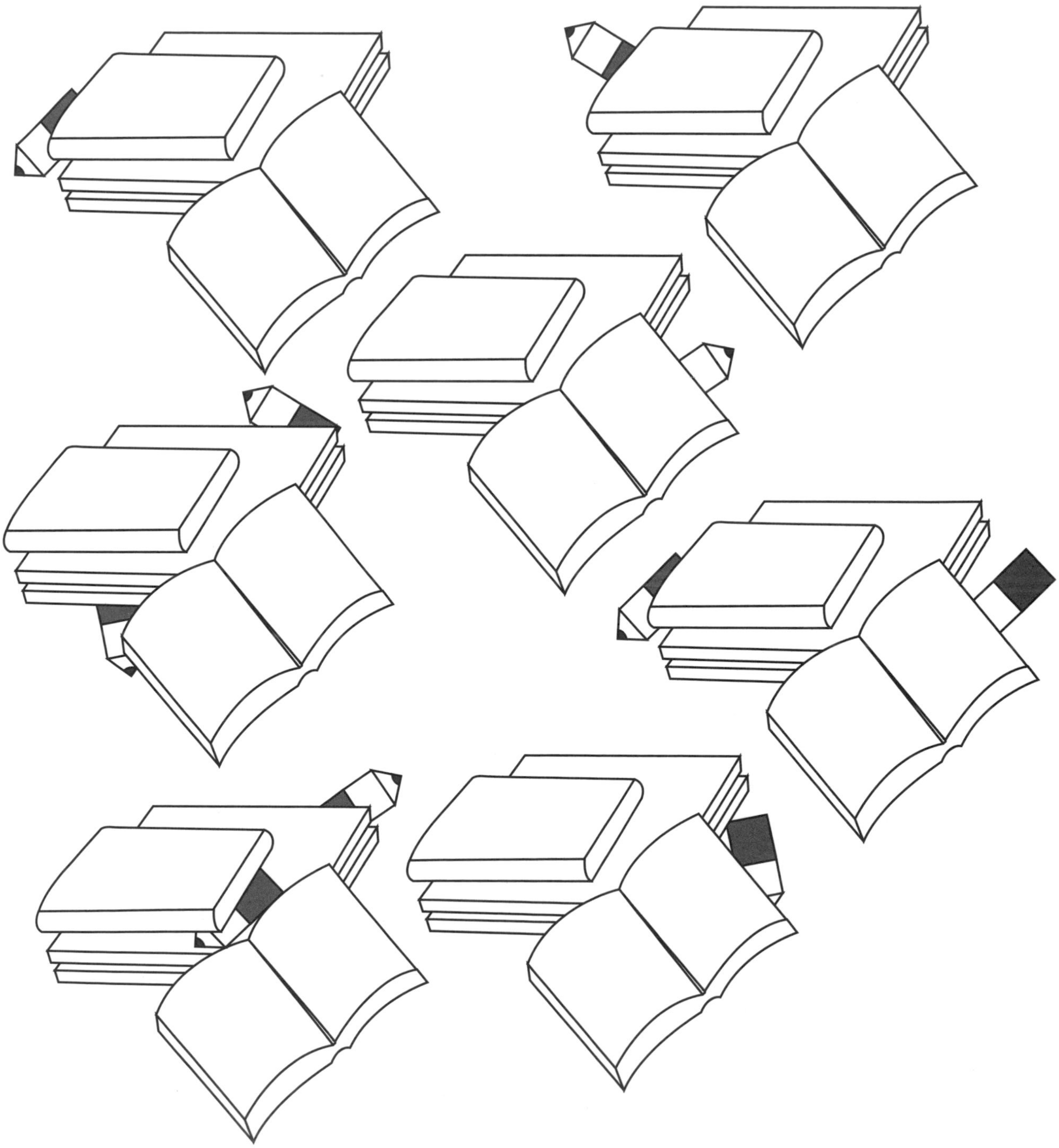

遊戲難度：★

雲中小鳥

06

POINT 專注力遊戲小提示

搜尋目標的大小、方向改變容易影響孩子的判斷，因此除了讓孩子利用著色便於搜尋外，也可以將題本翻轉來看，這也是幫助孩子辨認搜尋目標的好方法！這可不是孩子不專心的表現喔！

小朋友請數看看下面雲朵的後面藏了幾隻小鳥？並將答案寫在方框內。

遊戲難度：★★

小朋友請數看看下面茶壺的後面藏了有幾個茶杯？請注意，大小也需相同喔！並將答案寫在方框內。

遊戲難度：★★

 = ☐

POINT 專注力遊戲小提示

孩子無法數出正確的目標數量，不一定是專注力不足，可能是在點數的時候漏數了，或是重複數了！爸媽可以利用鉛筆將孩子數過的目標圈起來，就可以幫助孩子數出正確的數目！

小朋友請數看看下面樹的後面藏了幾隻蜻蜓？並將答案寫在方框內。

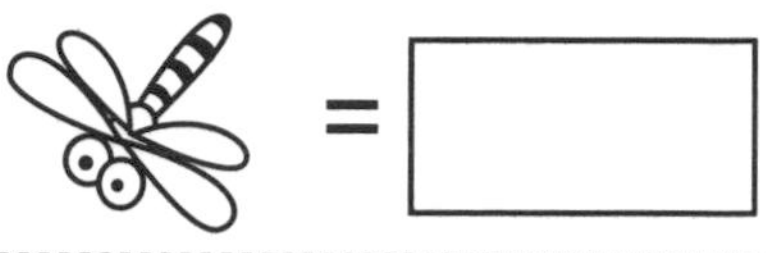

遊戲難度：★★

小朋友請數看看下面鯨魚的背後躲了幾尾金魚？並將答案寫在方框內。

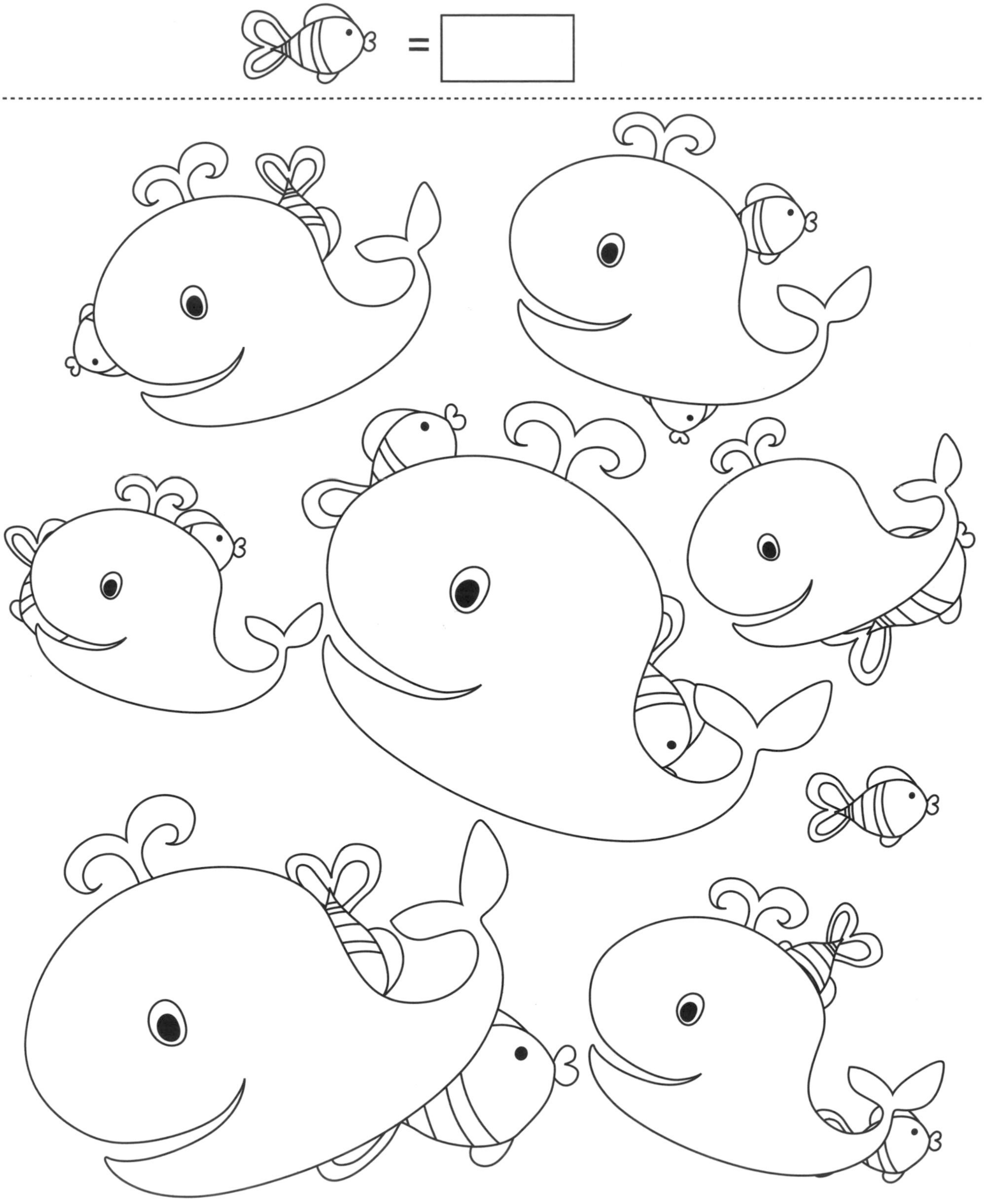

遊戲難度：★★

POINT 專注力遊戲小提示

數完了目標物，別急著翻下一頁，可以請孩子再數數看蓋住目標物的遮蔽物（如大象）有幾隻，甚至數數圖中的所有的動物有幾隻腳、幾個眼睛，都可以把同一個遊戲再做延伸，提升持續性專注力。

小朋友請數數看下面大象的背後躲了幾隻兔子？並將答案寫在方框內。

遊戲難度：★★

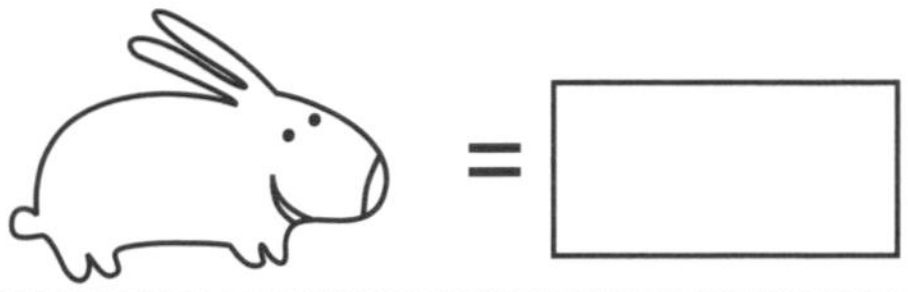

小朋友請數看看下面的葉子後面藏了幾朵香菇？並將答案寫在方框內。

遊戲難度：★★★

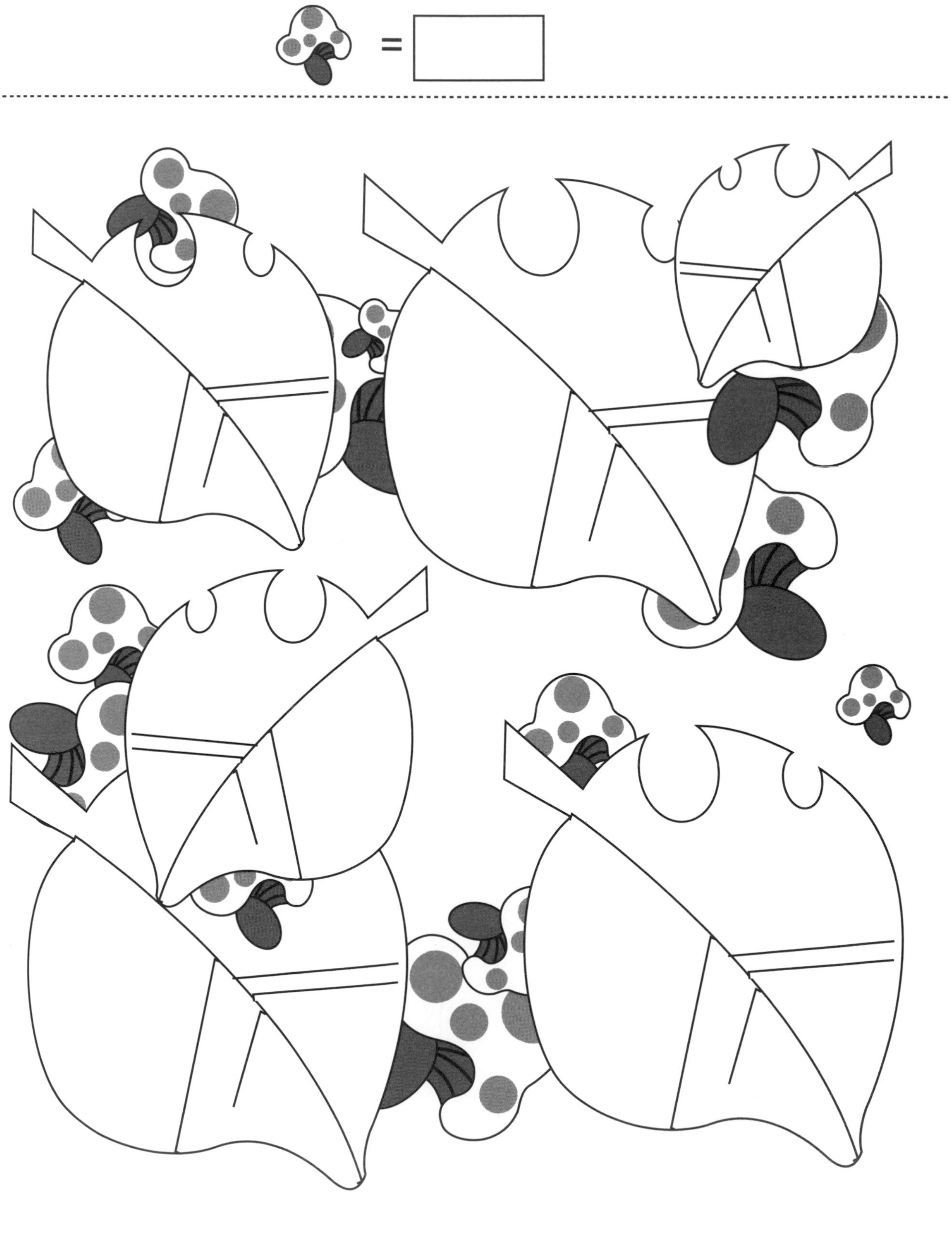

POINT 專注力遊戲小提示

如果孩子的握筆能力尚未發展健全，別急著要求孩子拿筆著色，可以利用貼紙或是小積木，把數過的目標物貼起來，這樣除了可以幫助孩子數出正確數目外，也可以提升孩子參與遊戲的動機。

小朋友請數看看下面的帆船裡躲了幾隻海鷗？並將答案寫在方框內。

 = ☐

遊戲難度：★★★

小朋友請數看看下面的聖代裡有幾粒草莓？並將答案寫在方框内。

 = ☐

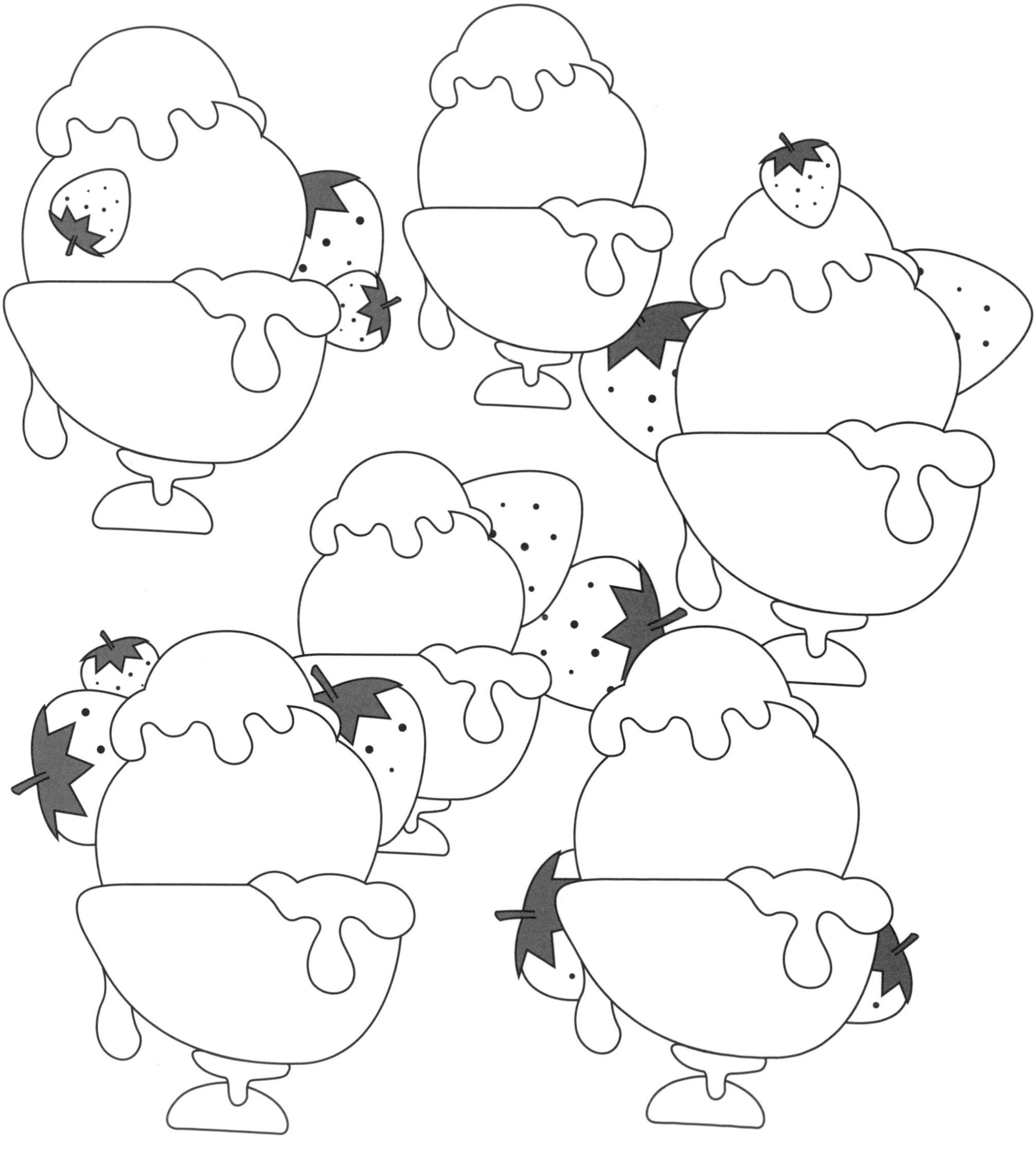

遊戲難度：★★★

POINT
專注力遊戲小提示

目標物與遮蔽物很相似怎麼辦？帶著孩子比較兩者的不同，例如眼睛相不相同？嘴巴哪裡不一樣？尾巴什麼樣子？孩子能夠看出每個物件的特徵，才能夠確認自己找到的目標是否正確。

小朋友請數看看下面的圖裡有幾隻小雞？並答案寫在方框內。

 = ☐

遊戲難度：★★★

小朋友請數看看下面的圖裡有幾頂綁著蝴蝶結的帽子？並將答案寫在方框內。

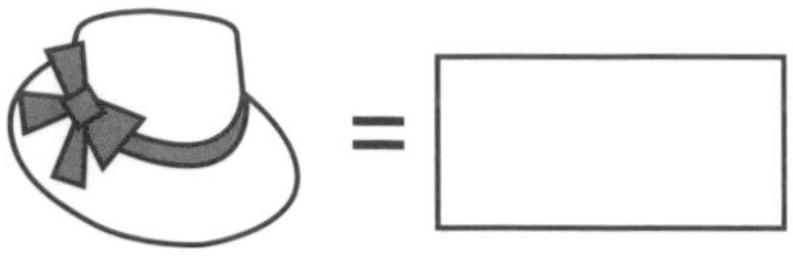

遊戲難度：★★★

POINT
專注力遊戲小提示

專注力的訓練不是把整本書玩完了、玩對了就一定會進步，需要家長帶著孩子一起玩，讓孩子養成打開書本就可以靜下來穩定閱讀的習慣，學習時才能夠真正專心。

小朋友請數看看下面的圖裡有幾顆糖果？並將答案寫在方框內。

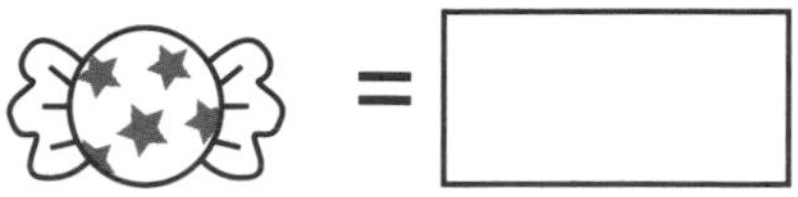

遊戲難度：★★★★

小朋友請數看看下面的圖裡有幾條魚？並將答案寫在方框內。

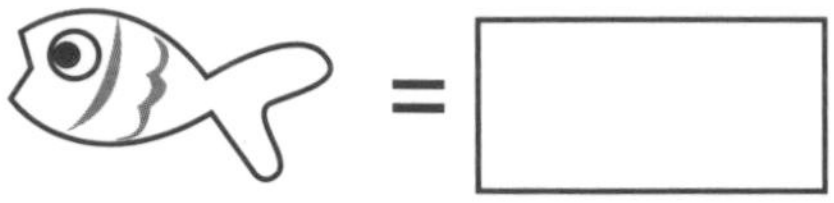

遊戲難度：★★★★

POINT
專注力遊戲小提示

年紀較小的孩子可能無法理解整體的概念，可以採用「化整為零」的方式，讓孩子找找有幾個「黑點」（如眼睛）也有助於孩子能力的提升。專注力訓練不必拘泥於題目。

小朋友請數看看下面的圖裡有幾隻鳥？並將答案寫在方框內。

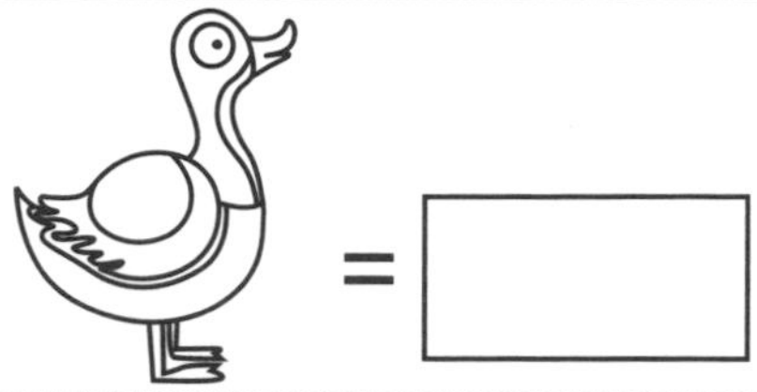

遊戲難度：★★★★

小朋友請數看看下面的樹葉裡躲了幾隻蜜蜂？並將答案寫在方框內。

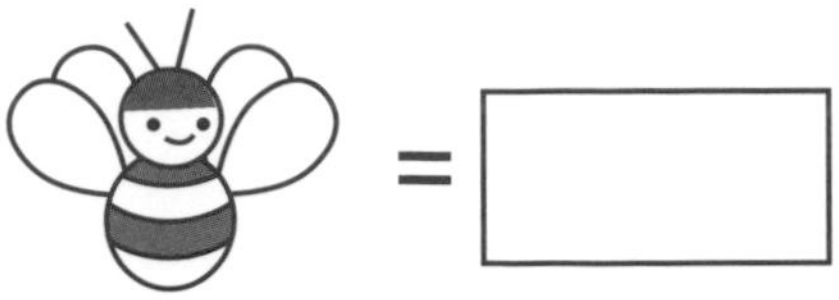

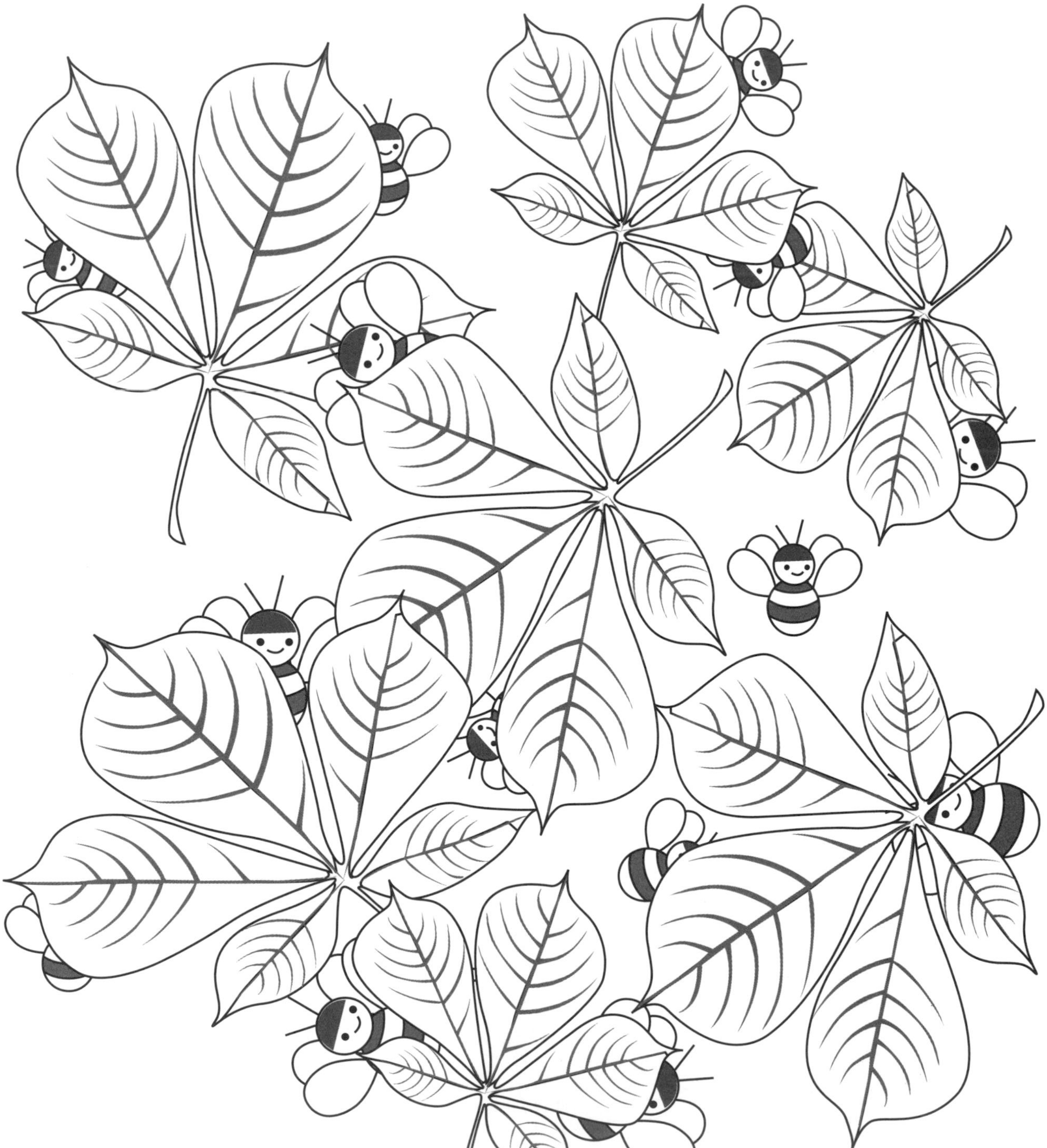

遊戲難度：★★★★

POINT
專注力遊戲小提示

這個單元的遊戲，除了訓練孩子的「選擇性專注力」以外，也訓練了孩子視知覺能力的「視覺完形」能力。如果覺得孩子表現不佳，需要再仔細區分問題的原因。

小朋友請數看看下面的圖裡有幾隻小鴨？並將答案寫在方框內。

遊戲難度：★★★★

 = □

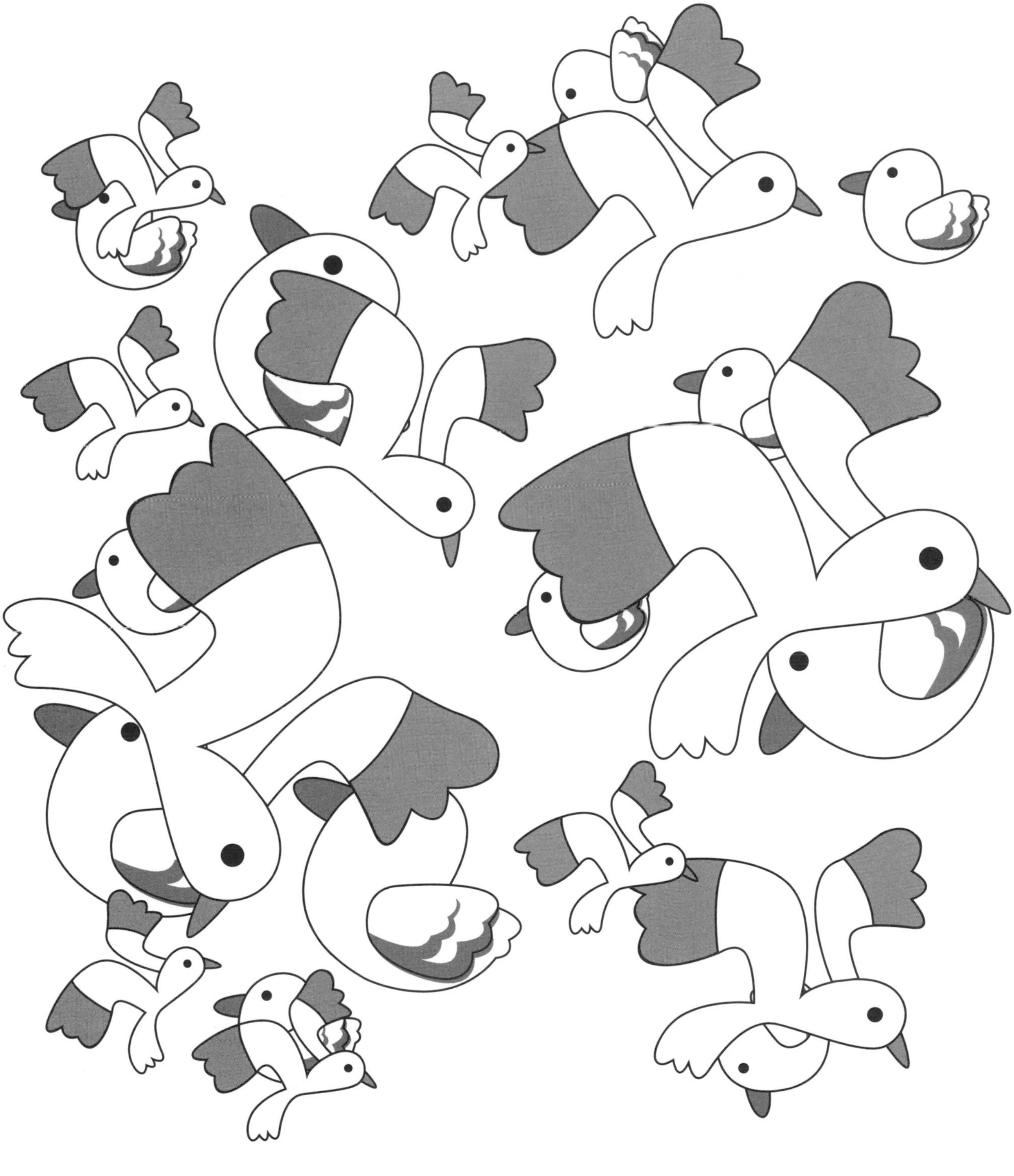

雲中小鳥

21

小朋友請數看看下面貓頭鷹身上藏了幾朵花？並將答案寫在方框內。

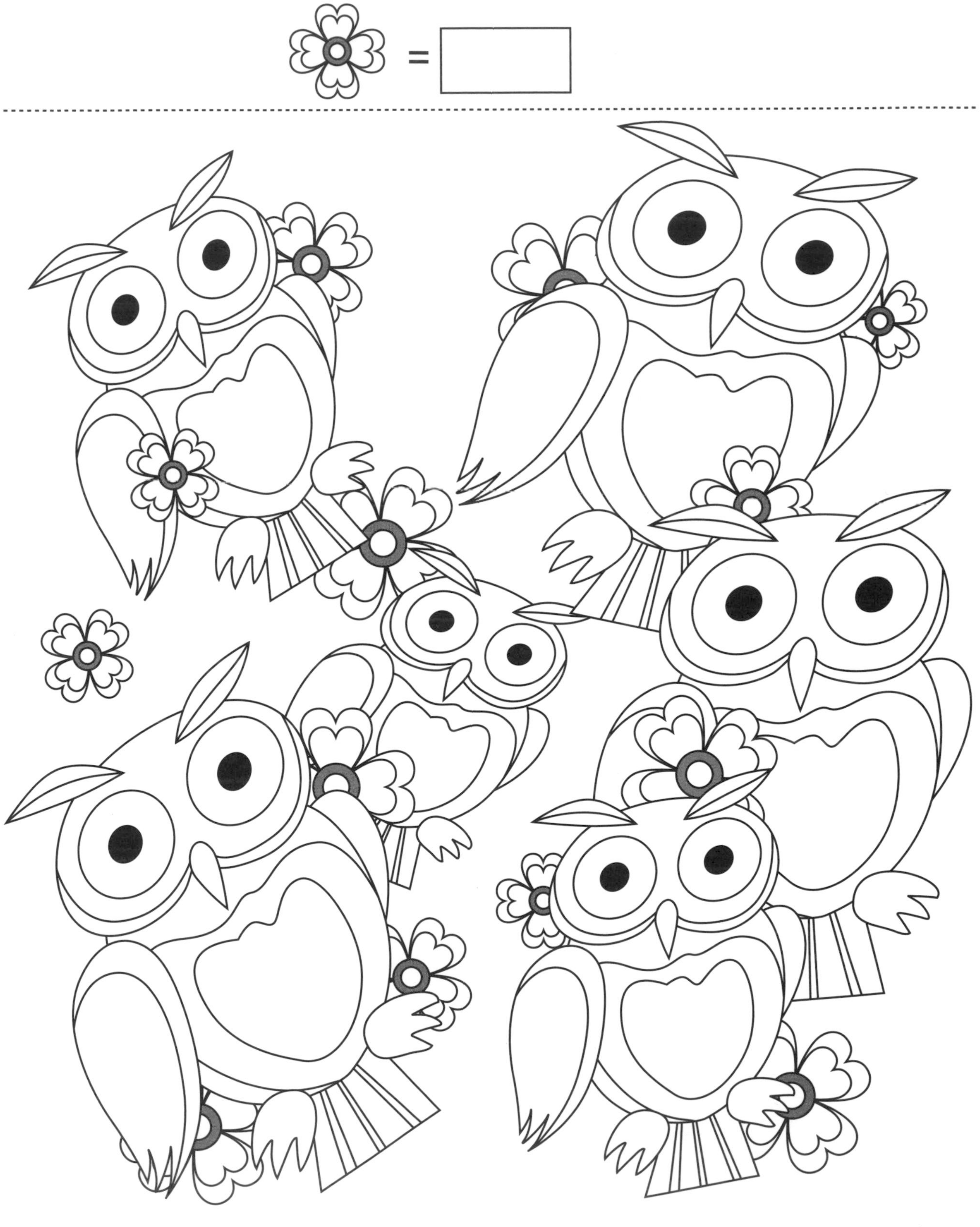

遊戲難度：★★★★★

=

小朋友請數看看下面的圖裡有幾隻小蝴蝶？並將答案寫在方框內。

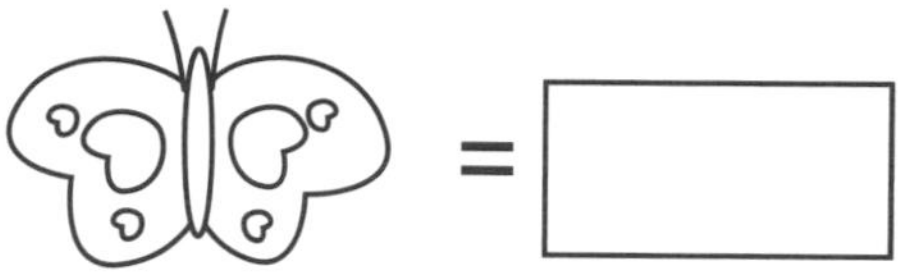

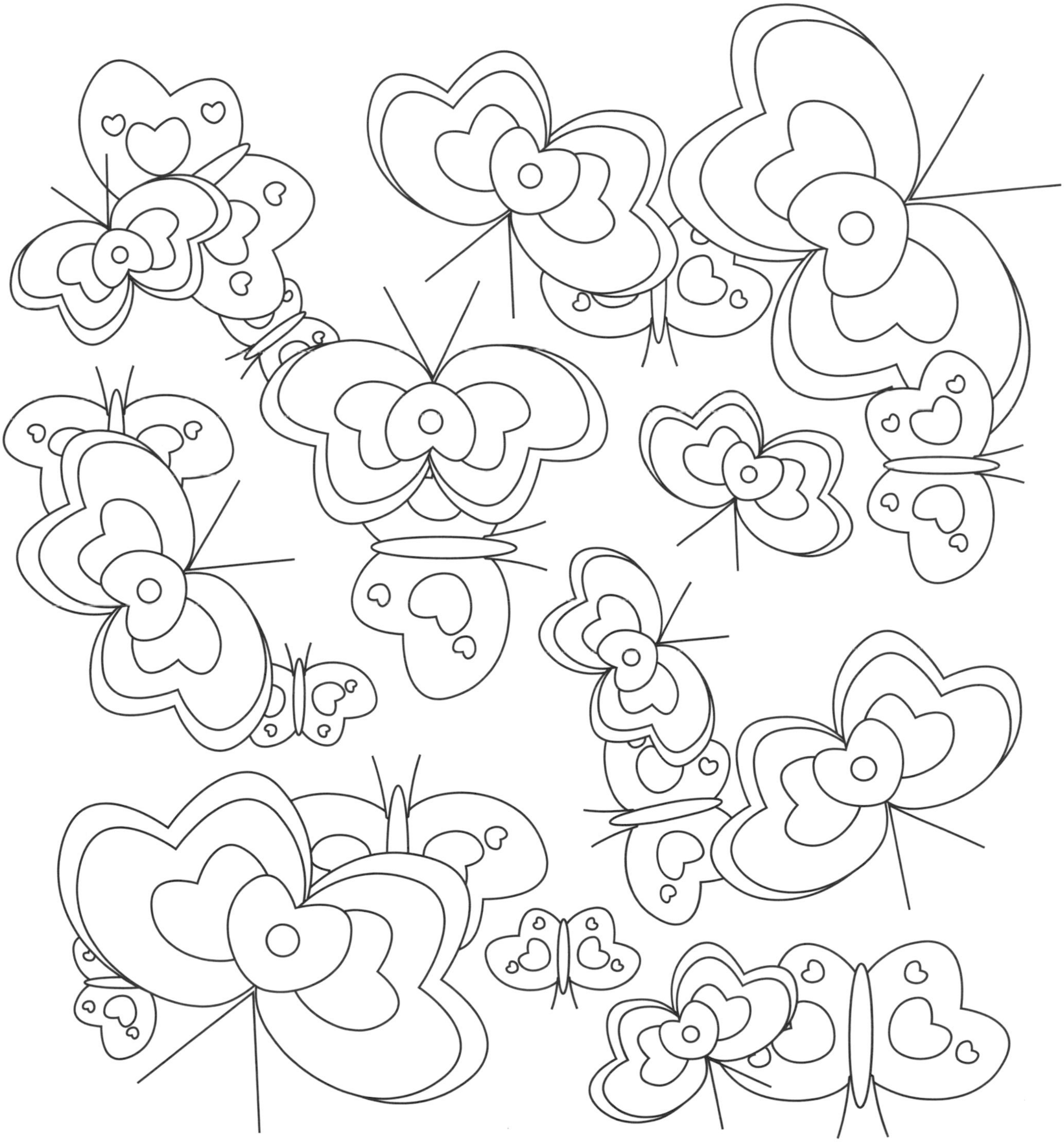

遊戲難度：★★★★★

雲中小鳥

23

小朋友請數看看下面的圖裡有幾隻雛鳥？並將答案寫在方框內。

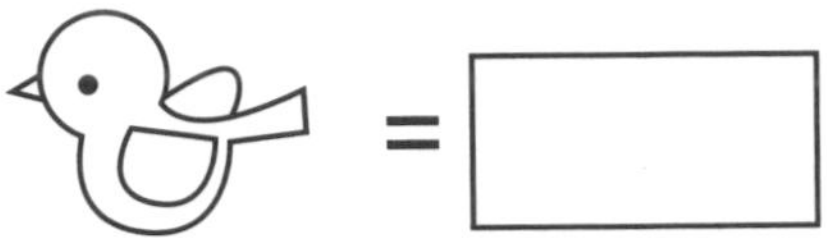

遊戲難度：★★★★★

POINT
專注力遊戲小提示

孩子把玩具玩散一地不願意收拾嗎？讓孩子先試著把小汽車找出來，再找找小積木，就像是本單元的遊戲一樣，讓收拾玩具也變成遊戲，孩子自然不會抗拒。

小朋友請數看看下面的圖裡有幾隻小章魚？並將答案寫在方框內。

 = [ ]

遊戲難度：★★★★★

25

小朋友請數看看下面的圖裡有幾粒番茄？並將答案寫在方框內。

遊戲難度：★★★★★

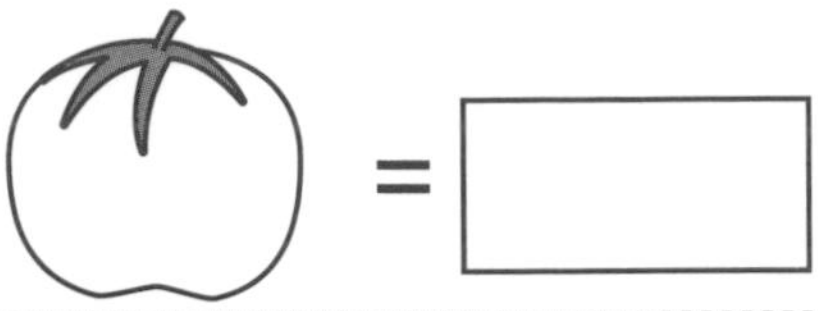

依孩子的程度調整難度，讓遊戲更有趣

此系列遊戲書出版後，因有不少家長有下列疑惑，故也特別提出說明，與您分享！提醒家長的是，希望您每天都能撥出 5 至 8 分鐘，陪著孩子一起「玩」遊戲書，如此，不僅孩子專注力提升，親子關係也更近了！若您在使用上，仍有困難或建議，也歡迎給予我們建議及指正，感謝您的支持！

Q：遊戲太難，小孩自己不會玩？

A: 適度的困難可以讓孩子挑戰，並在挑戰成功後獲得成就感，而願意繼續參與遊戲，進而提升參與動機，專注力自然提高。書中小秘訣也有告訴家長，如何降低遊戲的難度，以配合孩子的能力，歡迎您與孩子一起挑戰。

Q：遊戲太簡單，孩子一下就玩完了？

A: 若孩子的能力發展超過實際年齡，操作起遊戲書來一定覺得很簡單。因此，書中小秘訣有提示如何增加遊戲難度，讓孩子需要自我控制、更加專注！此外，您也可以選用更進階的版本，陪孩子一起試看看。

Q：整本遊戲書都玩完了，可是孩子卻沒有更專心？

A: 遊戲書不是特效藥，不是每天玩 5 分鐘孩子就會專心，更不是把整本遊戲書玩完就可以讓孩子不易分心。這是本工具書，告訴爸媽如何從紙本開始，進而在實際環境中幫助孩子提升觀察力，加強專注力，更希望從 5 分鐘開始，慢慢地提升孩子的專注力持續時間。書中的小秘訣也告訴大家，如何在同一題中變化出各種題型，讓孩子百玩不厭，就像是孩子每天都要讀同一本課本，爸媽也努力看看吧！

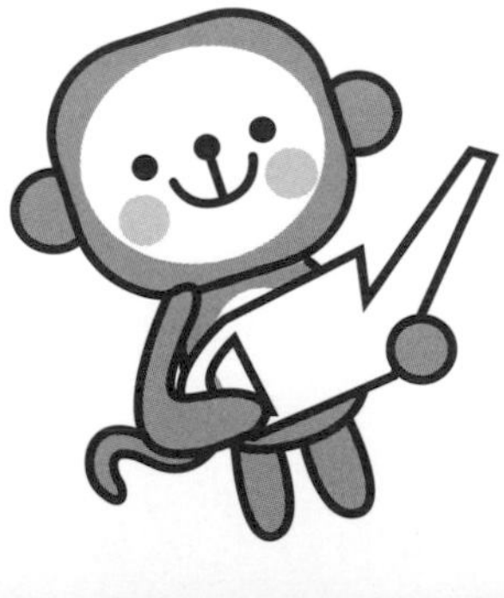

遊戲筆記

[PART 1] 教室迷宮

（答案可能不只三條路線，小朋友可以再找找看喔！）

01

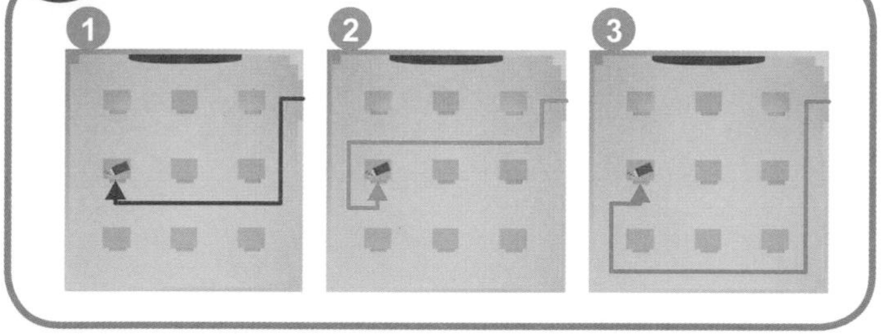

05

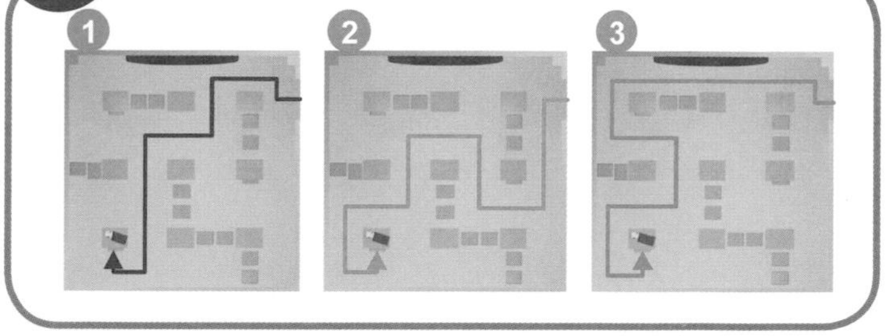

02

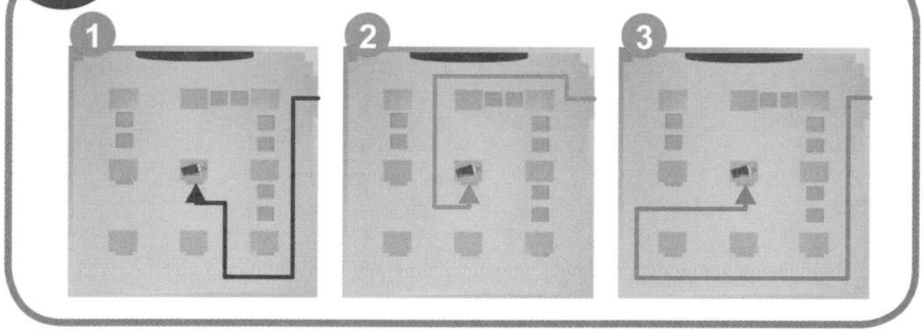

06

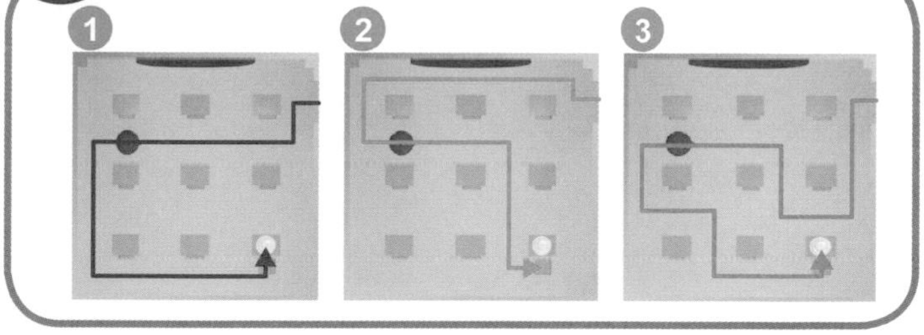

03

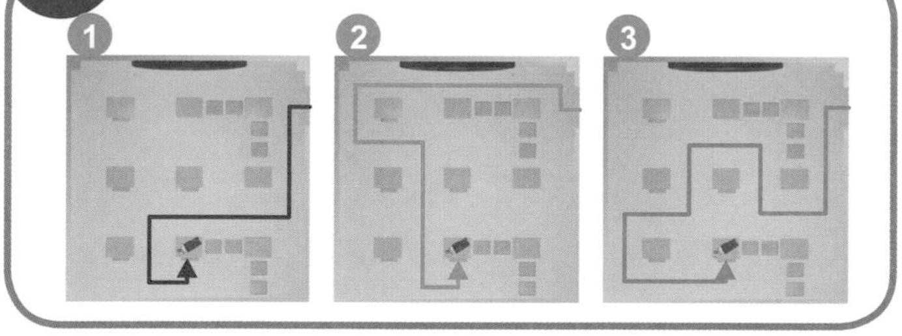

07

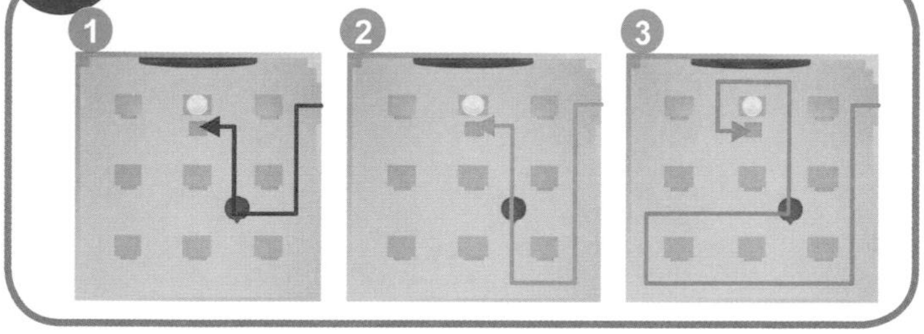

04

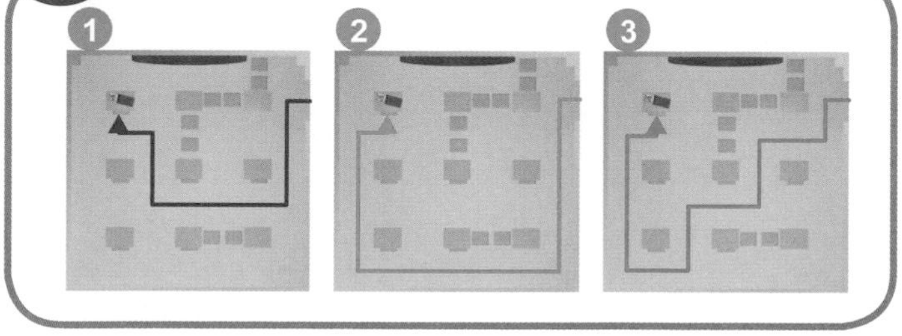

08

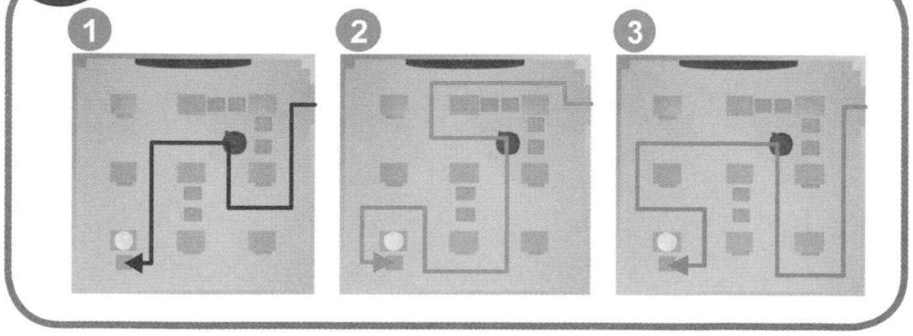

09

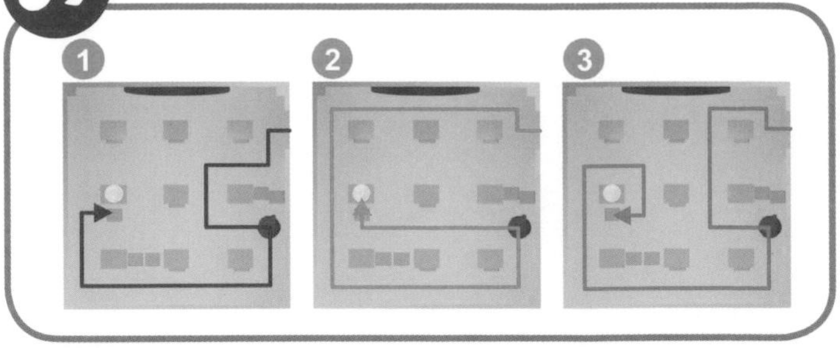

10

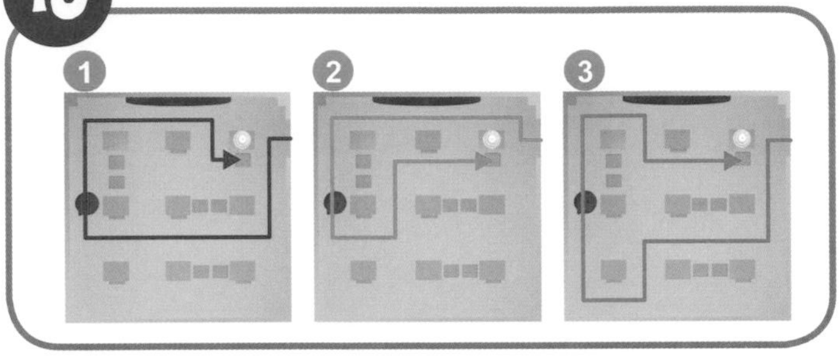

11

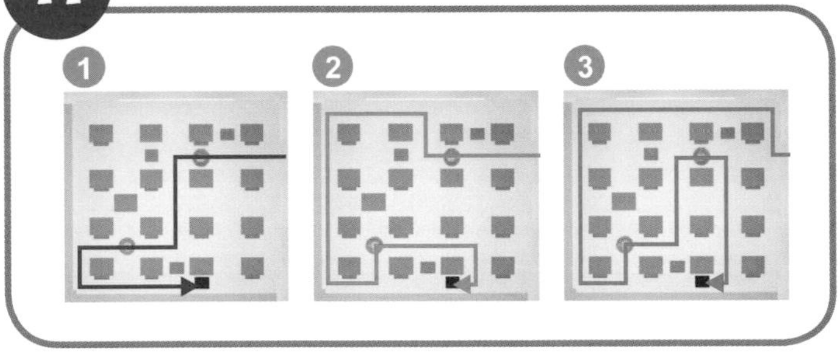

12

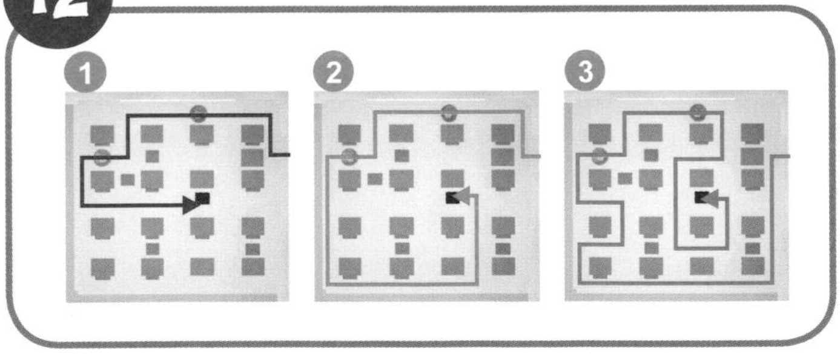

13

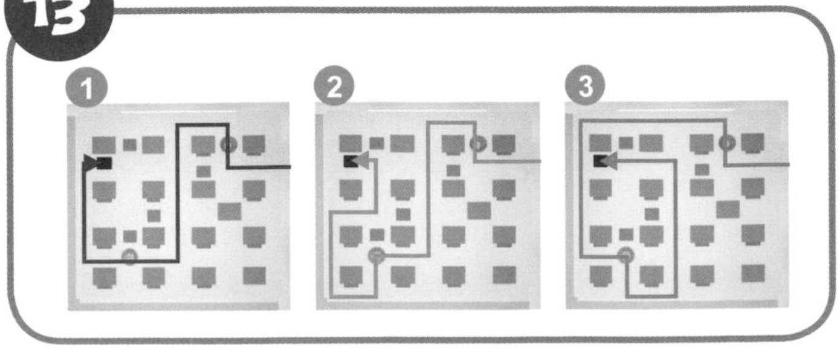

14

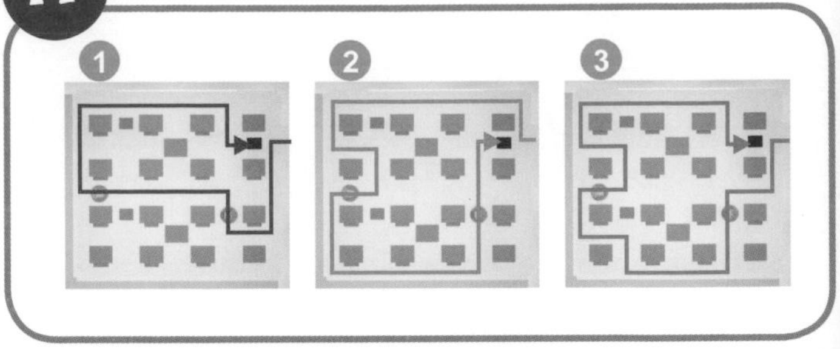

15

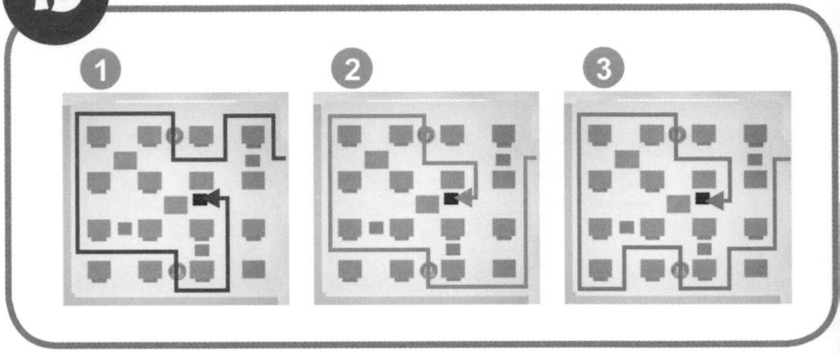

16

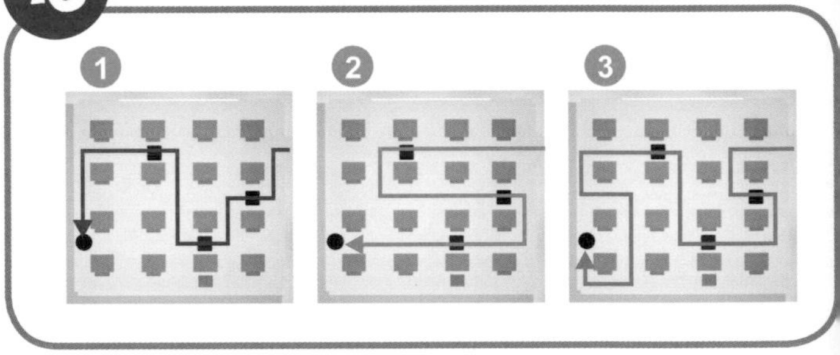

17

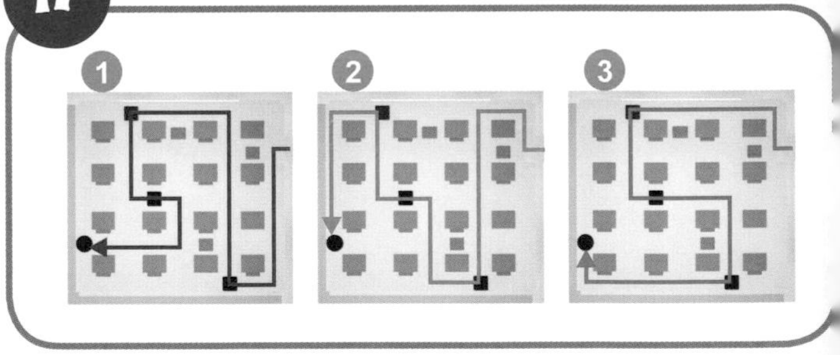

18

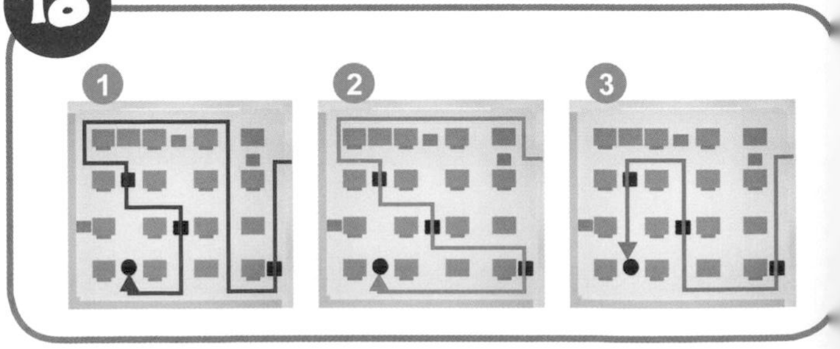

19

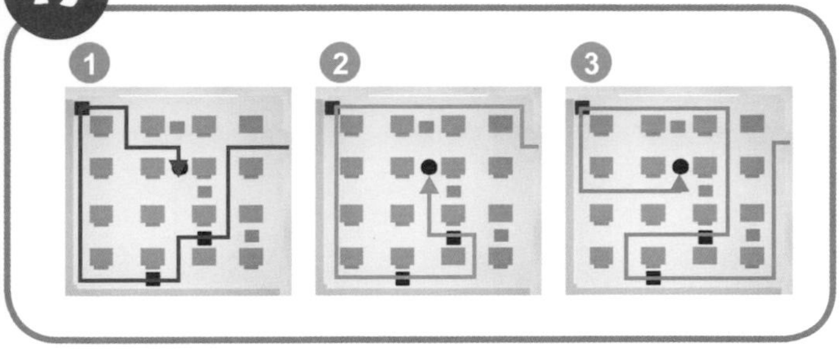

20

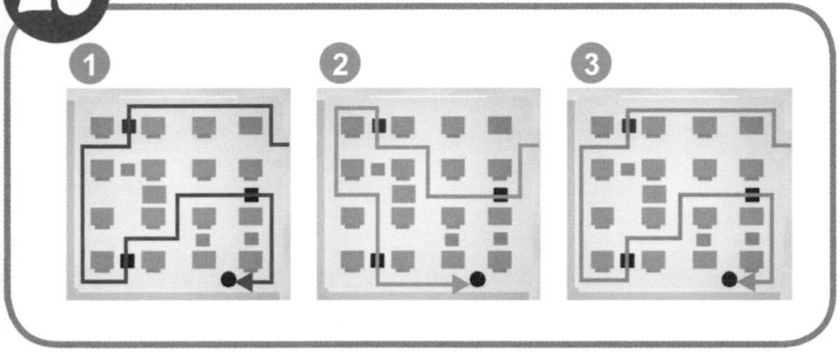

21

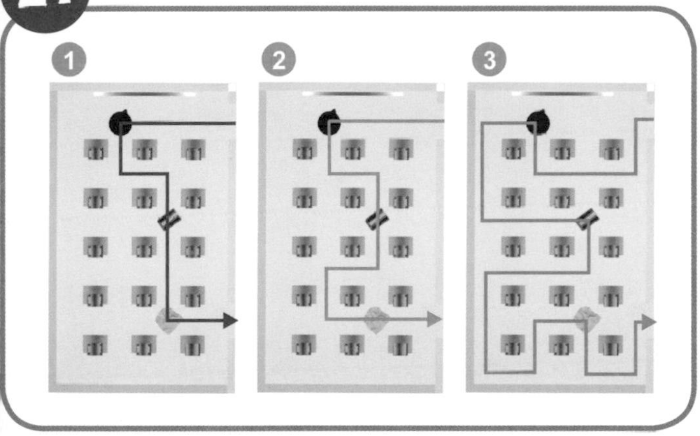

22

23

24

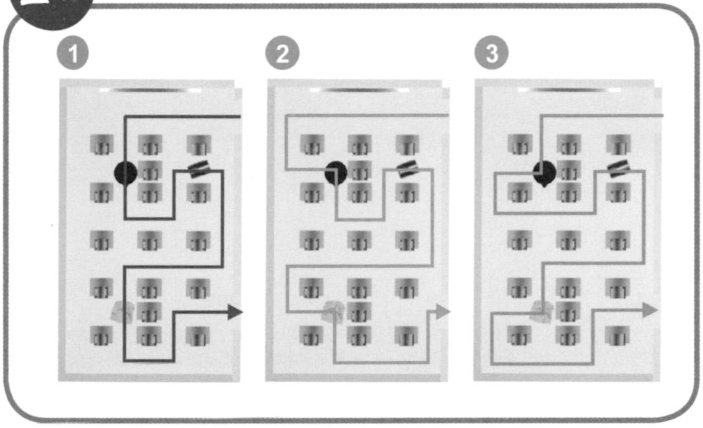

25

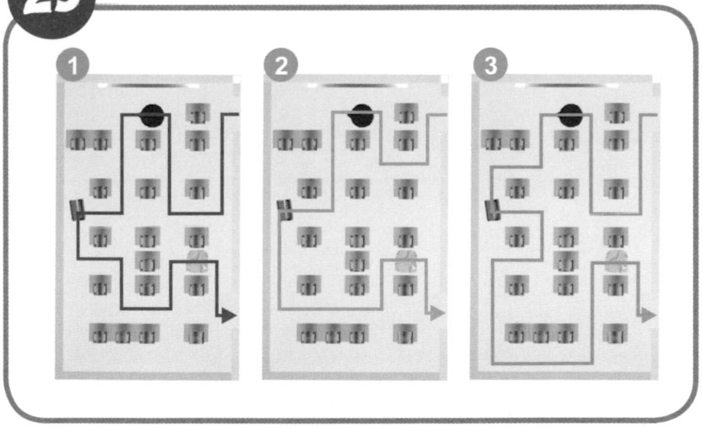

[PART 2] 小熊蜂蜜罐

05

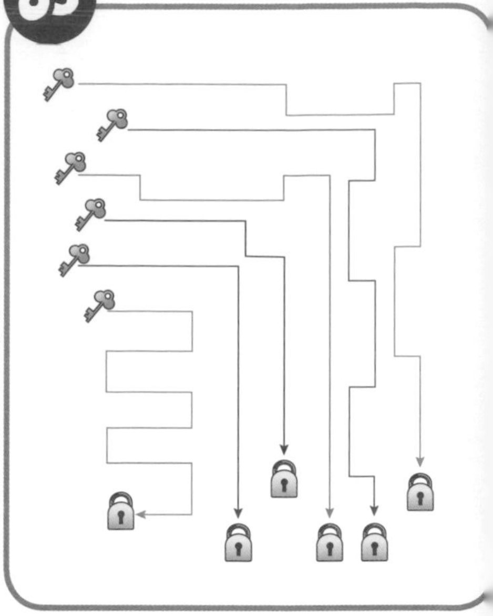

01

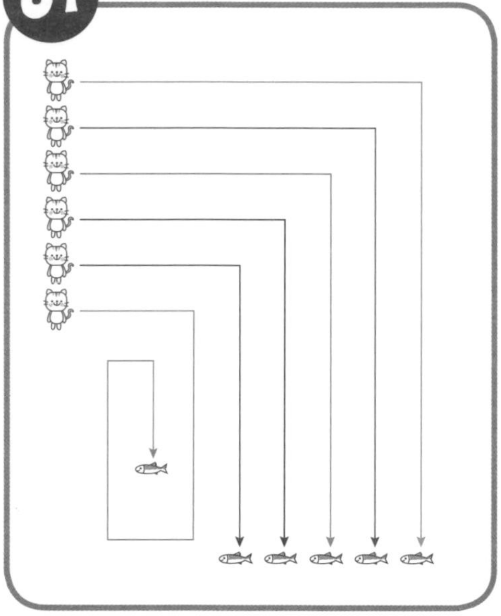

03

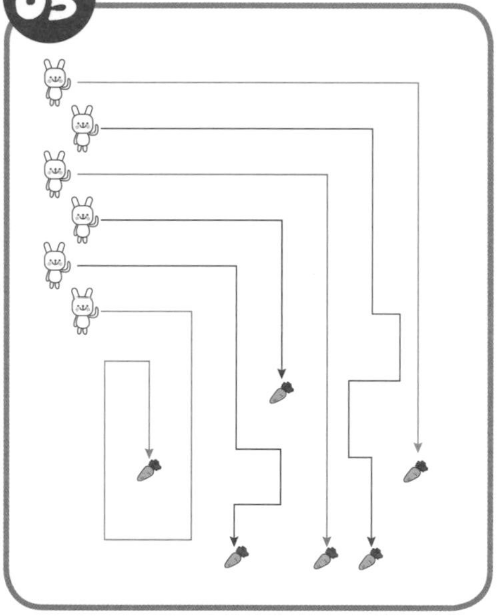

06

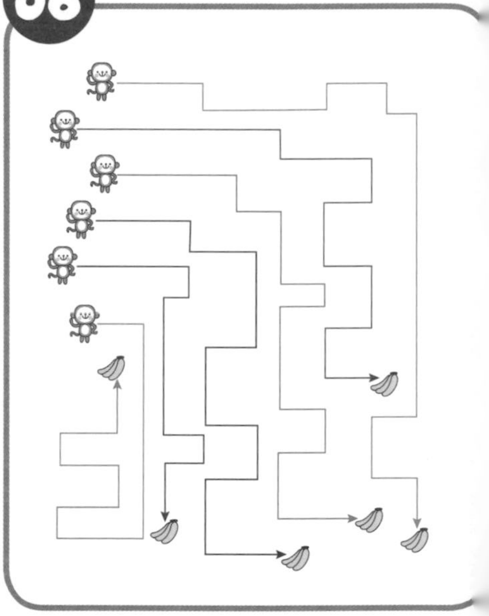

02

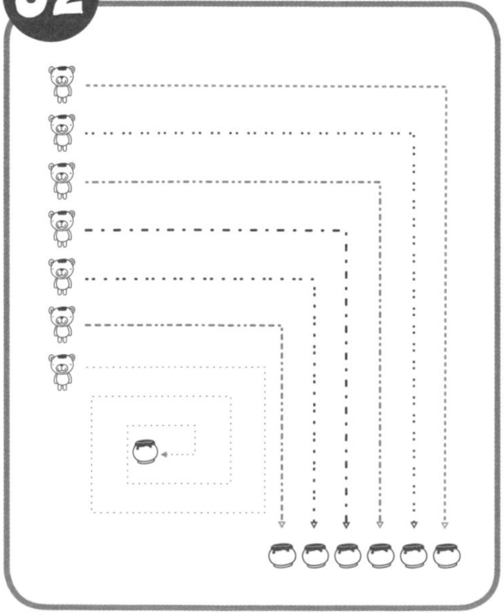

04

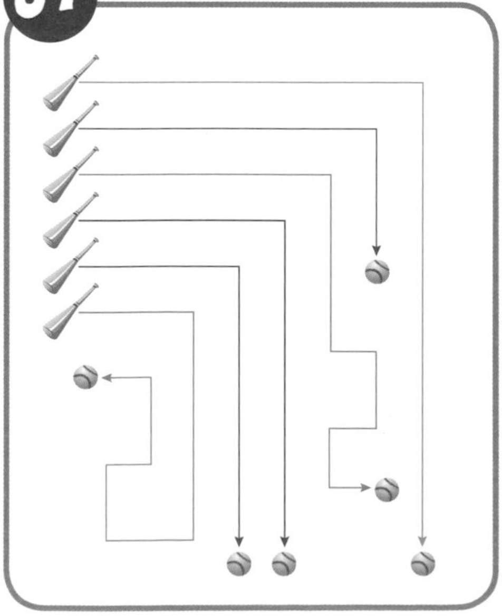

07

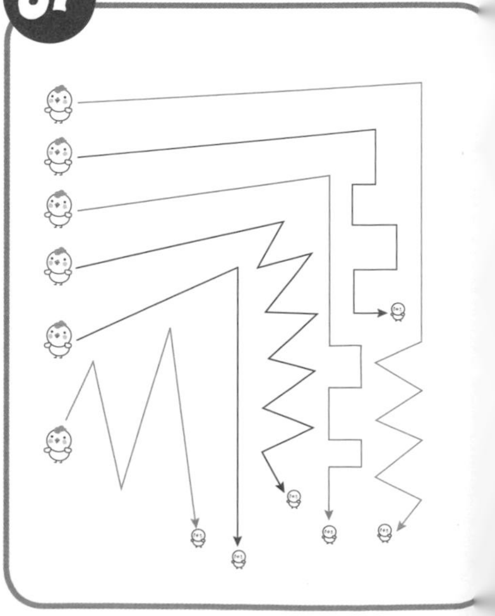

08

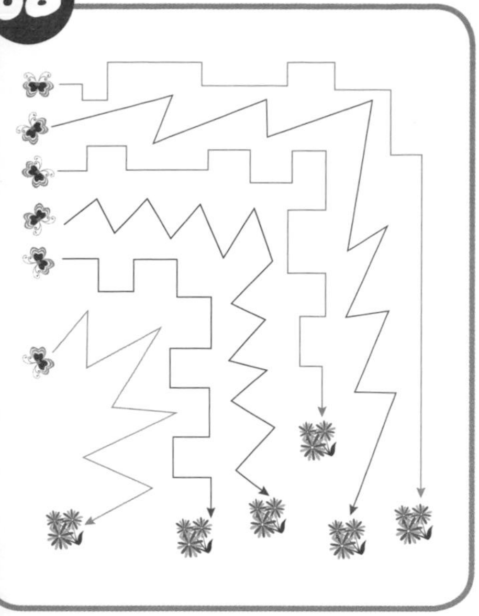

09

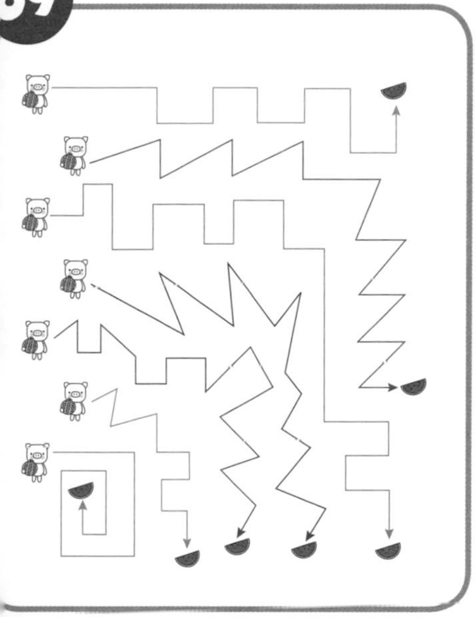

10

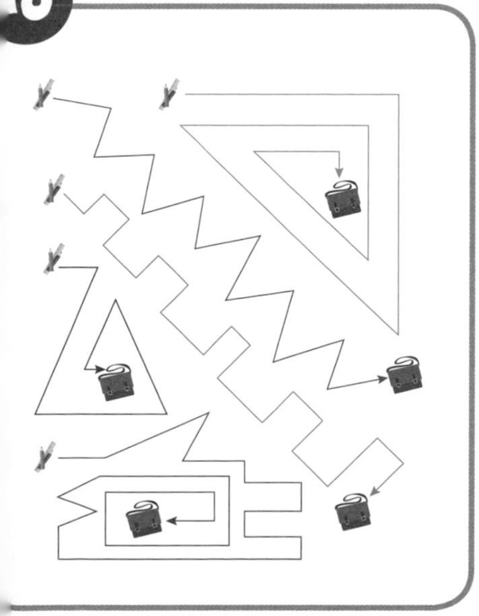

11

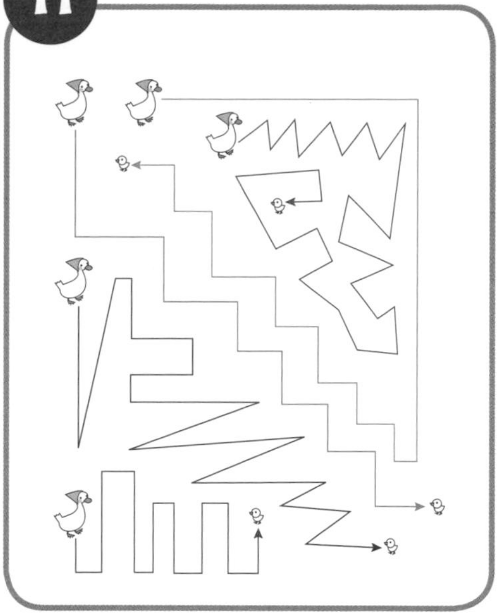

12

13

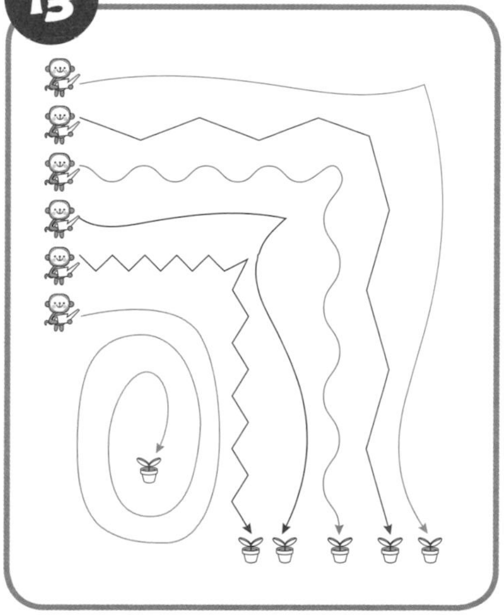

14

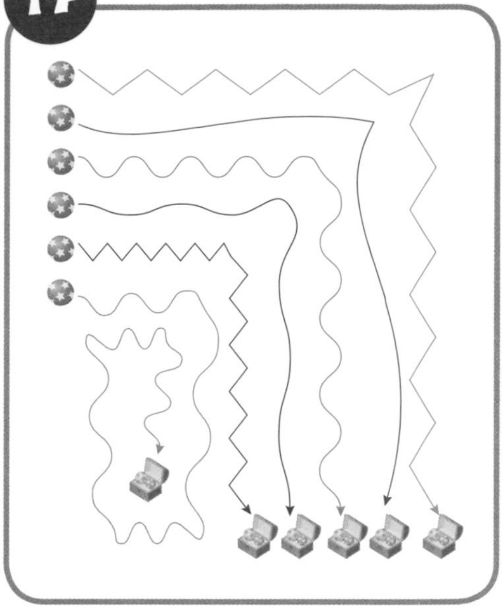

15

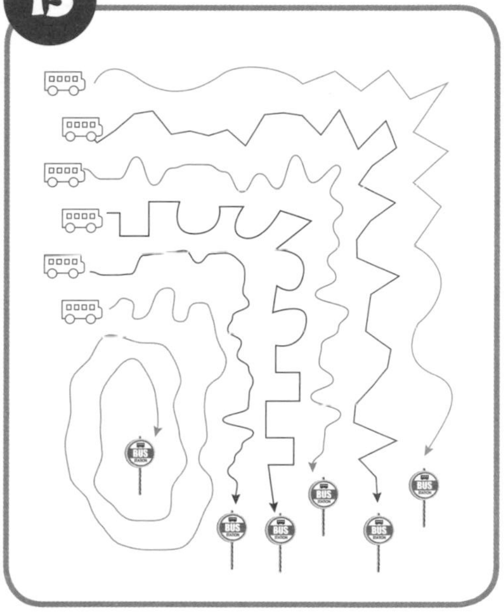

16

17

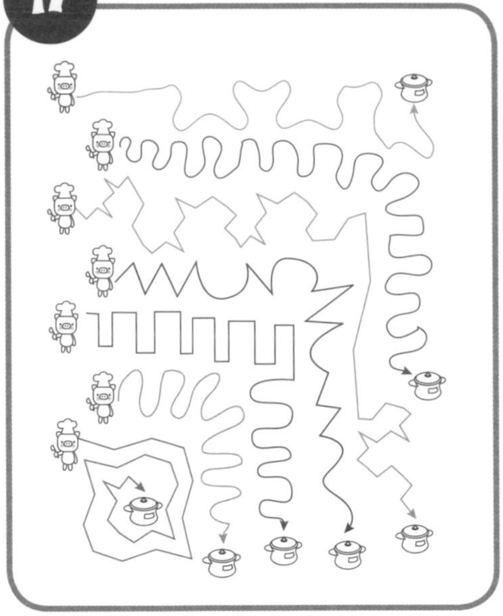

18

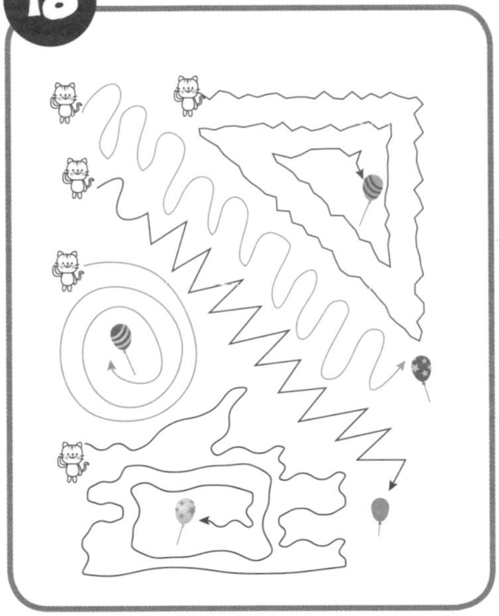

19

20

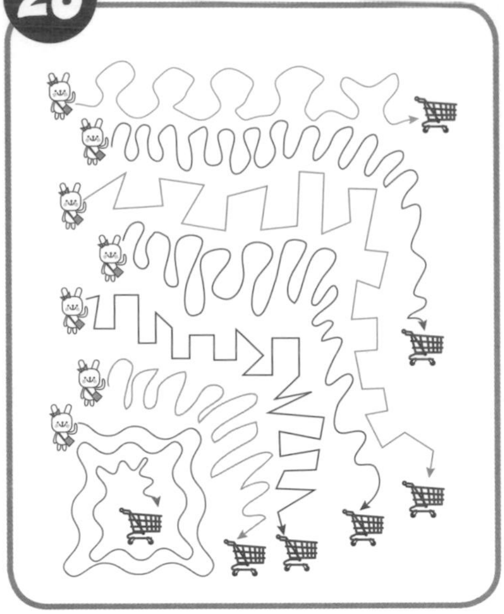

21

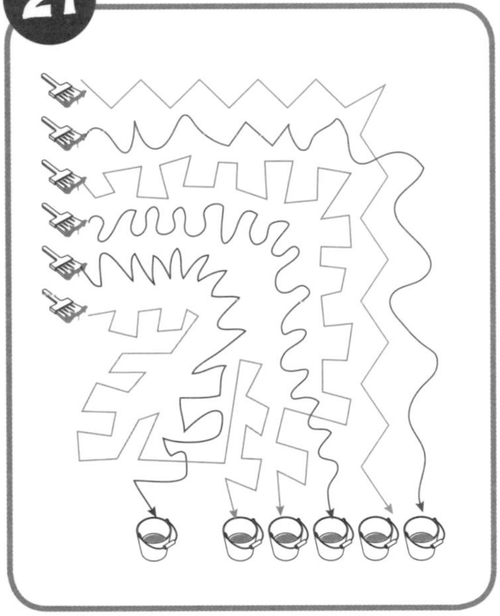

22

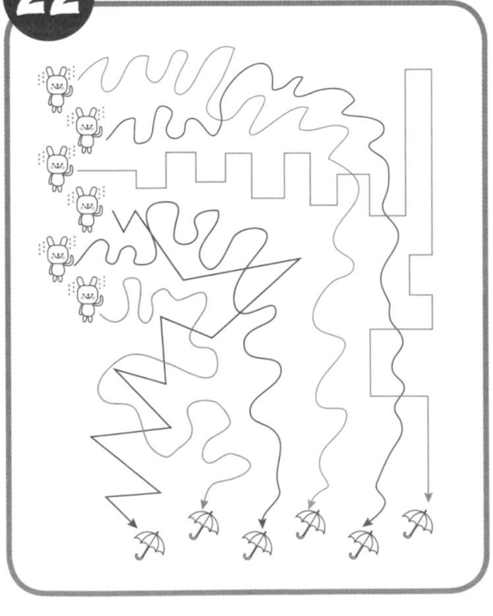

23

24

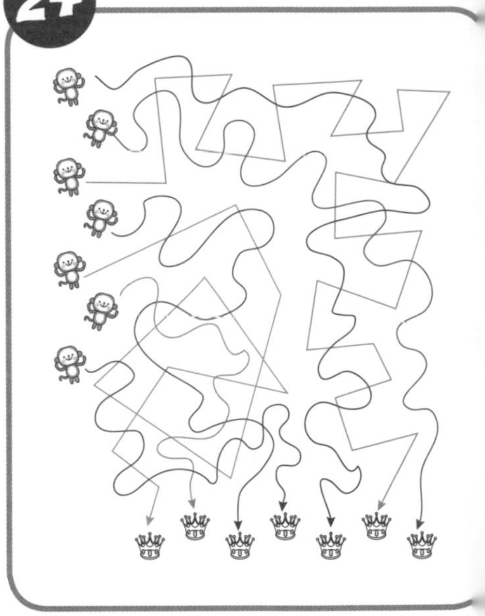

25

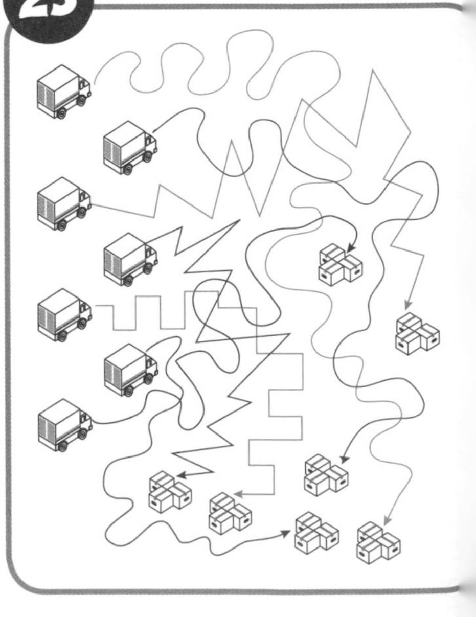

[PART 3] 雪花座標

05

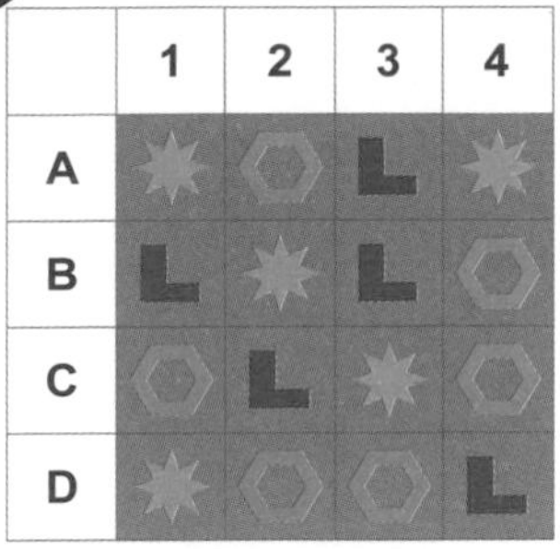

A3,B1,B3,C2,D4

A1,A4,B2,C3,D1

A2,B4,C1,C4,D2,D3

01

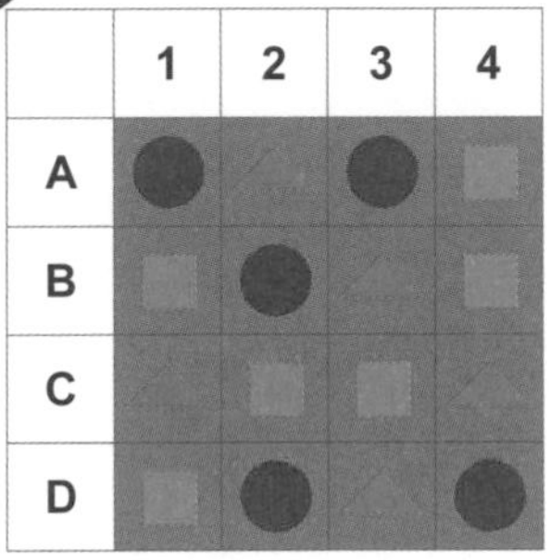

A1,A3,B2,D2,D4

A4,B1,B4,C2,C3,D1

A2,B3,C1,C4,D3

03

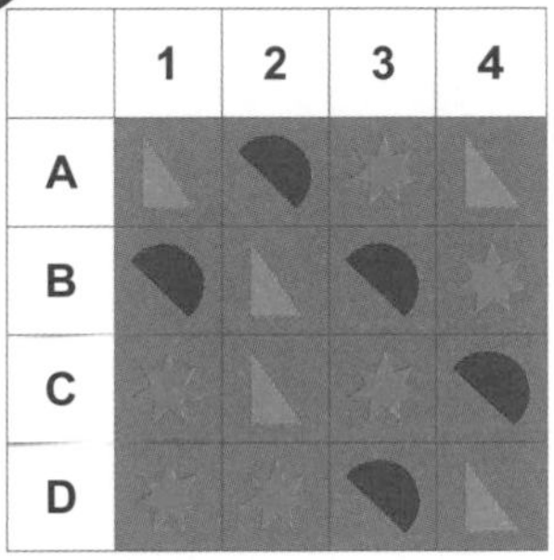

A2,B1,B3,C4,D3

A1,A4,B2,C2,D4

A3,B4,C1,C3,D1,D2

06

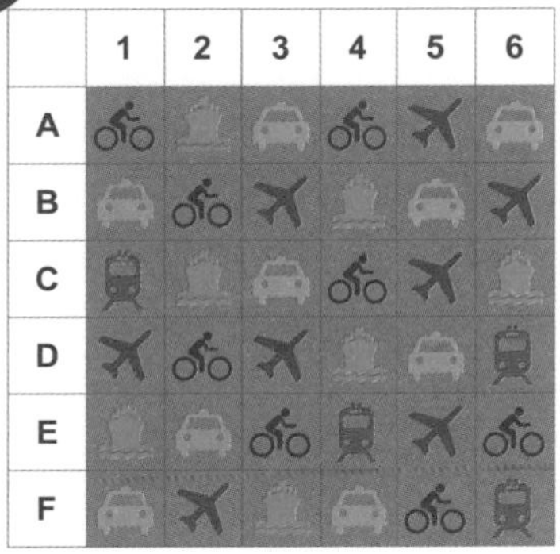

A5,B3,B6,C5,D1,D3,E5,F2

A3,A6,B1,B5,C3,D5,E2,F1,F4

A2,B4,C2,C6,D4,E1,F3

C1,D6,E4,F6

A1,A4,B2,C4,D2,E3,E6,F5

02

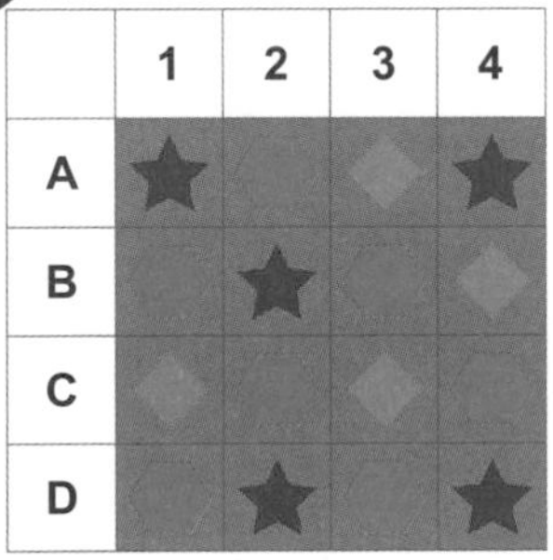

A1,A4,B2,D2,D4

A3,B4,C1,C3

A2,B1,B3,C2,C4,D1,D3

04

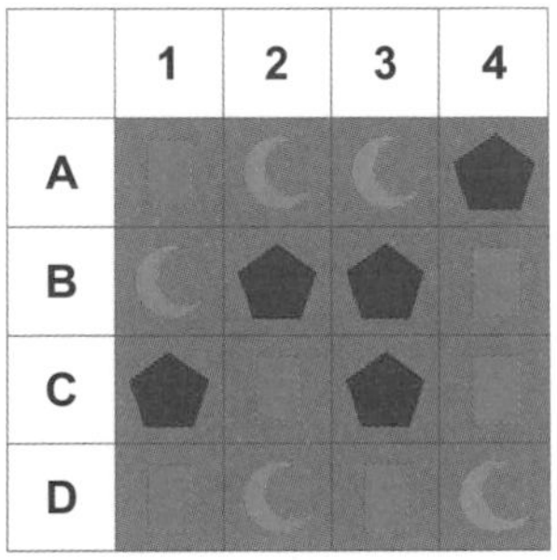

A4,B2,B3,C1,C3

A2,A3,B1,D2,D4

A1,B4,C2,C4,D1,D3

07

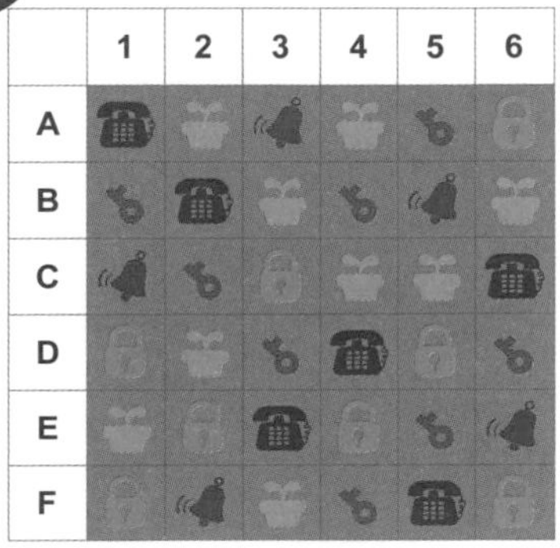

A3,B5,C1,E6,F2

A2,A4,B3,B6,C4,C5,D2,E1,F3

A6,C3,D1,D5,E2,E4,F1,F6

A5,B1,B4,C2,D3,D6,E5,F4

A1,B2,C6,D4,E3,F5

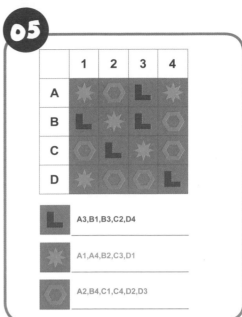

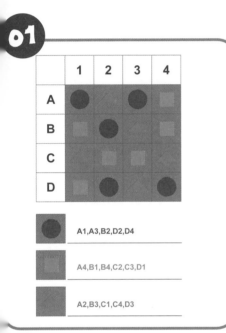

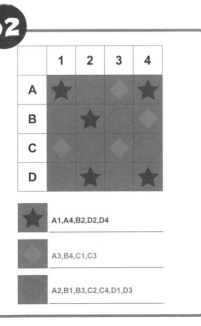

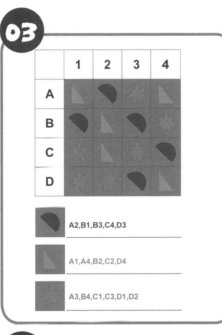

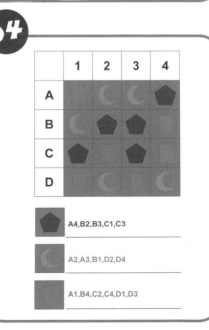

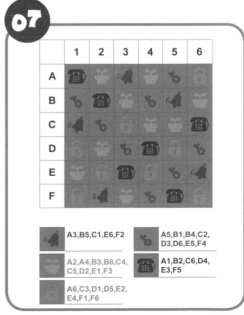

08

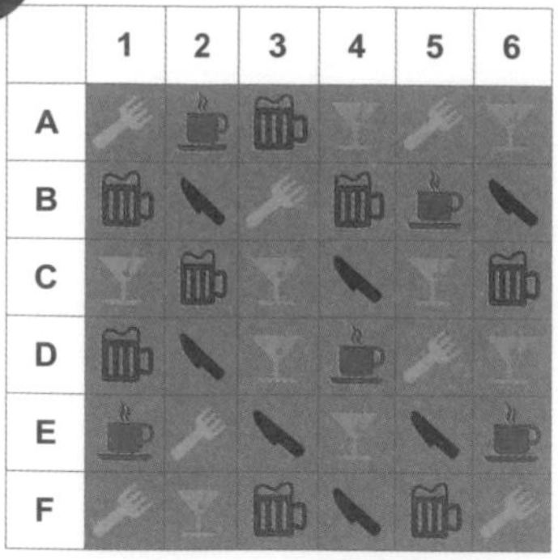

- A3,B1,B4,C2,C6,D1,F3,F5
- A2,B5,D4,E1,E6
- A1,A5,B3,D5,E2,F1,F6
- B2,B6,C4,D2,E3,E5,F4
- A4,A6,C1,C3,C5,D3,D6,E4,F2

11

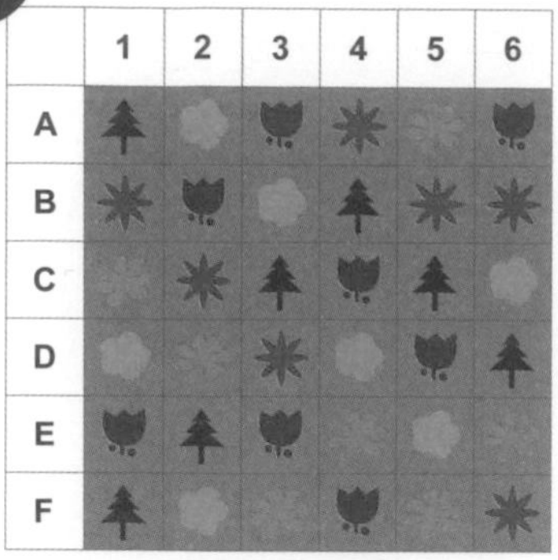

- A3,A6,B2,C4,D5,E1,E3,F4
- A4,B1,B5,B6,C2,D3,F6
- A2,B3,C6,D1,D4,E5,F2
- A1,B4,C3,C5,D6,E2,F1
- A5,C1,D2,E4,E6,F3,F5

14

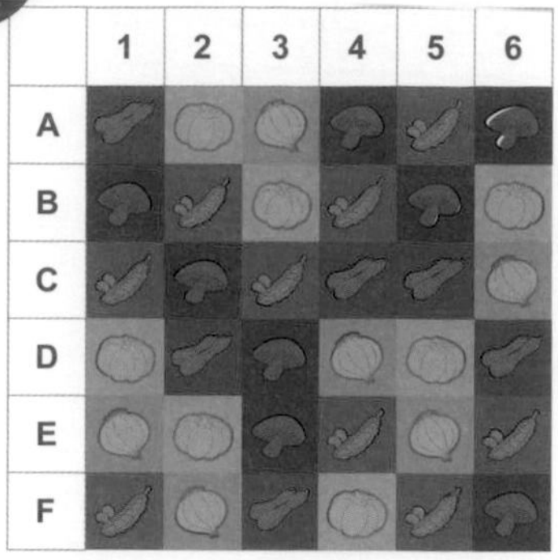

- A1,C4,C5,D2,D6,F3
- A5,B2,B4,C1,C3,E4,E6,F1,F5
- A2,B3,B6,D1,D5,E2,F4
- A4,A6,B1,B5,C2,D3,E3,F6
- A3,C6,D4,E1,E5,F2

09

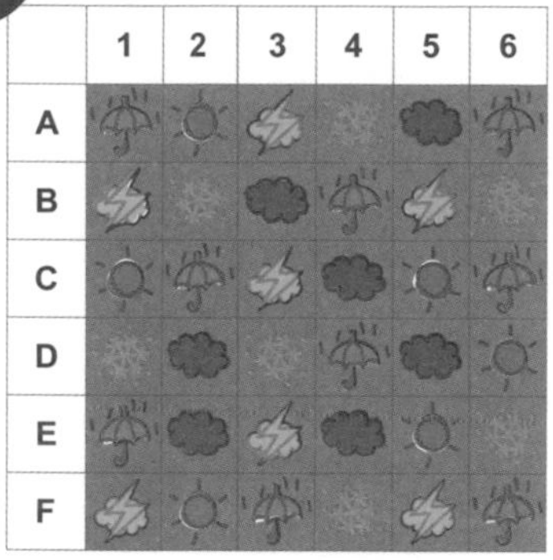

- A2,C1,C5,D6,E5,F2
- A1,A6,B4,C2,C6,D4,E1,F3,F6
- A3,B1,B5,C3,E3,F1,F5
- A5,B3,C4,D2,D5,E2,E4
- A4,B2,B6,D1,D3,E6,F4

12

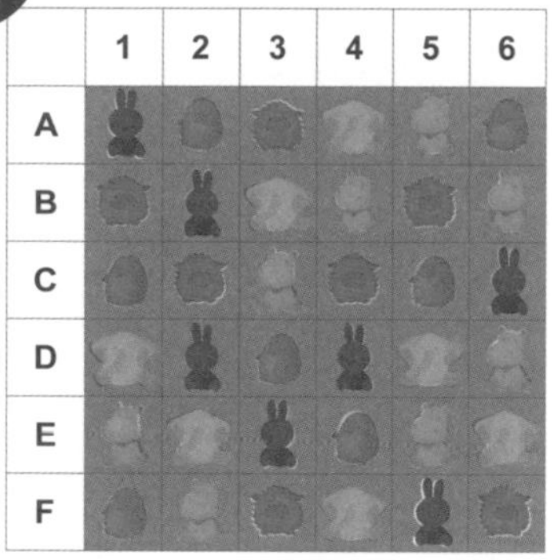

- A3,B1,B5,C2,C4,F3,F6
- A2,A6,C1,C5,D3,E4,F1
- A4,B3,D1,D5,E2,E6,F4
- A1,B2,C6,D2,D4,E3,F5
- A5,B4,B6,C3,D6,E1,E5,F2

15

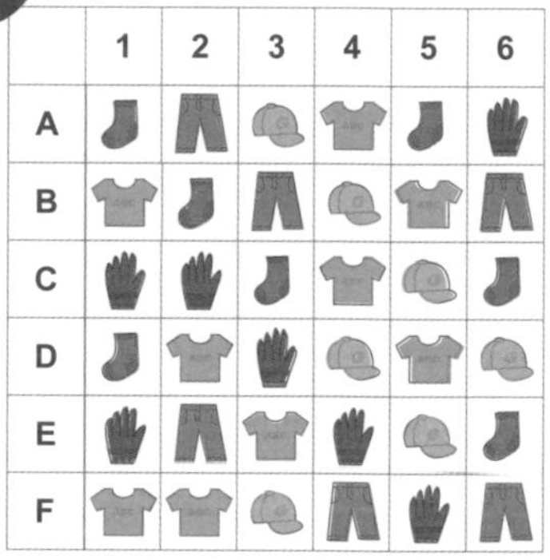

- A1,A5,B2,C3,C6,D1,E6
- A2,B3,B6,E2,F4,F6
- A3,B4,C5,D4,D6,E5,F3
- A6,C1,C2,D3,E1,E4,F5
- A4,B1,B5,C4,D2,D5,E3,F1,F2

10

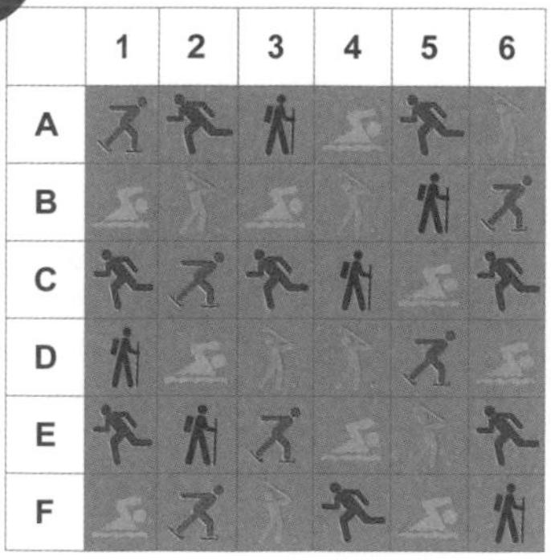

- A2,A5,C1,C3,C6,E1,E6,F4
- A1,B6,C2,D5,E3,F2
- A4,B1,B3,C5,D2,D6,E4,F1,F5
- A3,B5,C4,D1,E2,F6
- A6,B2,B4,D3,D4,E5,F3

13

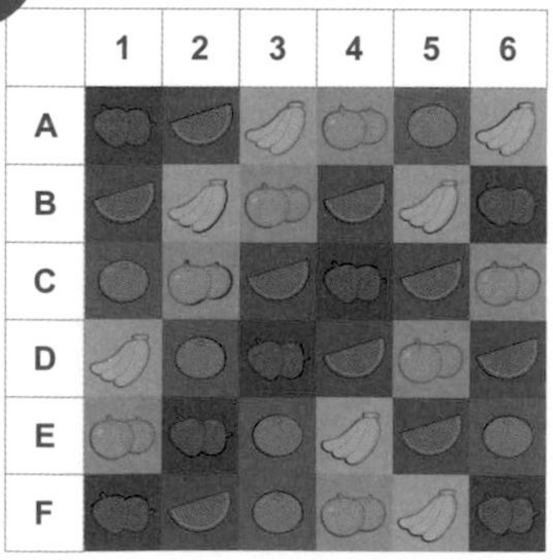

- A2,B1,B4,C3,C5,D4,D6,E5,F2
- A5,C1,D2,E3,E6,F3
- A3,A6,B2,B5,D1,E4,F5
- A1,B6,C4,D3,E2,F1,F6
- A4,B3,C2,C6,D5,E1,F4

16

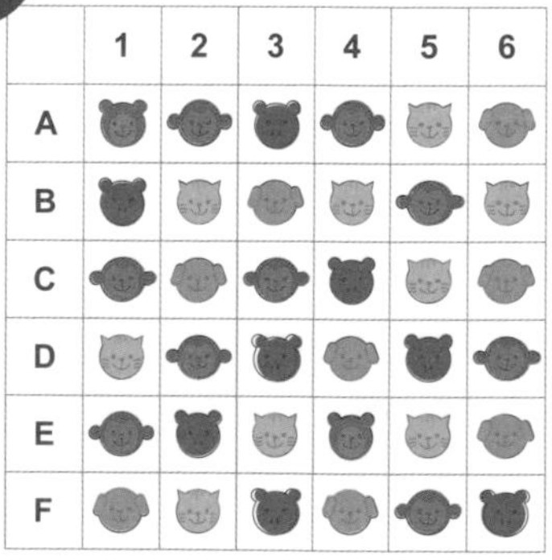

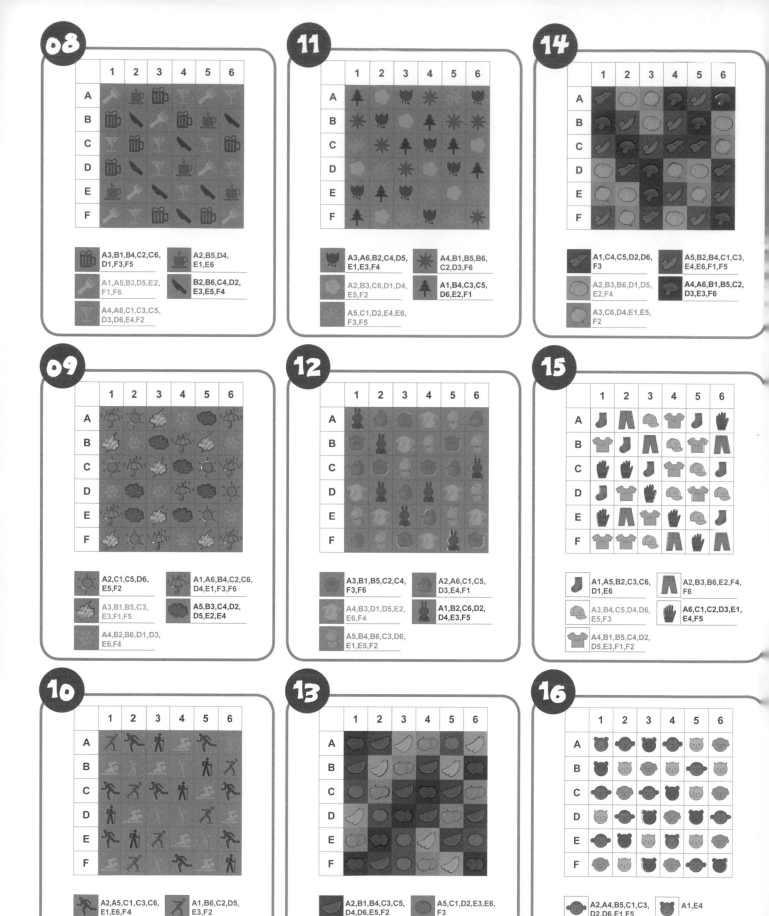

- A2,A4,B5,C1,C3,D2,D6,E1,F5
- A1,E4
- A5,B2,B4,B6,C5,D1,E3,E5,F2
- A3,B1,C4,D3,D5,E2,F3,F6
- A6,B3,C2,C6,D4,E6,F1,F4

17

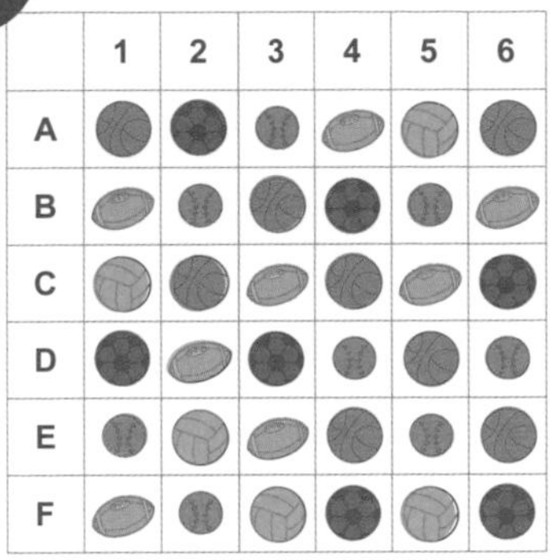

- A1,A6,B3,C2,C4,D5,E4,E6
- A3,B2,B5,D4,D6,E1,E5,F2
- A4,B1,B6,C3,C5,D2,E3,F1
- A2,B4,C6,D1,D3,F4,F6
- A5,C1,E2,F3,F5

20

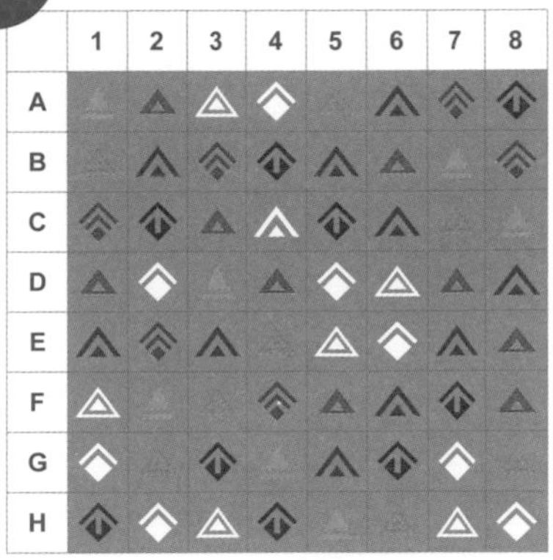

- A7,B3,B8,C1,E2,F4,
- A2,B6,C3,D1,D4,D7,E8,F5,F8
- A1,B7,C8,D3,F2,G4,H5
- A6,B2,B5,C6,D8,E1,E3,E7,F6,G5
- A5,B1,C7,E4,F3,G2,G8,H6
- A8,B4,C2,C5,F7,G3,G6,H1,H4

23

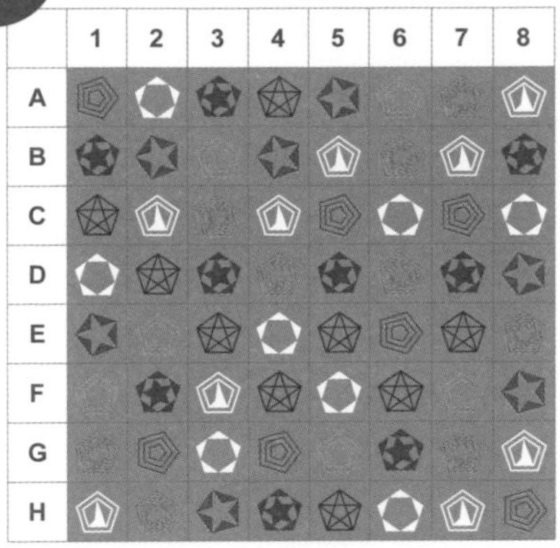

- A5,B2,B4,D8,E1,F8,H3
- A1,C5,C7,E6,G2,G4,H8
- A6,B3,E2,F1,F7,G5
- A3,B1,B8,D3,D5,D7,F2,G6,H4
- A7,B6,C3,D4,D6,E8,G1,G7,H2
- A4,C1,D2,E3,E5,E7,F4,F6,H5

18

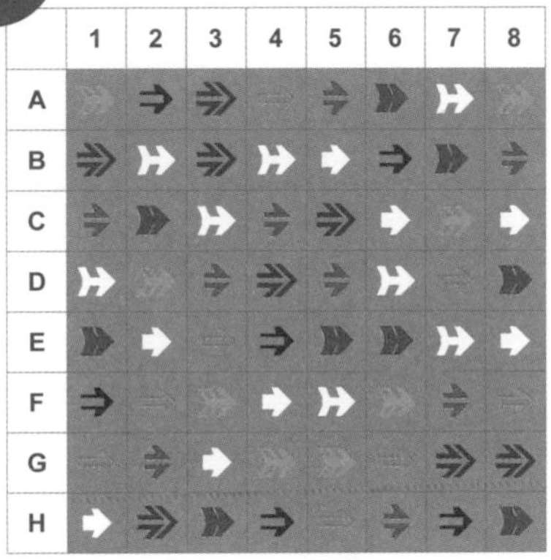

- A6,B7,C2,D8,E1,E5,E6,H3,H8
- A5,B8,C1,C4,D3,D5,F7,G2,H6
- A1,A8,C7,D2,F3,F6,G4,G5
- A3,B1,B3,C5,D4,G7,G8,H2
- A4,D7,E3,F2,F8,G1,G6,H5
- A2,B6,E4,F1,H4,H7

21

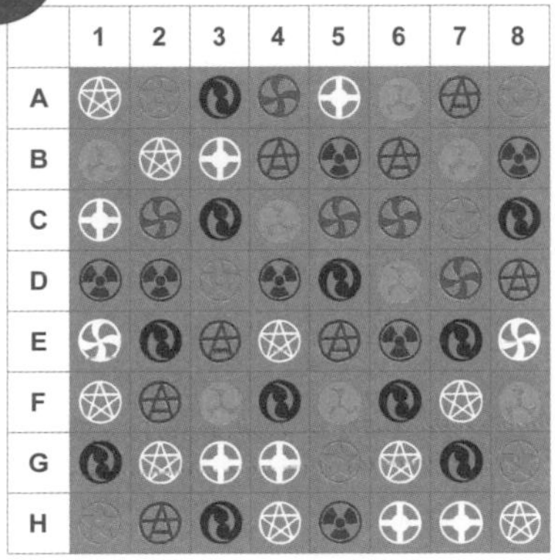

- A7,B4,B6,D8,E3,E5,F2,H2
- A4,C2,C5,C6,D7
- A6,B1,B7,C4,D6,F3,F5,F8
- B5,B8,D1,D2,D4,E6,H5
- A2,A8,C7,D3,G5,G8,H1
- A3,C3,C8,D5,E2,E7,F4,F6,G1,G7,H3

24

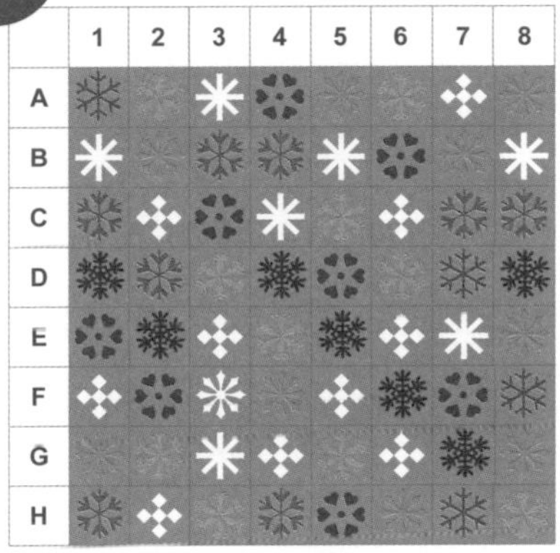

- A1,D7,F8,H7
- B3,B4,C1,C7,C8,D2,H1,H4
- A2,A6,C5,D3,D6,E4,G2,G5,H3,H8
- A4,B6,C3,D5,E1,F2,F7,H5
- A5,A8,B2,B7,E8,F4,G1,G8,H6
- D1,D4,D8,E2,E5,F6,G7

19

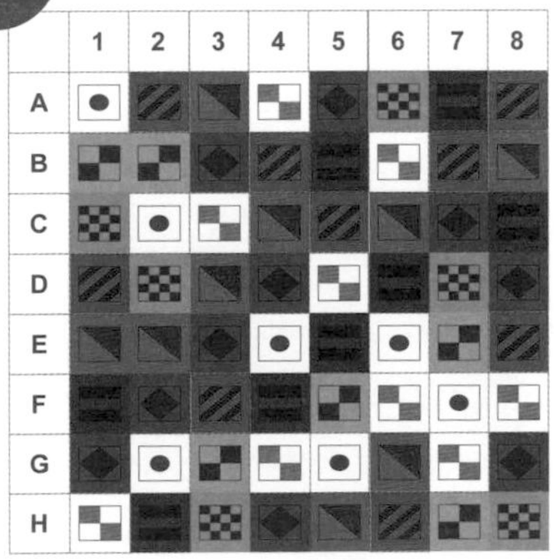

- A2,A8,B4,B7,C5,D1,E8,F3,H6
- A3,B8,C4,C6,D3,E1,E2,G6,H5
- B1,B2,E7,F5,G3,H7
- A5,B3,C7,D4,D8,E3,F2,G1,G8,H4
- A6,C1,D2,D7,H3,H8
- A7,B5,C8,D6,E5,F1,F4,H2

22

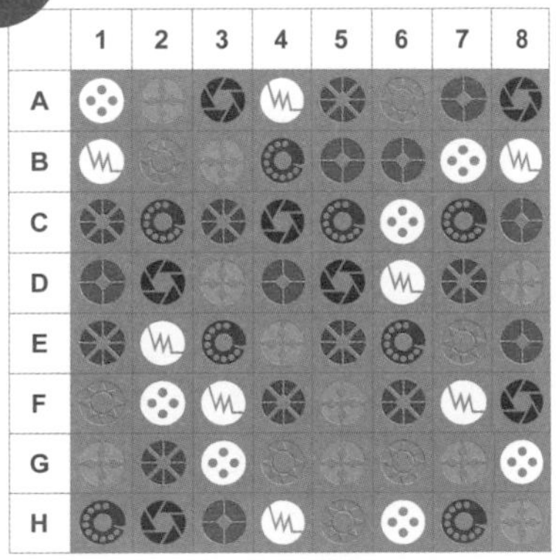

- A5,C1,C3,D7,E1,E5,F4,F6,G2
- A7,B5,B6,C8,D1,D4,E8,H3
- A2,B3,D3,D8,E4,F5,G1,G5,G7,H8
- B4,C2,C5,C7,E3,E6,H1,H7
- A6,B2,E7,F1,G4,G6,H5
- A3,A8,C4,D2,D5,F8,H2

25

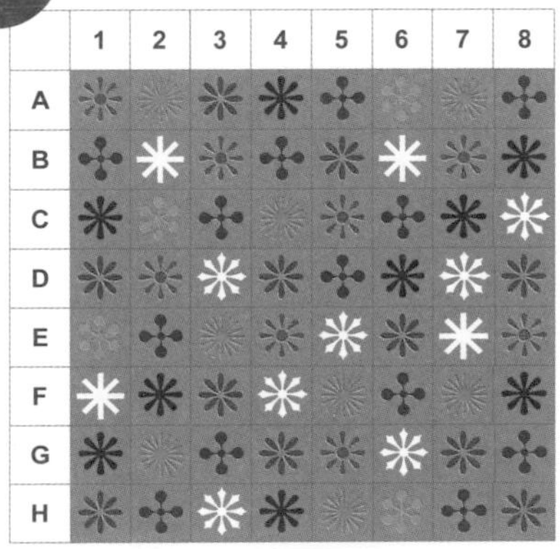

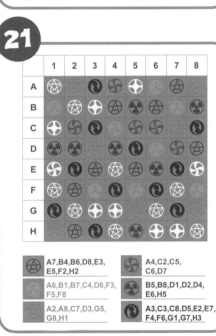

- A3,B5,D1,D4,D8,E6,F3,G4,G7,H1,H8
- A1,B3,B7,C5,D2,E4,E8,G5
- A6,C2,E1,H6
- A5,A8,B1,B4,C3,C6,D5,E2,F6,G3,G8,H2,H7
- A2,A7,C4,E3,F5,F7,G2,H5
- A4,B8,C1,C7,D6,F2,F8,G1,H4

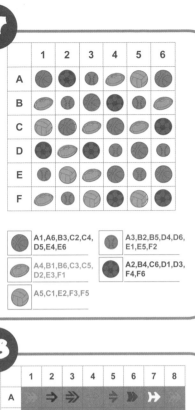

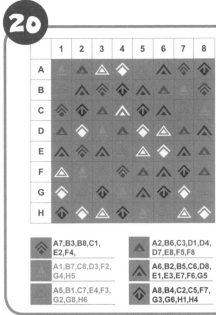

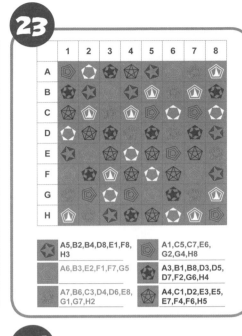

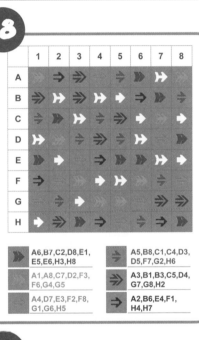

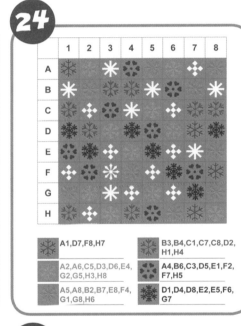

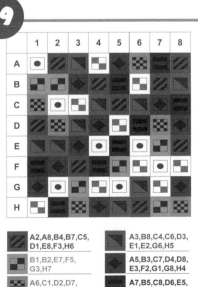

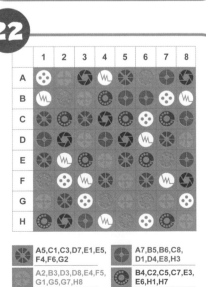

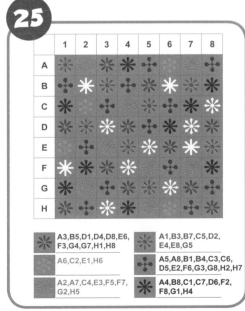

[PART 4] 踩地雷

05

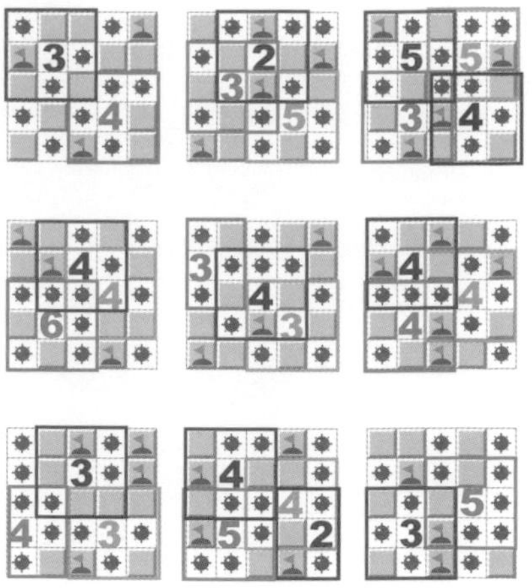

01

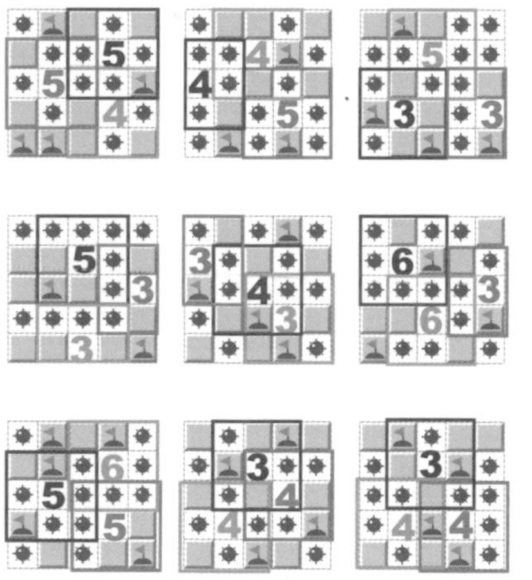

03

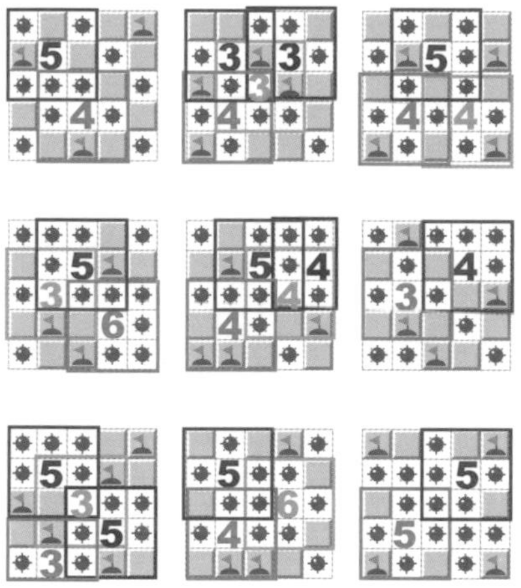

06

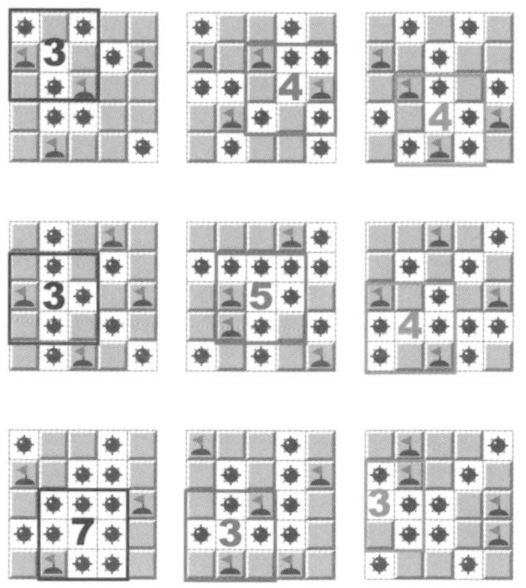

02

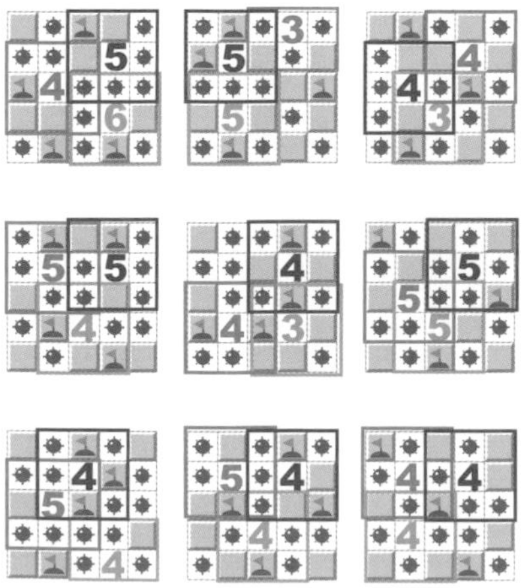

04

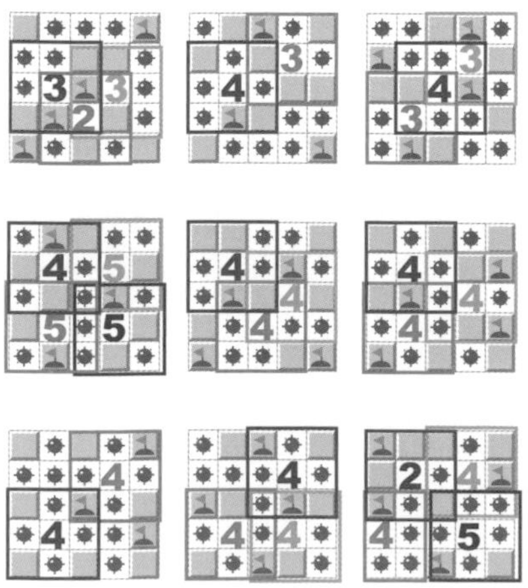

07

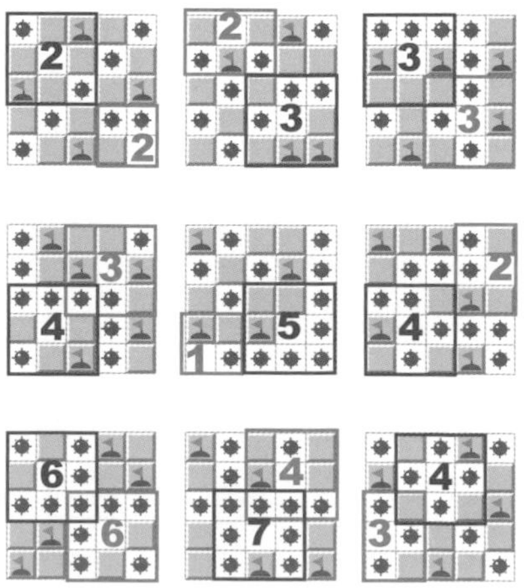

08

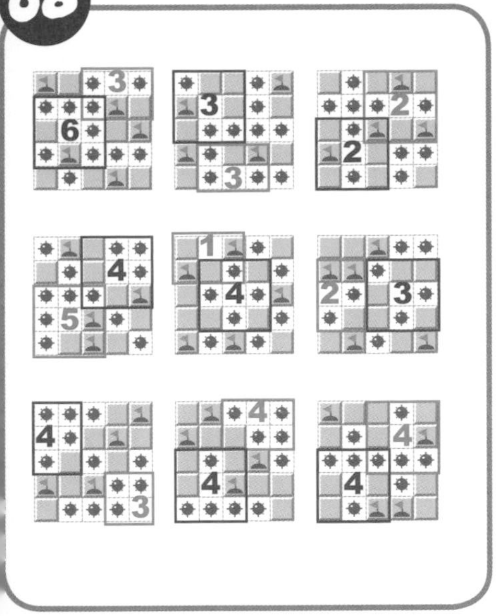

09

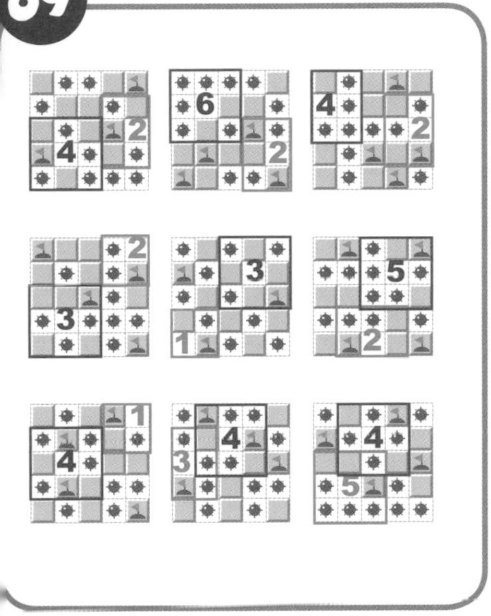

10

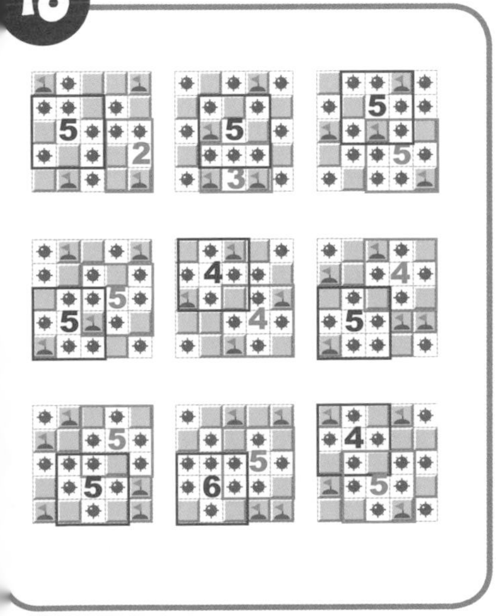

11

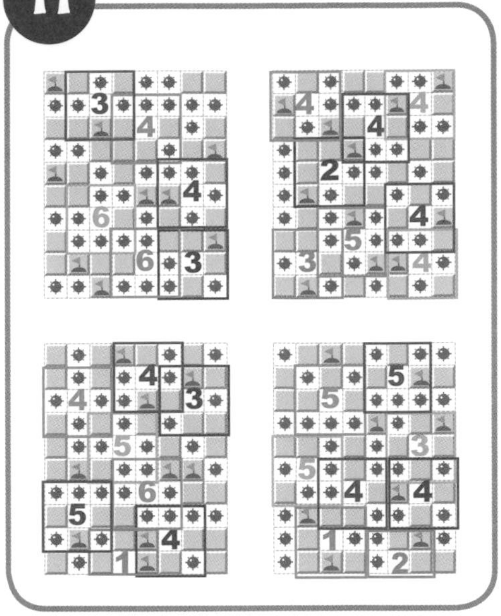

12

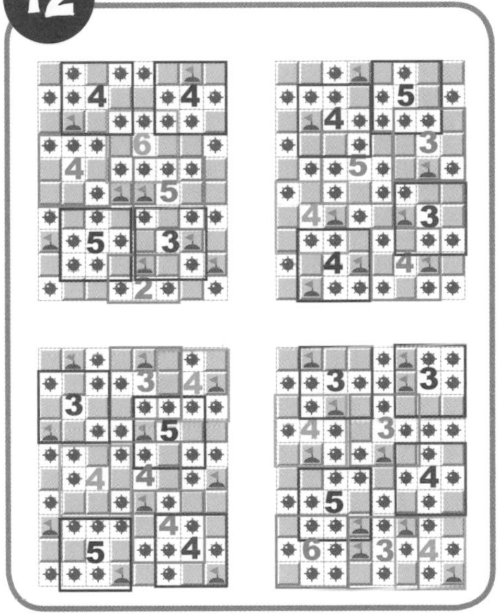

13

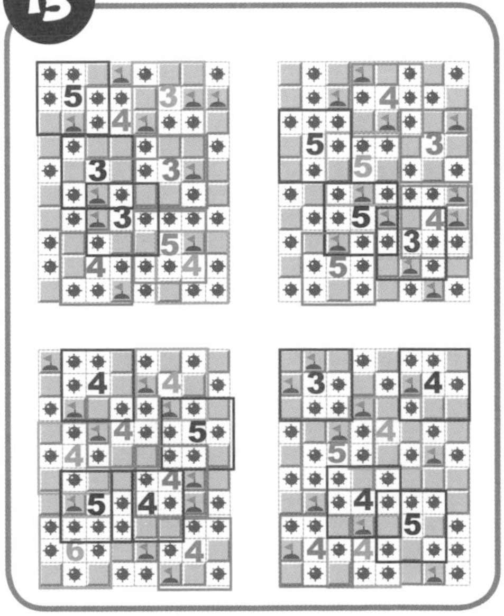

14

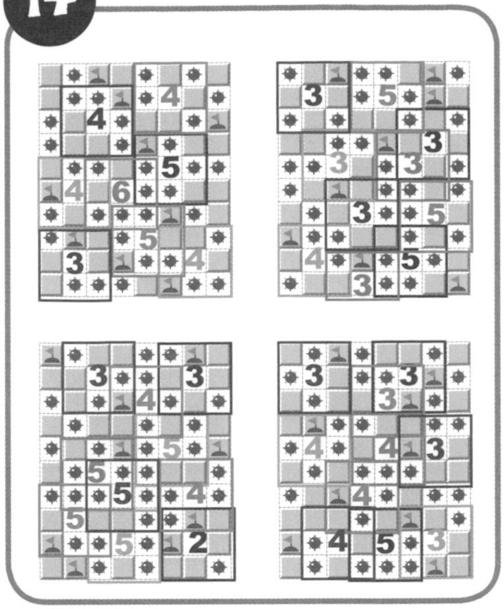

15

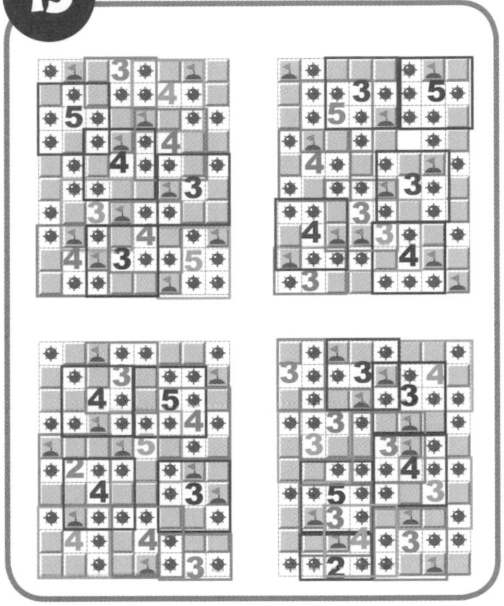

16

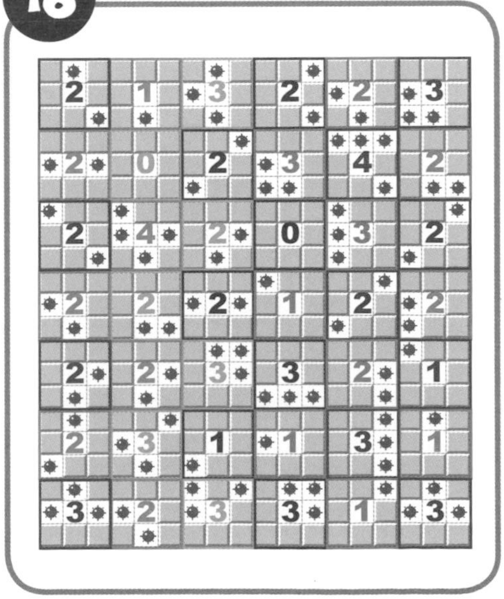

17

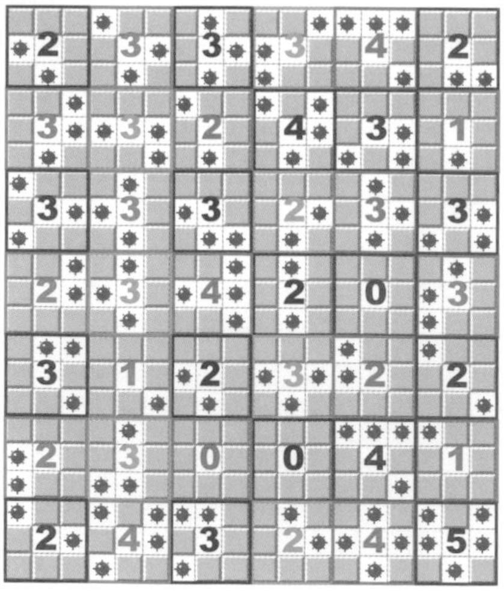

18

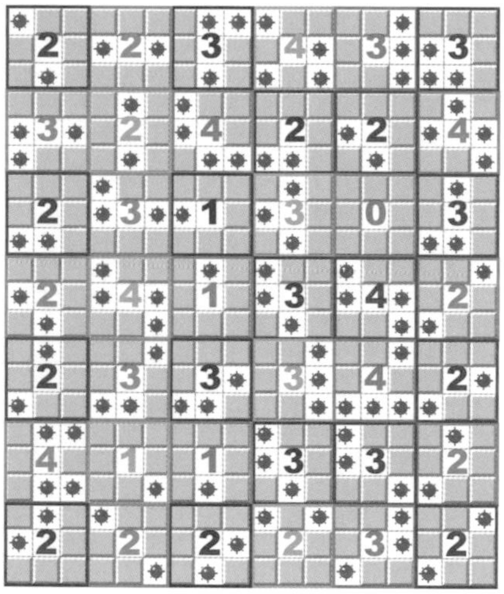

19

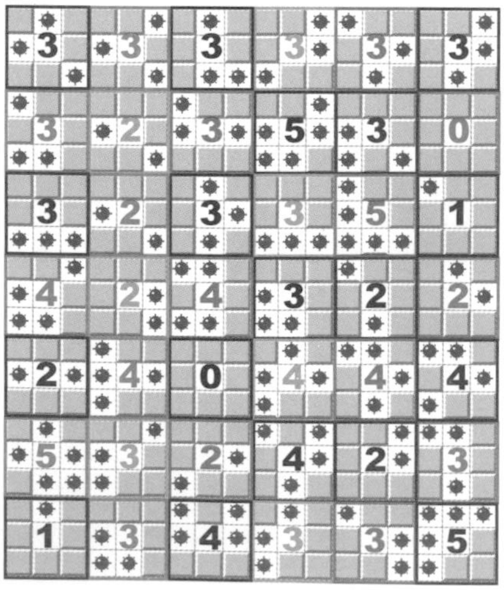

20

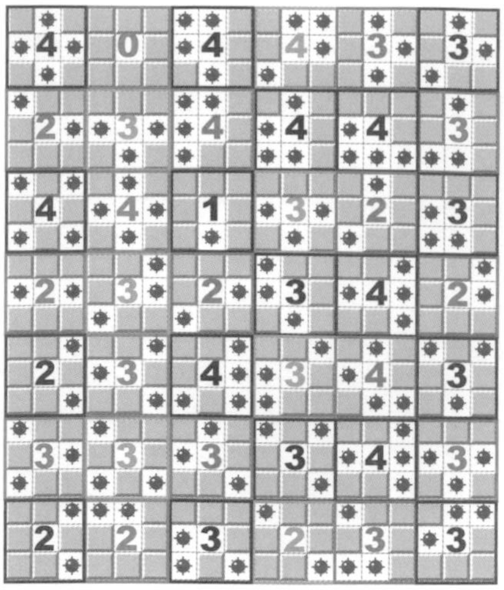

21

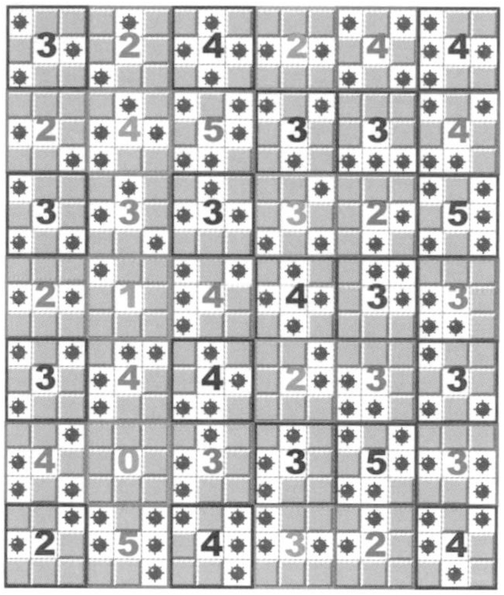

22

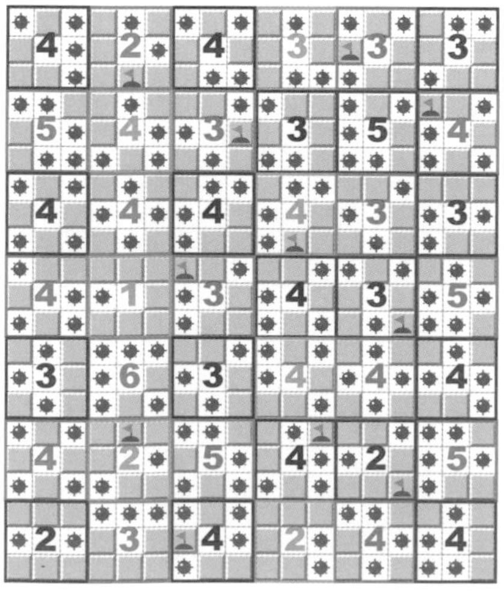

23

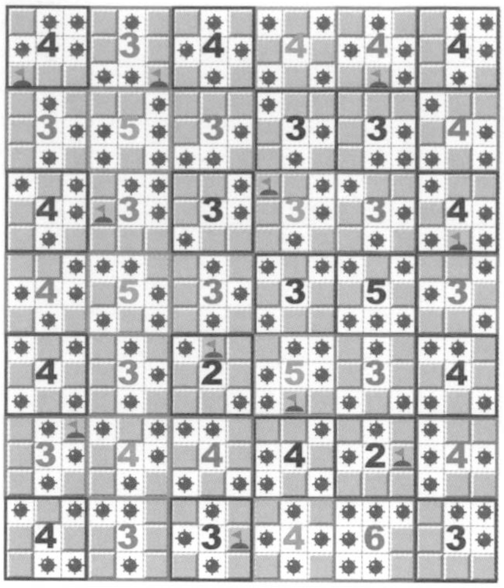

24

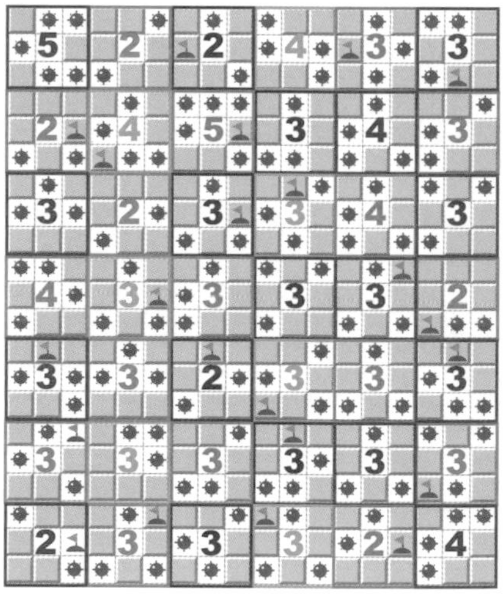

25

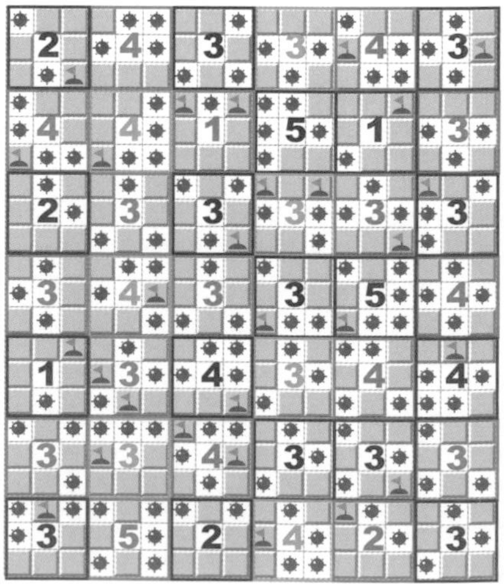

[PART 5] 雲中小鳥

01

= 6

02

= 6

03

= 9

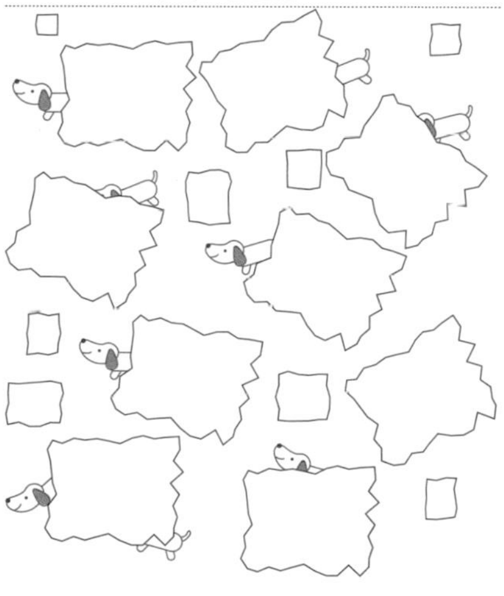

04

= 7

05

= 10

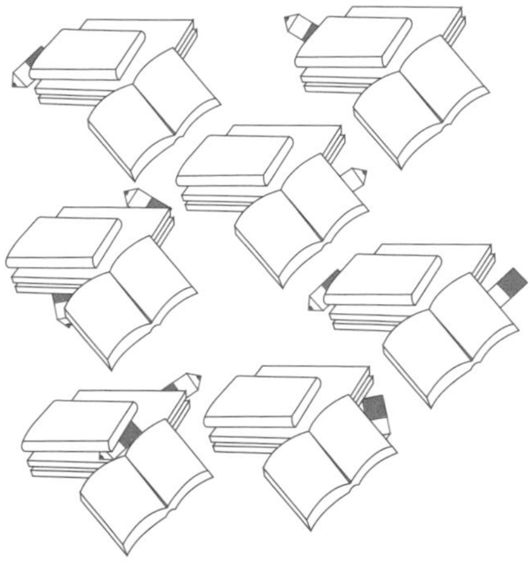

06

= 15

07

= 4

08

09

10

11

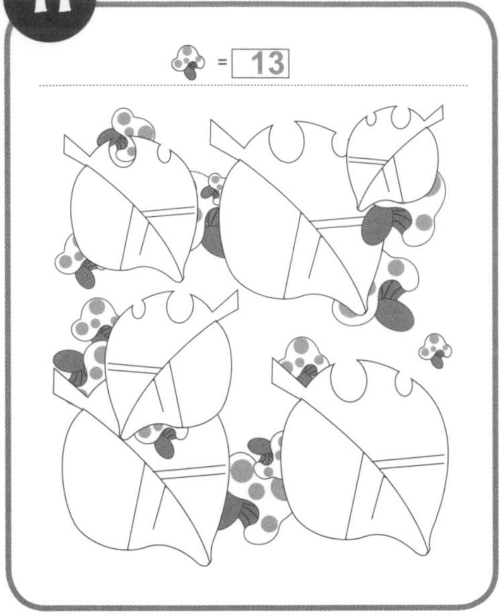

12

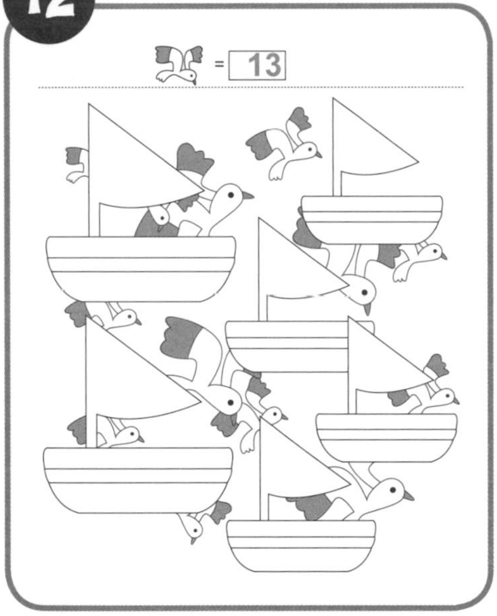

13

14

15

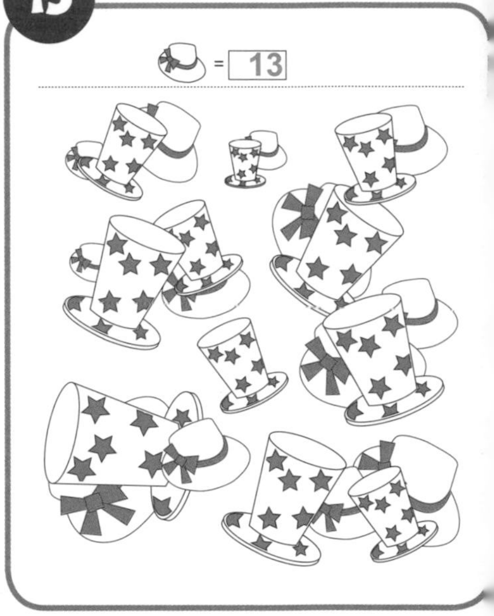

16

17

= 11

18

= 12

19

= 14

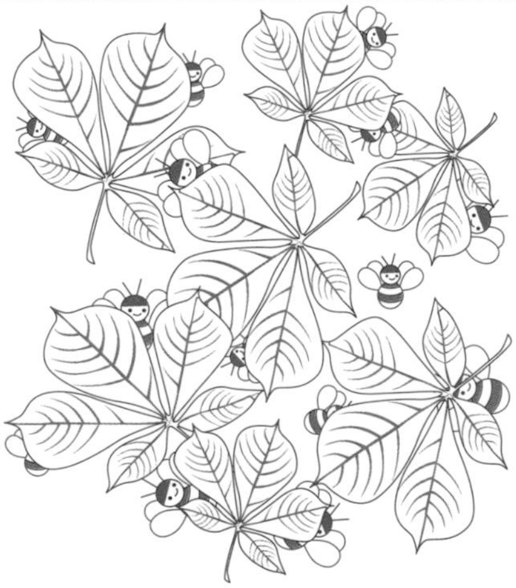

20

= 12

21

= 13

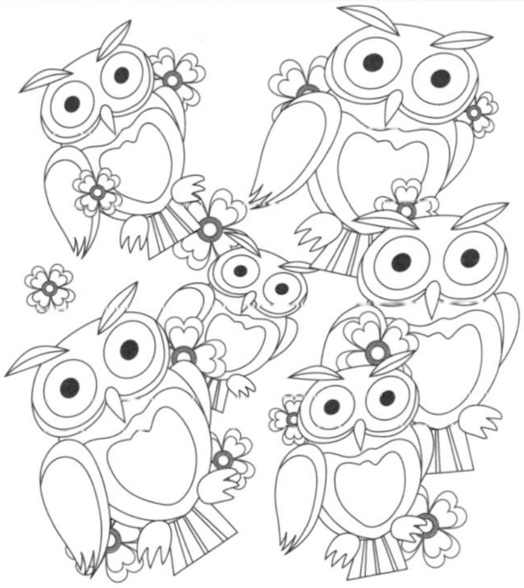

22

= 12

23

= 8

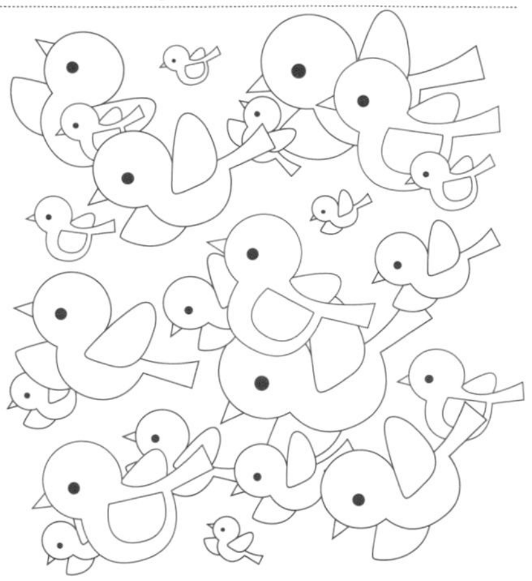

24

= 11

25

= 10

5 分鐘玩出專注力遊戲書 ❷

輕鬆玩遊戲，讓專心變容易

暢銷修訂版

國家圖書館出版品預行編目 (CIP) 資料

5 分鐘 玩出專注力遊戲書：輕鬆玩遊戲，讓專心變容易 / 張旭鎧著. -- 2 版. -- 臺北市：新手父母出版，城邦文化事業股份有限公司出版：英屬蓋曼群島商家庭傳媒股份有限公司城邦分公司發行，2023.09

冊；　公分. -- (育兒通；SR0050X, SR0051X, SR0056X, SR0066X)

ISBN 978-626-7008-48-5(第 1 冊：平裝). --
ISBN 978-626-7008-49-2(第 3 冊：平裝). --
ISBN 978-626-7008-50-8(第 4 冊：平裝). --
ISBN 978-626-7008-52-2(第 2 冊：平裝)

1.CST: 育兒 2.CST: 親子遊戲

428.82　　112014103

作　　者　張旭鎧
選　　書　林小鈴
主　　編　陳雯琪

行銷經理　王維君
業務經理　羅越華
總 編 輯　林小鈴
發 行 人　何飛鵬
出　　版　新手父母出版
城邦文化事業股份有限公司
台北市中山區民生東路二段 141 號 8 樓
電話：(02) 2500-7008　傳真：(02) 2502-7676
E-mail：bwp.service@cite.com.tw
發　　行　英屬蓋曼群島商家庭傳媒股份有限公司城邦分公司
台北市中山區民生東路二段 141 號 11 樓
讀者服務專線：02-2500-7718；02-2500-7719
24 小時傳真服務：02-2500-1900；02-2500-1991
讀者服務信箱 E-mail：service@readingclub.com.tw
劃撥帳號：19863813
戶名：書虫股份有限公司

香港發行所　城邦（香港）出版集團有限公司
香港灣仔駱克道 193 號東超商業中心 1F
電話：(852) 2508-6231
傳真：(852) 2578-9337
E-mail：hkcite@biznetvigator.com
馬新發行所　城邦（馬新）出版集團 Cite (M) Sdn Bhd
41, Jalan Radin Anum, Bandar Baru Sri Petaling,
57000 Kuala Lumpur, Malaysia.
電話：(603)90563833　傳真：(603)90576622
E-mail：services@cite.my

封面設計　徐思文
版面設計、內頁排版　徐思文
製版印刷　卡樂彩色製版印刷有限公司
2013 年 04 月 20 日初版 1 刷｜ 2023 年 09 月 19 日 2 版 1 刷
Printed in Taiwan
定價 380 元
ISBN ｜ 978-626-7008-52-2（紙本）
ISBN ｜ 978-626-7008-54-6（EPUB）